U0560831

高级服装
结构设计与纸样

GAOJI FUZHUANG
JIEGOU SHEJI YU ZHIYANG

（美）Helen Joseph-Armstrong
海伦·约瑟夫－阿姆斯特朗 著　王建萍 译

基础篇

东华大学出版社

图书在版编目（CIP）数据

高级服装结构设计与纸样·基础篇/（美）阿姆斯特朗著：王建萍译.
—上海：东华大学出版社，2013.6
ISBN 978-7-5669-0286-3
I. ① 高… II. ① 阿… ② 王… III. ① 服装设计-结构设计 ② 服装设计-纸样设计 IV. ①
TS941.2
中国版本图书馆CIP数据核字（2013）第117607号

责任编辑：谢　未
封面设计：王　丽

高级服装结构设计与纸样（基础篇）

著　　者：海伦·约瑟夫-阿姆斯特朗
译　　者：王建萍
出版发行：东华大学出版社（上海市延安西路1882号　邮政编码：200051）
新华书店上海发行所发行
出版社网址：http://www.dhupress.net
天猫旗舰店：http://dhdx.tmall.com
营销中心：021-62193056　62373056　62379558
印　　刷：苏州望电印刷有限公司印刷
开　　本：889mm×1194mm　1/16
印　　张：24.5
字　　数：862千字
版　　次：2013年6月第1版
印　　次：2013年6月第1次印刷
印　　数：0001 ~ 3000
书　　号：ISBN 978-7-5669-0286-3/TS.404
定　　价：58.00元

作者简介

海伦·约瑟夫-阿姆斯特朗是一名时装设计师、教师,同时还是一位作家。在成为教师之前,她是一位成功的运动服装设计师。"我从来没有结束我的设计生涯,相反,我将技能带到了教室,在那里我和学生一同成长"。教室成了作者开发和尝试新理念实验室,其中包括:引入轮廓线处理作为省道处理和加放松量之后的第三个原理;为了加强学习,深化了原理和推论;创造了轮廓线外形指导样板,简化了胸部形状的拟合;开发了便于快速参考的圆裙和瀑布状花边裙的半径图表。作者对于服装制版的理解充实了这本书,阐明了样板制作的本质。

作者是加利福尼亚州洛杉矶贸易技术学院时装中心服装系的研究生。她分别于加州大学(洛杉矶)、南加州大学和加州州立大学长滩分校学习。她是两本书的作者:《美国时装样板设计》(皮尔森/普伦蒂斯·霍尔出版社出版)和《服装立体裁剪》(飞兆公司),并有中英文版本,《美国时装样板设计》已被翻译成中文,英文版本已经在印度出版。

阿姆斯特朗女士是众多奖项的获得者,其中包括国际学院的员工和组织发展机构奖以及由德州大学奥斯汀分校主办的卓越教师奖;定制服装商专业协会颁发的终身成就奖(2006),现在这一协会叫做专业缝制设计协会;为皋邓-麦克斯公司设计的不同凡响的运动套装获得了前加利福尼亚时尚创造者集团年度事件的金奖。

除了教学和设计活动以外,阿姆斯特朗女士还是北卡罗来纳州大学服装样板系列研讨会、洛杉矶贸易技术学院时装中心以及由缝制设计专业协会开办的高级讲习班的讲师。作者还是肯特州立大学香农·罗杰斯时装学院和杰里·西尔弗曼时装学院的客座教授,同时也是国际时装组织的成员之一。

译者简介

王建萍,东华大学服装学院教授、博士、硕导、博导;服装先进制造工程研究学科带头人,学术研究方向为服装工程数字化和人体科学研究。

曾留学日本文化服装学院和香港理工大学做访问学者,并赴英、美、日、韩、澳大利亚多所大学讲学,多次参与国际学术研究合作。专攻服装人体工学、服装纸样设计理论与实践和服装 CAD/CAM 数字化技术,研究女性内衣设计、内衣纸样

技术及内衣与修身关系。在英国参与出版内衣专论一本,著有《裙·裤装电脑打版原理》、《女上装电脑打版原理》、《服装结构设计》、《女装结构设计》、《新编服装英语精典》、《创意拼布》等 15 部著作,为《中国现代纺织科学与工程全书》、《英汉服装服饰词汇》、《汉英服装服饰词汇》等书的编委或主要撰稿人,申请及授权发明专利 10 项。发表源刊等相关论文百余篇。荣获过教育部国家级及上海市精品课程(服装结构设计)、纺织高等教育教学成果一等奖、上海市教改成果一等奖、针织内衣创新贡献奖等教改、科研、论文奖 20 余项。

品牌课程为女性礼仪与审美修养、内衣与形体美、服装结构设计(服装纸样设计)、服装 CAD/CAM 等。

目　录

工作室样板制作必需品

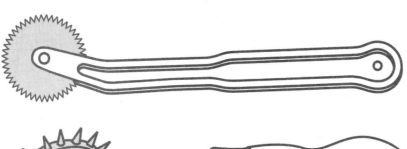

样板制作工具

　　为了更有效地工作，服装样板师必须要有合适的工具，应该知道并且理解专业术语，这有利于工作室里有效沟通及减小因误解而造成的差错。本章将介绍服装工业中使用的常用工具及相关专业术语的定义。

　　服装专业样板师在工作时需随身携带样板制作所需要的所有工具。每个工具都应标有可识别的记号并装在手提箱里。这些工具可以从服装店、工艺品商店、百货店或布店里购买到。特殊工具通常由制造商提供，如用来给样板穿孔然后挂到挂钩上的兔形打孔机。

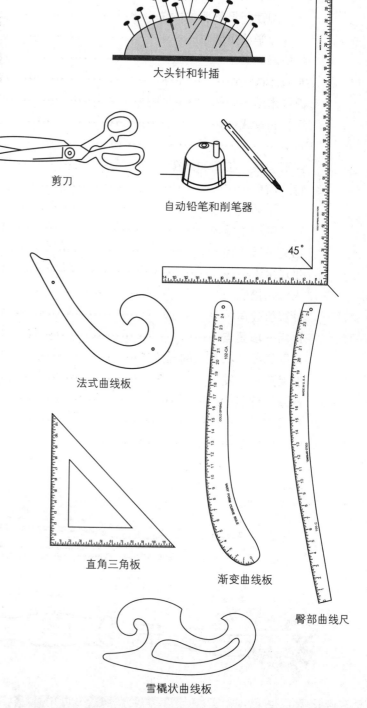

1. 大头针
　　—— 类似缝纫用的 17 号丝线针，用于立体剪裁和试穿。
2. 大头针存储器
　　—— 针插，腕式或台式磁性存储器。
3. 剪刀
　　—— 剪纸剪刀。
　　—— 剪布剪刀。
4. 铅笔和其他笔
　　—— 自动铅笔和卷笔刀(样板制作时用4H铅笔)。
　　—— 红色和蓝色笔用于修改样板做识别标记。黑色、绿色、红色和蓝色尖头毛毡水笔记录纸样信息。
5. 尺子
　　—— 柔性尺—1.3cm×30.5cm(非常精确)。
　　—— 91.4cm 的尺。
　　—— 45.7cm×5.1cm 塑料尺(可灵活测量曲线)。
　　—— 裁缝直角尺—61cm×35.6cm 金属尺，两边成 90° 角，可同时测量、画直线和直角线。
　　—— 标有尺寸的直角三角板。
6. 曲线尺
　　—— 法式曲线板，黛茨根（Deitzgen）17 号，用于塑造袖窿和领口弧线的曲线板之一。
　　—— 雪橇状曲线板，形成领口、袖窿及其他的曲线，如口袋、衣领、克夫等。
　　—— 臀部曲线尺，用于绘制臀线、下摆及驳头。
　　—— 渐变曲线板用于圆顺和绘制袖窿和领口线。

大头针和针插

剪刀

自动铅笔和削笔器

45°

法式曲线板

直角三角板

渐变曲线板

臀部曲线尺

雪橇状曲线板

7. 挂钩或吊环

　　——用于将样板集中在一起悬挂于杆上。

8. 高脚图钉

　　——用于纸样处理和将布样转换到纸上。

9. 订书机和拆订器

　　——将剪裁的多层样板纸订住，防止样板滑移。

10. 魔术修正胶带

　　——用于补正样板。

11. 黑斜纹标记带

　　——用于人台上造型线位置标记，并控制松量
　　　在合适的位置。

12. 刀口记号剪

　　——在样板边缘切开一个 0.6cm × 0.2cm 的开
　　　口，以表示缝份、中心线、松量记号及标
　　　记样板的前后片。

13. 描线轮

　　——尖轮用于将样板形状转移到纸上。

　　——钝头轮和复写纸一起使用，将样板形状转
　　　移到薄纱织物上。

14. 锥子

　　——在纸样上刺穿 0.3cm 的孔，指示省尖、口
　　　袋、饰边和纽孔的位置。

15. 金属镇纸（若干）

　　——固定纸样便于描图和标记。

16. 卷尺——152.4cm 长

　　——由亚麻或塑料制成，端口为金属包覆的软
　　　尺，另一面是公制尺寸。

　　——带宽为 0.6cm，安置在控制盒中的金属软
　　　尺。它方便、灵活并且非常精确。

17. 画粉

　　——粘土、粉笔、画粉轮或者黑色、白色的标
　　　记笔，用于标记修正后的缝线和造型线。

18. 单一型折叠尺

　　——标记纽扣／扣眼、折裥、塔克间隔。

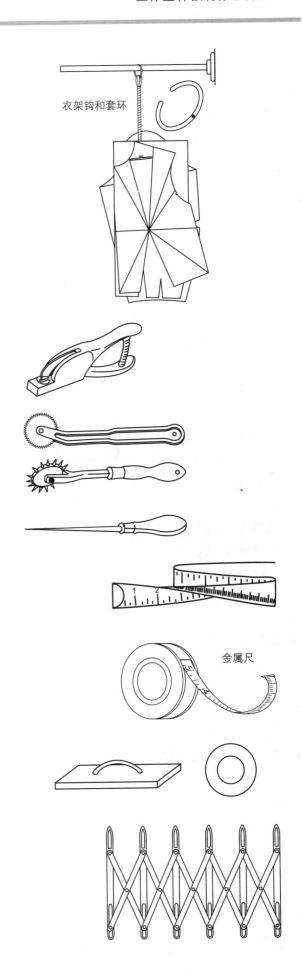

衣架钩和套环

金属尺

制板工具的功能

在服装生产中，工具用于在面料和纸样上做标记。标记就像是无声的语言，设计师、缝纫工、推板师、排料工和生产人员都能理解。如果没有这些标记，服装无法精确地裁剪和缝合，漏标或标错记号都会扰乱生产流程。

剪口工具

剪口工具带有刀片，能在纸样的边缘留下 0.3~0.6cm 的剪口。根据纸样上的剪口，在面料上标记剪口记号，剪刀在这些位置剪开面料。缝纫工按照剪口位置拼装并缝合服装的各部分（图1）。

剪口用来指明：

- 缝份(图2)。*
- 中心线。
- 识别前后片纸样。
- 相关纸样部件的正确拼装(图3)。
- 连接部件的正确位置。
  抽褶与吃势的控制（图2）。
  省量（图1）。
- 落肩线的肩端点。
- 连衣裙的腰线。
- 拉链止点。
- 下摆和贴边的翻折位置。
- 插件位置。
- 释放张力（曲率大的弧线）。
- 拐角(图2)。

* 除非有特殊要求，一般 0.6cm 的缝份不打剪口。包缝的缝边一般不打剪口。

锥子、打孔器和画圆器

锥子用于在纸样上钻孔（或作标记）。这个孔是圆形的，以提醒排料工用打孔器在面料上钻一个孔，因破坏了服装，所以将钻孔的位置总是缝在缝份内侧（以遮住损坏的面料）。

- 省尖回退点(图1)。
- 距角内 0.3cm。
- 扣眼和纽扣。
- 修剪部位。
- 口袋位置。

图1

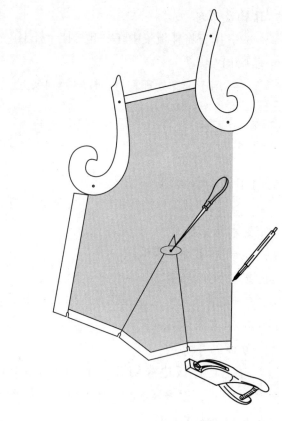

图2

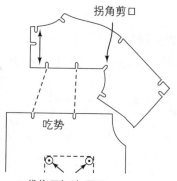

拐角剪口

吃势

口袋位置打孔/画圈

图3

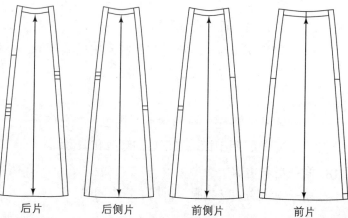

后片　　　后侧片　　　前侧片　　　前片

阅读标尺刻度的方法
（基于 1/8 英寸 * 或 0.3cm）

1 x 1/8 = 1/8 "
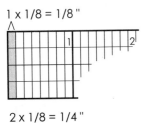

2 x 1/8 = 1/4 "
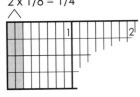

3 x 1/8 = 3/8 "
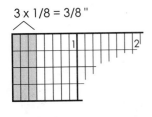

4 x 1/8 = 1/2 "
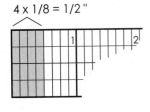

5 x 1/8 = 5/8 "
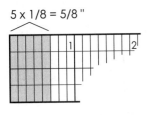

6 x 1/8 = 3/4 "

7 x 1/8 = 7/8 "
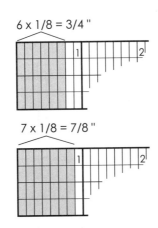

8 x 1/8 = 1 "
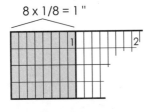

11 x 1/8 = 1 3/8 "
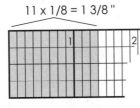

码与英寸的换算
9″　=1/4码
12″ =1/3码
18″ =1/2码
24″ =2/3码
36″ =1码
*1/16″ =1/8的一半

数学的重要性

　　为什么需要足够的数学技能来读取测量工具：尺、卷尺、分数和百分比？这是因为这样才能有资格被雇用！在服装产业，要留在业内，每一个生产阶段都与合作人的数学技能相关。

要被聘用，你必须能够：

　　a. 测量并记录人台尺寸准确至1/16英寸或0.2cm。
　　b. 计算单件及批量生产的服装码数。
　　c. 为服装生产提供准确的尺寸规格表。
　　d. 将数学说明从工作表应用到开发项目。
　　e. 操作电脑。

小数与分数的转换	
0.063 = 1/16	0.438 = 7/16
0.125 = 1/8	0.5　 = 1/2
0.188 = 3/16	0.563 = 9/16
0.25　= 1/4	0.625 = 5/8
0.313 = 5/16	0.750 = 3/4
0.375 = 3/8	0.875 = 7/8

样板纸

　　样板纸有多种规格，用重量表明其规格，常用重量为 70 克至 190 克。

　　重的样板纸作为生产纸样的主要厚纸板用纸。

　　轻的样板纸用于排版及开头套样板或作标记纸，一面有颜色的色彩纸有两个作用：其一表明纸样的颜色面为正面；其二表明该纸样归属哪个设计部分。

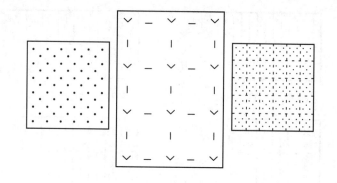

制板术语

　　以下的术语及定义与样板工作室有关。

　　纸样草图　一种基于胸架或人模尺寸制作基本纸样的制板体系。图示为一套基本纸样草图。

　　平面纸样制图　一种凭借以前完成的纸样来制板的体系。通过剪切或旋转处理方法产生设计纸样。

　　全套基本纸样　一套五片的基本纸样，包括前、后衣片、前、后裙片及长袖片，它们代表了某个特定的胸架或人体的尺寸。基本纸样不含设计特征。当运用第 2 章中描述的剪切和展开技巧时，将其可以复描，复描后的纸样称为工具样板。

　　工具样板　在实现款式设计纸样时被用作基础处理的任何纸样。本书以全套基本纸样为基础开始设计。

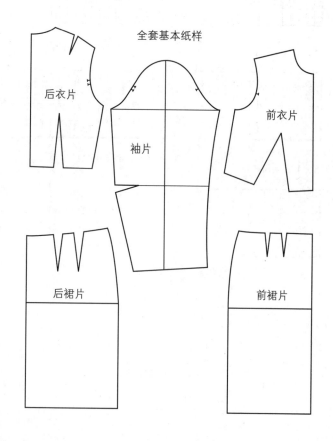

全套基本纸样

后衣片　袖片　前衣片

后裙片　前裙片

面料术语

平纹布　一种用漂白或未漂白的纱线织造而成的平纹梭织棉布，其重量各不相同。

- 粗糙梭织物：用于立裁及测试基本纸样。
- 轻薄梭织物：用来制作柔软悬垂的服装。
- 厚重梭织物：结实牢固的梭织物，用于测试定做的服装、茄克和大衣。

布纹　梭织或针织面料的纱线方向（经向、纬向和斜向）。

直纹（经纱）　与布边平行的纱线，与纬纱成直角。经纱是最稳定的纱线。

横纹（纬纱）　在两条布边之间穿行编织的纱线。纬纱是梭织面料的填充纱线。纬纱容易受力变形。

布边　在梭织面料经纱两侧的边缘，细长而又牢固的长条。撕去布边会使张力松散。

斜纹　一种斜向或对角线方向裁剪或缝纫的布纹线。

正斜　与经纱和纬纱相交成 45° 角的斜线。正斜有最大的弹性和伸展性，容易贴合人体廓型。以正斜方向裁剪喇叭裙、垂褶领及悬垂性好的服装效果最佳。

弓纬和纬斜　当纬纱没有以 90° 与经纱相交时，就会产生弓纬和纬斜，或以任何一种形式呈现。除非有其他要求，送至工厂的面料就是这种形态。

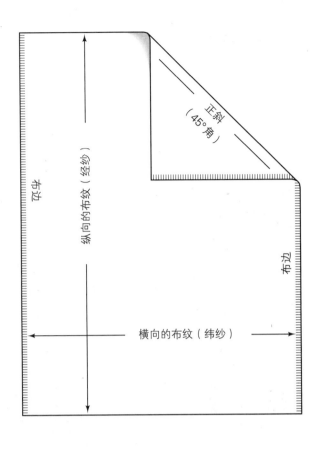

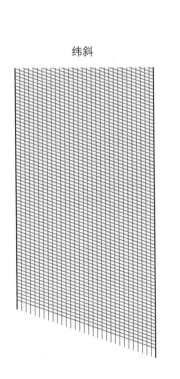

纬斜

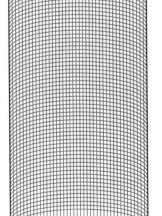

弓纬

图 1：控制布纹

确认布纹线　在横向纱线方向上抽出一根填充纱（纬纱），沿空隙剪裁，为整纬拉伸做准备。

图 2：校正布纹线

矫正弓纬或纬斜，可拉住相对的两个端点对角地拉伸面料。拉住另两个相对的端点重复这一动作。这个方法能调整纵向的布纹（经纱）与横向的布纹（纬纱），然后熨烫成一个完好的正方形。

这个方法只适用于单件服装制作，对于批量生产时就不切实际了。但是，服装生产商能支付一些费用要求面料提供商矫正这个问题。电脑程控织造能纠正这个问题。

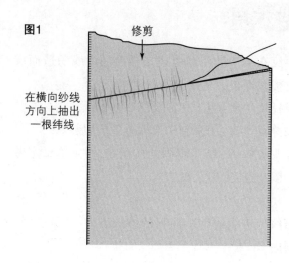

图1

修剪

在横向纱线方向上抽出一根纬线

图2

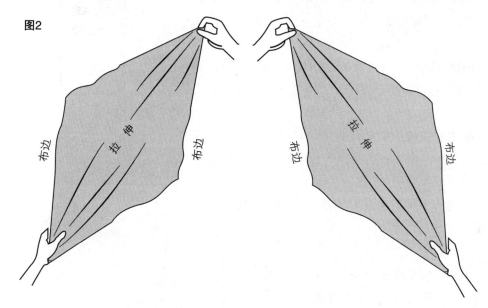

布边　拉伸　布边　　布边　拉伸　布边

图 3：线标布纹

从方形面料分别抽出竖直方向和填充方向的一根纱，然后用彩色的线穿过这两个通道作为标记。

时装工作室用相似的方法准备布样，一些服装院校在准备平纹布做立裁课题时也用相似的方法。同时这也是给入门的学生介绍构成梭织面料经向和纬向布纹的一个很好方法。

这两条线能让立裁者在设计服装的过程中观察布纹线。

图3

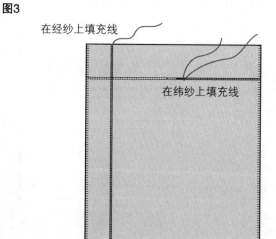

在经纱上填充线

在纬纱上填充线

纸样布纹线

纸样布纹线是指画在每张纸样上（从一端到另一端）的线，用来表明该纸样与面料上经向布纹线的方向关系。不管布纹线画在纸样的什么地方，排放在面料上时，布纹线始终平行于布边。纸样的放置位置如图1所示。布纹线在服装上的不同效果见图2、图3和图4。

布纹线的方向

- 直纹方向剪裁的服装，在纸样上画与服装中心线平行的布纹线（图2）。
- 斜纹方向裁剪的服装，在纸样上画与中心线成一个角度的布纹线（正斜时成45°角）（图3）。
- 横向布纹方向裁剪的服装，在纸样上画与中心线成直角的水平布纹线（图4）。

图1

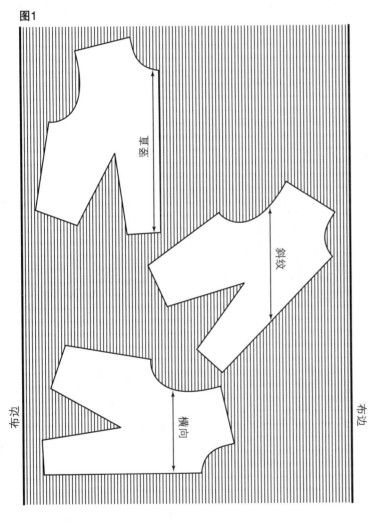

竖直　斜纹　横向

布边　　　　布边

图2　竖直的布纹线

图3　斜纹的布纹线

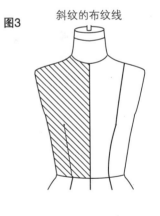

图4　横向的布纹线

布纹线的箭头

- 布纹线的两端都画有箭头时，这表示纸样能以任意一个方向沿面料的纵向布纹线放置（适合不起绒毛无方向性的面料）。
- 当布纹线的顶端或底部有一个箭头时，表示纸样只能按一个方向放置（适合起绒毛有方向性的面料）。

省道

胸点   胸部乳点和纸样上一个指定的位置，在平面纸样制图中被称作旋转点或胸高点（图 1）。

省道   纸样上楔子形的剪裁量，缝合后用来控制服装的合身度。

省线   纸样上向一个预设点汇聚的两条线。

省量（省底）   限定省道两边线间的余量（或间距）。其目的是消除不需要部位的多余量，并在需要的地方逐渐释放面料以控制服装合体度。

校正   用铅笔线、十字标记、点标记等圆顺弧线和直线，目的是为了确定准确的缝线长度——例如，校准一条有侧缝省的侧缝。

- 折叠省道,然后绘制侧缝（图 2a）。
- 复描侧缝线（图 2b）。
- 展开省道并用铅笔画出省道线（图 2c）。

图1

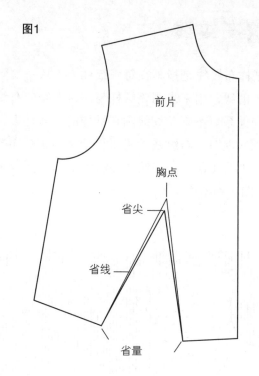

前片

胸点

省尖

省线

省量

图2a

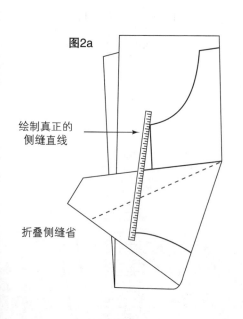

绘制真正的侧缝直线

折叠侧缝省

图2b

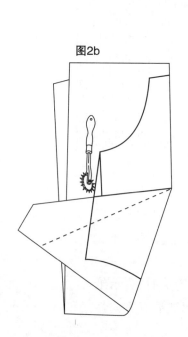

图2c

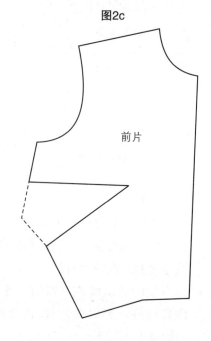

前片

线形圆顺、校正和均衡

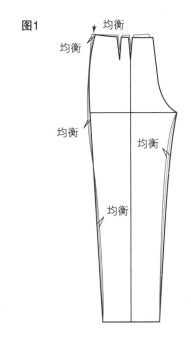

图1

均衡

均衡

均衡

均衡

均衡

不圆顺的缝合线可以通过调节线条的起伏差异进行均匀过渡。调整后的缝合线是很顺滑的，尤其是臀部线和腿部线，如图1。

线形圆顺　指使两个相邻端点之间的缝合线顺滑、有形、角度圆顺及在纸样或织物上所进行的标记点的圆顺过程（线形圆顺包括校正）。如图2a，2b。

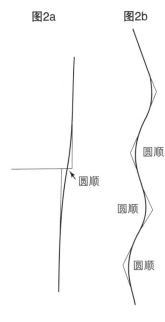

图2a　　　图2b

圆顺

圆顺

圆顺

圆顺

特定信息

正面朝上（当左右不对称时）　针对非对称设计造型（左右纸样不同）以及包括有边缘印花、无规律间隔花型、几何图形或多彩设计型面料，他们有特殊的纸样定位要求，以确保所有的服装对该面料需在相同图形位置上进行剪裁，正面朝上（RSUP）的标志告诉排料者纸样应该是此面朝上进行排列的。

细节位置　在纸样上需要进行细节处理的位置进行标记。这将保证花纹、图案细节和条纹始终处于服装正确的位置。

正面朝上

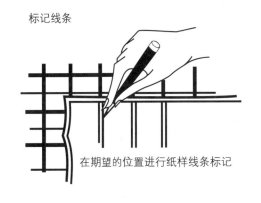

标记线条

在期望的位置进行纸样线条标记

平衡线术语

铅垂线 与地平线相垂直的线条，用于确定人体的平衡。

正交线 呈直角相交的两条直线（参见直角）。

垂直线 上下垂线的直线。

水平线 与水平面平行的线条。

直角 两条相交直线构成的90°角。

非对称线 两侧图形不对称的中线。

对称线 两侧图形相对称的中线。

平衡 构成单元（或整体）的各部位间保持着完美和谐关系，其中每个部分在整体中处于确切的比例，并与其他部位和谐统一。

平衡纸样 寻找和调整拼接的纸样各部分间的差异，以提高服装的悬垂感和合体性。

水平平衡线（HBL） 指围绕胸架平行于地平线的任意标记线。当用面料剪裁服装时，垂直于中心线的围向布纹线在纸样上用水平平衡线标记。HBL水平平衡线有助于纸样结构的平衡。

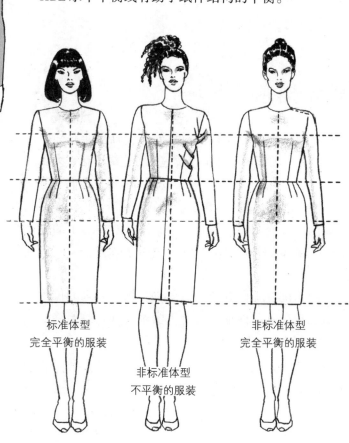

标准体型
完全平衡的服装

非标准体型
不平衡的服装

非标准体型
完全平衡的服装

图5a

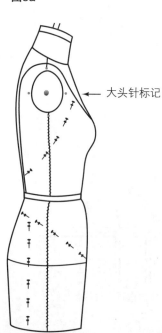

← 大头针标记

图5b

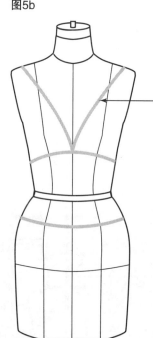

标识线

造型线标记

图 5a、b

大头针标记 在薄纱织物或人台上插入一系列大头针来定位造型线位置。

标识线标记 用彩色胶带标记造型线位置，以评估设计效果，并对纸样设计提供步骤说明。

相关发展历程

自从 19 世纪中期缝纫机发明以来，服装的制作过程在本质上并未发生改变。一些小的服装生产者以及从事定制服装设计的生产者由于不能负担技术升级的费用，仍旧采用传统的、劳动密集型的方式。个人电脑的普及和低价位的服装软件正改变着服装设计产业，甚至越来越多的小型生产者可以采用电脑辅助服装产品的生产。

如今，美国所销售的 90% 以上的服装都是海外制造的。这加快了计算机辅助服装制造方式和网络应用的发展。

推档和排料的电脑化是在 19 世纪 70 年代，紧接着 19 世纪 90 年代纸样制作、面料设计和图形设计被大量的计算机辅助设计系统取代。

现在，连最小的生产者也可以租用硬件和软件产品来辅助设计和生产过程。计算机生成的纸样、排料、规格和费用清单可以通过网络传送到世界各地的工厂。虽然一些职位因此而被电子化取代，但类似设计师、样板师、排料师、推档师和裁剪人员依旧是这个快节奏行业所需要的。

计算机公司为学生和从事服装生产的职员提供研讨会，保证他们掌握最新技术。服装类院校将计算机辅助服装设计技术的学科加入了课程。

塔克科技公司在美国设立了塔克创新中心，为学生和小型企业提供帮助。他们可以通过应用塔克软件将设计稿生成纸样和样品，并通过当地的金考快印打印出纸样。塔克公司和时装书店的另一项创新是在加利福尼亚，洛杉矶的服装市场开设了一家时装主体咖啡馆，这个计划的构想是为大小生产者提供相关服务。这个服务中心采用服装辅助纸样制作、推档、三维缝制等高效率流水线服装制作的最新科技，为市场节约成本、加快速度并提高品质。

虽然美国的制造业都实行海外外包，但是企业家总是能在充满活力的市场中寻找改变价值的商机。熟知流行时尚的年轻人和时尚潮流引领者始终要求有新意的服装。成熟的客户群不断寻找有吸引力的服装来满足他们多变体型的需求。

所有规模的服装生产者想要成功，都需要保持灵活性、高研发能力和深谙消费者需求。

你已阅读了以上简介，离你的目标又近了一步，加油！

生产术语

头套纸样 第一套纸样是来自设计稿的原始纸样。最初纸样通常是在排料纸上制作并要求对纸样进行试穿和修正。工作室只制作半片型纸样（除非另有指示），不对称款式通常要求有完整的纸样，除非服装直接来自生产线上，否则纸样会进行试穿调整直到取得完美效果。

生产纸样 生产纸样是指经过修正后没有错误的最终纸样。生产纸样包含了完成服装的每一片纸样，被用作尺码推档和排料。如图 1c。纸样列表放于排料图之前，服装上缝制着设计标签便于追踪。

排料 排料是指通过人工在排料纸上描绘纸样，或排放在特殊纸张上并进行拍照，或应用计算机软件电子化排料。所有的纸样上都做了标记。为了减少浪费，纸样之间是相互套排的，不同规格尺寸是混合排放的。一般情况下，纸样丝缕线与布边平行，但有一个例外：小片的纸样可以忽略丝缕线放置在合适的空间。打印版的排料图放置在多层面料的最上层，接着，纸样进行人工或计算机裁剪。

手绘排料
图1a

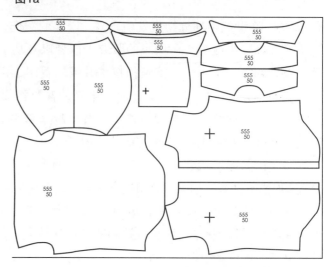

照片排料
图1b

计算机排料
图1c

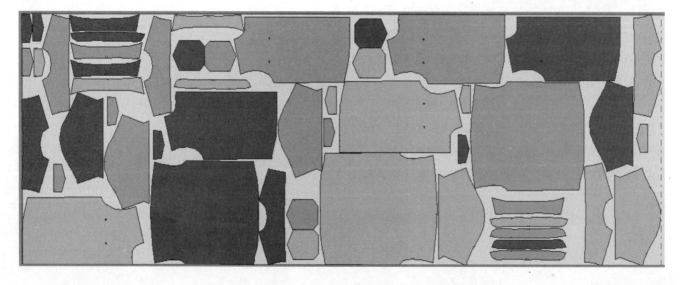

推档 推档是基于公司完美样衣（例如，标准尺码为10）的基础上放大或缩小纸样。公司设定纸样推档的长、宽和周长等条件，不同公司的推档尺寸各不同。纸样推档可以单个进行，也可以重叠进行（大小纸样顺序套叠放码）。现在，大多数推档都是由计算机完成的，然而推档也可以利用达里奥推档机，或用专业铰链推档尺或其他类似工具手工进行。推档的下一步是生产之前的排料过程。

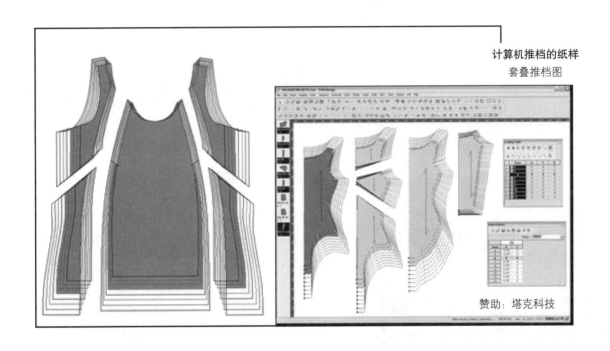

计算机推档的纸样
套叠推档图

赞助：塔克科技

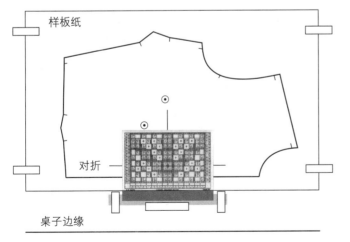

样板纸

对折

桌子边缘

数字化仪　将数据转化成电脑使用的数字形式。一个手持式的鼠标装置通过激活可以将纸样上的图形自动转化至电子工作台上。纸样的推档同样可以不用工作台以这种形式更快速地完成。数字化仪的另外一个作用是直接从服装上拓下纸样，用于二维的纸样修正。

裁剪机　用于手动操作电子裁剪机完成裁剪工作。经验丰富的裁剪人员可以稳妥地一手操作裁剪机，一手配合移动，将已裁剪的面料放于一旁。

电脑切割机　在裁剪过程中裁床刀片贯穿于裁剪布料层时有一个防护罩保证安全。电子测量芯片控制着裁剪刀片的运动轨迹。

赞助：塔克科技

数字化

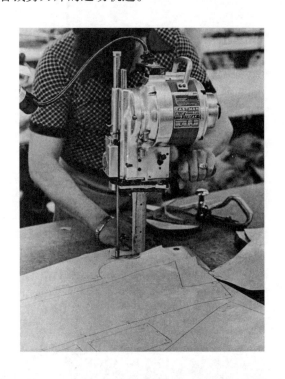

人体扫描仪

人体扫描仪是帮助服装业设计者设计出最佳服装参数而开发的测量设备之一，是一种可以获取精确至 0.16cm 扫描数据的光线发射装置，人体扫描是在一个像盒子一样的立方体内进行，以三维格式复制人体尺寸。一些个人和大的研究实验室已经对此概念进行了多年的研究，技术已经较为成熟，但还有很大的发展潜力。

计算机公司

计算机公司提供各种自动化系统：包括面料和服装设计、纸样设计、推档、放码，还包括高速喷墨绘图仪、单层裁剪机、铺料和裁剪设备、单件生产系统、电子跟踪缝纫设备以及仓储、分销和制造等。

计算机公司对生产厂家的服务多种多样。如果需要更详尽的信息，以下是一些公司的网址。

塔克科技： www.tukatech.com

格柏： www.gerbertechnology.com

力克： www.lecra.com

派特： www.padsystem.com

艾维： www.investronica.com

奥普提特克斯： www.optitex.com

最后一项要点

试衣　试衣是实现服装合体性不可或缺的一个环节，为下一个生产环节做准备。一个好的试衣人员在检查服装合体性之前会先检查服装内部的缝纫线是否缝纫正确。试衣环节包括设计师、助理和纸样设计者的即时检验，或者采用电子模拟试衣系统。通常服装最终的完美合体要历经反复多次的合体性检验和修正过程。

样衣缝纫师　设计师和样板师的工作通常要咨询样衣缝纫专家对服装的了解。缝合线是否相匹配？对位标记太多还是太少，是否位于正确的位置？裁片缝合的时候是否会有困难？

电子模拟试衣系统的诞生

2004年，塔克科技的总裁伊娃·沙利恩创新发明

了电子模拟试衣系统，他认为合体性检验虽然可以少至一周的时间，但是快速时尚的倡导者远远不满足于此，他们想要让样衣在相同的人体上进行数字化模拟穿着。*电子模拟试衣系统通过三维的CAD软件使整个服装可以在数字化的人体模型上进行电子化缝合，正如数字化的人体模型和试衣模特或者试衣人台，将面料的印花、颜色和特性应用到服装上，观察在运动过程中是否适合人体模型。

张力图显示的是在各个动作下服装各部位在人体上的松紧程度以及是否出现多余面料，如同真人模特所能反馈的信息。X光线模式可以让纸样师清楚地看到三维形式下如何调整二维的平面纸样，正如真人模特身上的试衣环节，一旦纸样修正完成后，最终的服装可以以图片或视频格式通过电子传输，展示服装的款式和合体度。设计师可以在任何地方使用手提电脑进行电子模拟试衣，并用几个小时就可以完成合体性试衣环节，有时甚至可以不需要制作出实物样衣。

电子模拟试衣

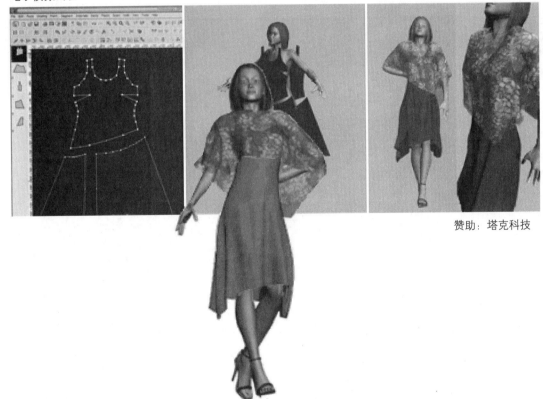

赞助：塔克科技

　　*3D模特是一个真实人体(任何尺寸的男性、女性和儿童)的扫描影像。模特被转化为电子模拟试衣模型，并添加骨骼结构，在实际进行动作的时候应用动画形式：行走、坐、向前弯腰，还有跳舞。

服装产品开发

尽管每个公司的具体职责不同，但一个商业化的服装设计师需要负责服装的产品开发。一个成功的商业线必备的几个主要因素：

- 了解顾客 服装必须体现人的年龄、形像和生活形态。
- 合理定价 顾客会根据预期的效果和穿着后的满足感来评估服装的价值。
- 审美艺术 服装的设计、颜色和装饰可以突显顾客的脸型和身材。

设计师通过研究色彩流行趋势和系列面料开始新的系列创作。设计师的品味、新系列的价位、季节、加工制造商的时尚品味程度、某些之前的特定风格、流行状况等因素决定了新系列的风格和款式。

设计师在工作室其他人员的协助下绘制草图、用立体裁剪或电脑制板产生第一件样衣。典型的设计工作室由一个设计助理、样板师、样衣剪裁师、样衣制作师组成。规模较大的生产商还会配备草图设计员、试衣模特和其他一些助理。

产品促销对处理销售状况不佳的款式是十分重要的。最终的成品在陈列厅向买手展示、由销售代表推荐给零售商、将成品图片通过电脑网络展示给买手、通过商业广告和采购部网络进行推销。

纸样的开发遵从销售状况，且使样衣能在工厂里快速缝制并适用于大众消费者。设计师通常参与销售推荐和所有影响产品美观的决策。

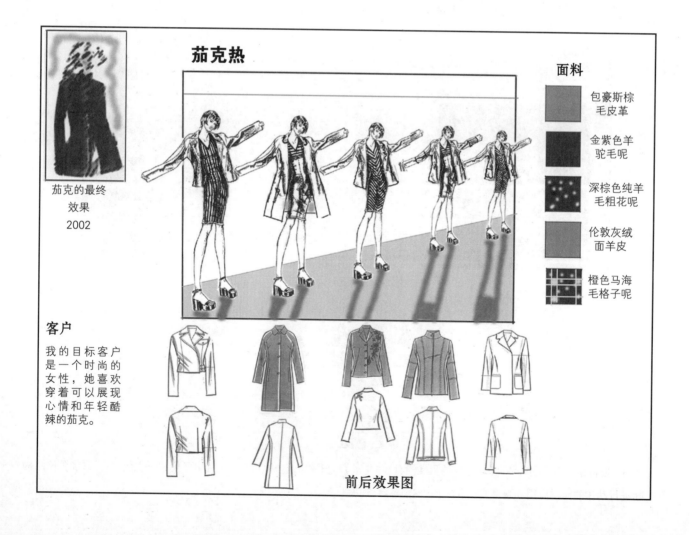

茄克热

面料

包豪斯棕毛皮革

金紫色羊驼毛呢

深棕色纯羊毛粗花呢

伦敦灰绒面羊皮

橙色马海毛格子呢

茄克的最终
效果
2002

客户

我的目标客户是一个时尚的女性，她喜欢穿着可以展现心情和年轻酷辣的茄克。

前后效果图

成本明细表

成本明细表是每款服装设计的完整记录并用于核价服装成本、制定批发价格。表格的顶部（栏目1和栏目2）由设计部填写。需包括销售人员，面辅料公司的名字和电话，还需包括面料小样、设计草图、特定纸样的信息和说明。书后提供了可用于复制的空白表。

原始表格是给生产制造者的，由其完成表格的下半部分（栏目3和栏目4）并标记码数，明细表给生产商提供了所需的产品信息。复印版本留在设计部以便快速查阅，减少沟通障碍。

成 本 计 算 表

概　况			织　物	款　式
排料	长度	米数	来源：Cone Fairicis	部门：Jr hiu
			纸样号：6354	款式号：1003
			幅宽：114cm	价格：42.50美元
			价格：2.75美元	季节：春季
里料			质地：Poliyirciccn	参照号：16/65
			颜色：蓝/白　绿/蓝	日期：××年××月××日
衬布			卖方：Taling 先生	款式名：宽松比基尼
			电话：216-322-6542	尺码：6~18
饰条			其他：	颜色：黑/白　绿/蓝
				其他：

1. 面料	估计用量（cm）	实际用量（cm）	单价（美元）	总价（美元）
涤棉混纺织物	6.3	5.7	3.50	8.75
里子				
衬布				

面料总成本

2. 装饰物	估计用量	实际用量	单价	总价
纽扣（粒）				
拉链（根）		1		12
松紧带（cm）		60		25
肩带（副）				
垫肩（副）		2		35
折裥				
花边				

装饰总成本

3. 劳务	估计用量	实际用量	一打
裁剪	1.15	1.00	12.00
做工	2.75	3.00	36.0

总劳务费：13.62 美元

4. 总价

A.利润率：45%

B.总批发价：62.50美元

5.备注：

款式图

此处贴样布

样板图表

样板图表是关于服装整套纸样裁片的完整记录，包含了样卡和特定纸样的信息。每片纸样都标注了名称和需要裁剪的片数。色码用来区分其他样片的衬料和里料。样板图表完成后放置在生产样板前面，并递交至生产经理。有些图表需要标明如图所示的缝制说明，在书后可以找到空白表格。

服 装 配 件

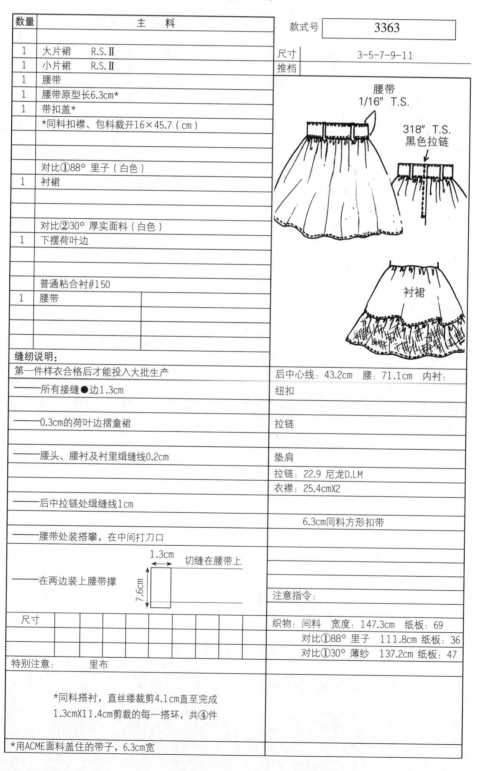

数量	主 料	
1	大片裙	R.S.II
1	小片裙	R.S.II
1	腰带	
1	腰带原型长6.3cm*	
1	带扣盖*	
	*同料扣襻、包料裁开16×45.7（cm）	
	对比①88° 里子（白色）	
1	衬裙	
	对比②30° 厚实面料（白色）	
1	下摆荷叶边	
	普通粘合衬#150	
1	腰带	

款式号 **3363**

尺寸 3-5-7-9-11

推档

腰带
1/16″ T.S.

318″ T.S.
黑色拉链

衬裙

缝纫说明：
第一件样衣合格后才能投入大批生产

—所有接缝●边1.3cm

—0.3cm的荷叶边摺童裙

—腰头、腰衬及衬里缉缝线0.2cm

—后中拉链处缉缝线1cm

—腰带处装搭襻，在中间打刀口

—在两边装上腰带撑

1.3cm 切缝在腰带上
7.6cm

后中心线：43.2cm 腰：71.1cm 内衬：	
纽扣	
拉链	
垫肩	
拉链：22.9 尼龙D.LM	
衣襟：25.4cmX2	
6.3cm同料方形扣带	
注意指令：	

尺寸							

织物：间料 宽度：147.3cm 纸板：69
对比①88° 里子 111.8cm 纸板：36
对比①30° 薄纱 137.2cm 纸板：47

特别注意： 里布

*同料搭衬，直丝缕裁剪4.1cm直至完成
1.3cmX11.4cm剪裁的每一搭环，共④件

*用ACME面料盖住的带子，6.3cm宽

设计明细表

设计明细表是对每款设计最终要求的完整记录。负责成品的工作人员在确认产品是否符合公司标准时使用此表。研究图表并将表中的信息与成品的最终设计作比较。

设 计 明 细

日期__8-4-09____合体基本款____NEW____款式_SJ04507B_____　　年轻系列　　　　　　女款

	名称：

两件_____一件_____宽度_____衬料_____
打捆：2针_____4针_____
结束：折叠起来_____线头_____
其他：_____

裤带环：_____抽带_____Reg.Jean_____
　　　宽度_____其他_____

前片　素色无花纹__内工字褶__②__褶间深度_____
　　　其他：_____

前口袋：_装在前面_止口线_____
　　结束和开始所需时间_____
　　西部风格的_____贴边_____装饰_____
扣眼：纵向的_____水平的_____
　　铆钉_____其他_____
　　口袋___打结___底部的松紧带_____

裤带：本身面料_____宽度_____特殊处理的_____
　　其他___拼合的_____

侧缝：缝合_____开口_____安全_____粗线_____
　　其他：_____

下裆缝：缝合_____开口_____安全_____粗线_____
　　　其他：_____

松紧带：_____

后裆缝：缝合_____开口_____安全_____粗线_____

后口袋：穿过扣子_____贴边_____折叠_____
　　　单片_____补片_____盖_____
　　　扣眼：垂直的_____水平的_____

门襟：2 pc. ①　叠门___1/2 翻折_____
　　比翼线迹：第一针_____第二针_____粗线_____
　　银扣：_____尼龙_____

下装：分缝_____单针还口_____裤脚_____单针还口_____
　　套结_____宽度_____
　　按扣_____纽扣_____松紧带_____

口袋内衬：面料_____衬料_____笑脸型标志_____

纽扣或按扣：型号_____莱尼_____Mfg._____颜色_____

面料样品在XX制作

腰

打结

笑脸条状商标

套结

第 **2** 章　人台尺寸和体型分析

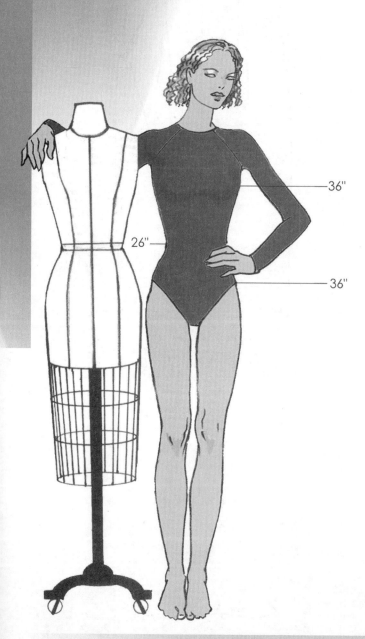

36"

26"

36"

谁是理想标准体型?

　　她是个复合"体型",尺寸标准基于多种需求演变而来。她由顾客反馈信息到买手,由买手到生产商,由生产商到人体模型公司。无论多么成功的生产商、商业纸样公司、连锁百货店及工业人台公司说他们的标准是怎样的,她是一种模型、一种体型、是一组尺寸的体现。她的廓型随着时尚的演变而微妙变化。她的尺寸只有在满足大部分顾客时才能被认为是理想的。

谁需要标准体型?

　　技术员需要标准体型的尺寸进行样板设计和试穿,设计师需要用她的廓型进行新的款式设计,制造商需要用她来展示成品,模特儿需要比对她的尺寸以决定是否能被录用,顾客需要她来作为顾客的代表试穿服装。

难以捉摸的体型具有标准吗?

　　尽管模特儿的尺寸多种多样,但依旧具有自身标准。她应对称、直立,并具有美观的身体比例。胸、腰、臀的差值在 21.6cm 到 31.8cm 之间。这些标准严格建立在西方理想体型观念基础上,由于体型类别的差异,事实上不可能存在一种被普遍接受的标准,不同的国家应基于自己对美的理解建立自己国家的标准。

　　一些制造商提倡不用标准尺寸,他们希望尺寸能够灵活地变化以快速满足顾客的需求。随着世界贸易的增长,有必要创建一个中央数据库,其中包括非西方贸易伙伴的区域尺寸。计算机技术最终会达到可以提供随时获得这些资料的水准。

完美的尺寸比例意味着完美体型吗?

　　未必如此,因必须要考虑围绕人体骨架的肌肉分布,例如,宽大的背和扁平的胸部;大胸部和单薄的背部;宽阔平坦的前腰;圆润、突出的后腰;宽大的臀部和扁平的腹部;突出的腹部和扁平的臀部。

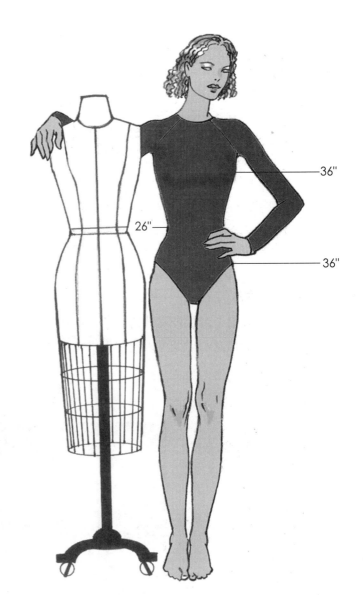

人台：柳叶罐状至拟人化

在过去的 140 年间，人台已经适应了时尚的变化，形态和尺寸上不断被修改以满足日益变化的服装廓形。原始的人台是不成形的，由织物包覆的柳叶捆扎而成的模型被填充成不同的规格。今天的人台部分是手工制作的，以金属作为框架，用纸进行模塑，用帆布包覆并用亚麻面料的公主形式服装覆盖，外层服装的缝线和公主造型线在前后人台间设置了边界线，腰线明确了上、下躯干。在生产过程中，人工失误会有发生，测量之前检查人台可能发生误差的地方，根据 31 页的说明做出判断。如今的人台很好地展现了男性和女性，成人至儿童每组型号最普遍的尺寸。为了便于使用，人台具有多种形式，可拆卸的手臂和腿，可扩缩的肩膀等。

谁设定了人台尺寸？

人台尺寸取决于消费者反馈给买手又由买手反馈给人台公司的信息。如今可以定制仅供私人使用的特定尺寸人台。公司也可以根据自己的客户群特征来定制特殊规格人台。

克隆试衣人台

人台研发过程中有过许多创新，其中液态填充物代替了原来的帆布和金属。我比较熟悉塔克人台并亲眼见证过它的制作过程。人台完全是公司试衣模特的复制品，该模型是在一个带有发光装置的立方体中扫描后产生的完美复制品。人台以一些液态物质填充，在凝固之后看起来像是人的皮肤和肉并且可以用针穿插而不伤害人台表面。人台帮助打板师和设计师在短时间内更精准地制作出服装且不需要真人模特。

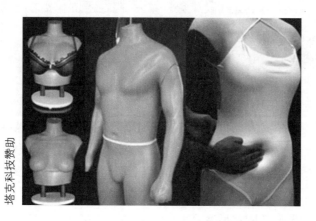

塔克科技赞助

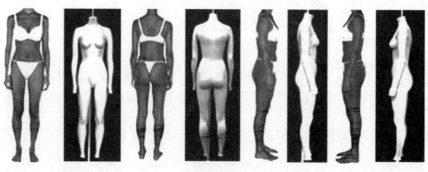

工业化样板规格标准

为了履行国家标准并满足消费者的需求，样板行业成立了测量标准委员会，制定了本行业的全套体型类型和尺寸标准。下面例举的是根据年龄和身高类别为样板行业提供的体型类型综合图。在纸样封套上标记着规格尺寸，他们所制定的标准已经受美国材料与试验协会（ASTM）和纺织服装技术公司的美国国家服装规格调查协会的影响。

百货商店服装规格标准

百货商店和目录商家诸如西尔斯，蒙哥马利 沃德及斯皮格尔公司已经制定形成了一套严格的公司规格标准来满足顾客的需求。有些公司直接使用国家标准总局制定的标准规格，有些则通过发送调查问卷向大量消费者进行抽样调查分析，以获得目标顾客的测量数据，将所获得的信息进行加工整理之后，把这些表格资料送到制造商用于制作客户样板。JC彭尼，维多利亚秘密，和倨傲恺等服装品牌现在使用的是ASTM［TC2］的美国国家规格调查协会标准作为他们的尺寸规格。

服装标准制定的其他尝试

19世纪晚期，美国开始尝试服装标准化尺寸规格，当时服装制造商开始大规模生产大、中、小号的农村劳动力制服，但结果并不理想。接着的努力是在军队中开始尝试大批量生产合体装,在1901年，联邦政府成立了国家标准总局，这是一个以实现标准尺码规格为目的的非立法机构，直到1970年，基于对大量人群的普测，国家标准总局才发展制定形成了一套较完整的服装尺寸规格标准。

美国女性体型、号型综合图

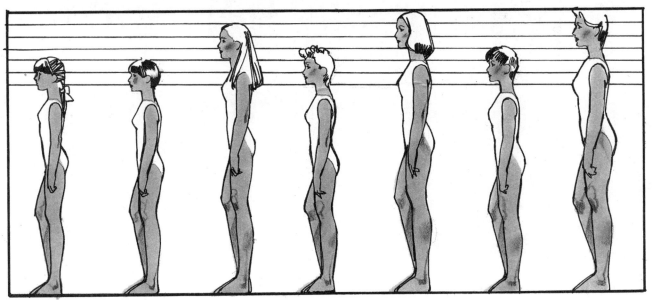

身高: 155~160cm	152~155cm	160~165cm	157~160cm	165~167cm	157~160cm	165~167cm
年龄段: 小女孩	瘦小女孩（ip）	少女	瘦小女青年（mp）	女青年	小个子成年女子	成年女子
美国号型: 5/6-15/36	3jp-13jp	5-15	6mp-16mp	6-20	$10\frac{1}{2}$-$24\frac{1}{2}$	38-50

个人或客户体型分析

如果客户的体型不太完美，请记住，必须让服装完全适合客户的体型，而不是让体型适合服装。

在这个过程开始时，有必要对被测模特的个性体型特征进行评估。被测模特应该在常规的基础内衣外面套一件紧身服以便于测量。

每组体型的变化按字母（A 至 J）排列，并且组内的每个体型给予数字编号。圈出适合于你的体型编号，然后将其记录在个人测量表格中相应的字母下面。

A: 头高——用于比较的一种度量工具

- 从头顶到下巴水平量出你的头高。以所测得的头高尺寸为标准，从下巴往下标记出每一段头高。
- 在抽样模特后面的蓝色线条标示出了头高的水平线。穿过抽样模特后面的虚线标示了胸高点，臀部，裆部和膝盖位置。而这些标示部位与身着蓝色紧身服的完美模特儿的标准头高尺寸有关。
- 与模特比较你的头高位置。记录以下这些位置是在头高水平线上面还是下面。如胸部____，腰部____，臀部____，膝盖____。

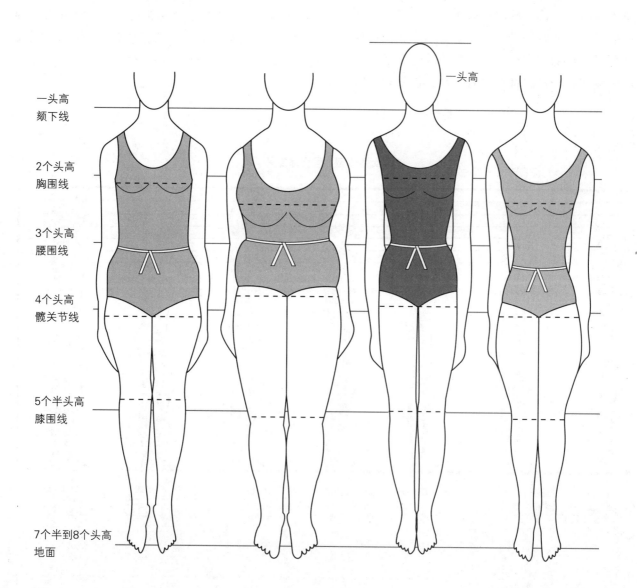

一头高

一头高
颏下线

2个头高
胸围线

3个头高
腰围线

4个头高
髋关节线

5个半头高
膝围线

7个半到8个头高
地面

继续体型分析

　　下面以图说明了人体形态的变化。找出最适合你的体型编号。从 A 到 N 记录下你的体型编号。这些信息对制作整套个人基础服装板样是很有帮助的。

B：后背形态

　　1. 理想型：背部是一条柔和的曲线并且臀部轻微凸出。

　　2. 扁平型：背部曲线较直，臀部突出。

　　3. 圆型：背部曲线和臀部都很突出。

　　4. 驼背体：肩膀向前倾斜很严重。

后背形态

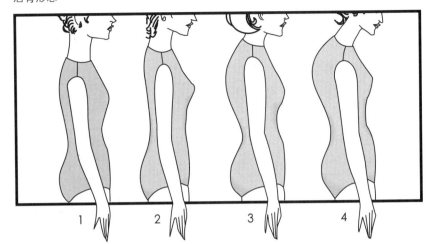

背部/胸部关系

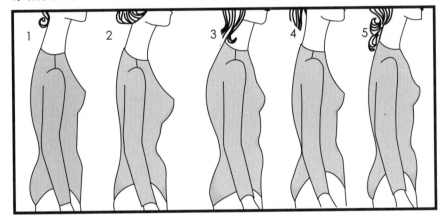

C：后背 / 胸围 / 胸部关系

　　1. 理想型：胸部和臀部较为协调突出。

　　2. 窄背 / 大胸。

　　3. 后背很丰满突出，但胸部较平。

　　4. 胸部内凹。

　　5. 鸡胸，很明显的胸骨。

D：臀部形态

　　1. 理想型：腰部 / 肩部 / 臀部三者呈现非常完美协调的比例。

　　2. 心型：从腰部向上凸起成圆形，双腿在裆部合龙。

　　3. 方型：从两侧突出形成方形。

　　4. 菱型：较小的腰围和较窄的肩部，强化了最宽的臀部。

臀部形态

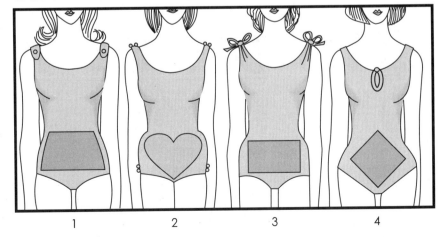

E：手臂形态

1. 理想型：肌肉和骨骼完美和谐。

2. 偏瘦型：骨骼较明显，手腕，肘部和肩部的骨头明显凸出。

3. 丰满型：手臂上端脂肪开始出现。

4. 脂肪型：骨架被脂肪覆盖，整条手臂分布着很多脂肪。

手臂形态

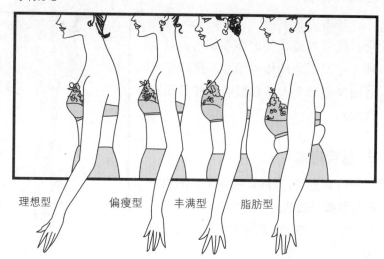

理想型　　偏瘦型　　丰满型　　脂肪型

腹部/大腿关系

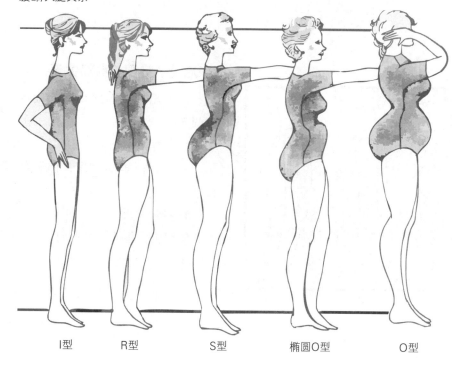

I型　　R型　　S型　　椭圆O型　　O型

F：腹部／大腿

为了比较，让协助人员观察你的外轮廓形态。如果你的外型与这些例子不同，在个人尺寸表的"偏差"下面记下你的尺寸。

G：肩部形态

1. 理想型：肩斜度约为 25°。

2. 溜肩型：肩斜度大于 25°。

3. 方肩型：与颈部几乎成 90° 夹角。

4. 肌肉型：颈部到肩部都有肌肉。

5. 骨感型：锁骨非常突出。

1　　　2　　　3　　　4　　　5

肩部与髋部的关系

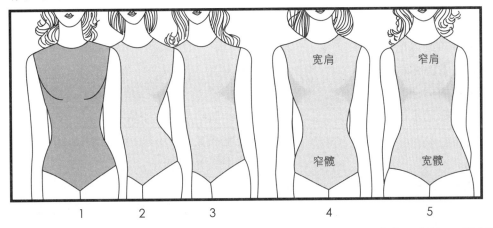

1　　　2　　　3　　　4　　　5

腿部形态

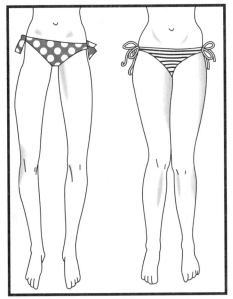

1–弓形腿　　　　2–X型腿

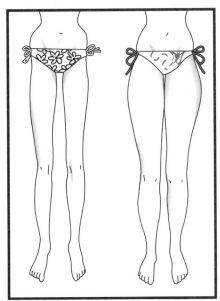

3–瘦型腿　　　　4–丰满型腿

H：肩部 / 腰部 / 臀部

1. 理想型：肩部 / 腰部 / 臀部比例平衡协调。
2. 漏斗型：腰部较细而形成。
3. 直线型：几乎不显腰部。
4. 宽肩 / 细腰。
5. 窄肩 / 宽臀。

I：腿部形态

通过它们的名字来定义。

J：站姿

模特儿的站姿影响服装穿着时的悬垂度与平衡。因此需要进行版型调整。

站姿

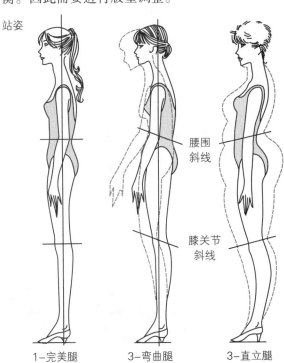

1–完美腿　　　　3–弯曲腿　　　　3–直立腿

标记术语

为了使测量更加精确，你必须知道标记点在哪里，并能鉴别每一点的特定位置。下图标示了人体模特的部分标记点，对应顺序测量的标记，人体模型中前、后相对应的数字序号即为标记术语中说明的代号。

个性化试穿   人体模型的测量结果将被用于制作基础纸样。

1. 前颈中点
   后颈中点
2. 前腰中点
   后腰中点
3. 胸点
4. 胸围线的前中点（位于胸点间）
5. 前（公主线）
   后（公主线）
6. 前袖窿中点
   后袖窿中点(和袖孔板的螺旋孔在一条水平线上）
7. 肩端点
8. 颈侧点（肩 / 颈点）
9. 袖窿线
10. 袖孔板螺钉
11. 袖孔板

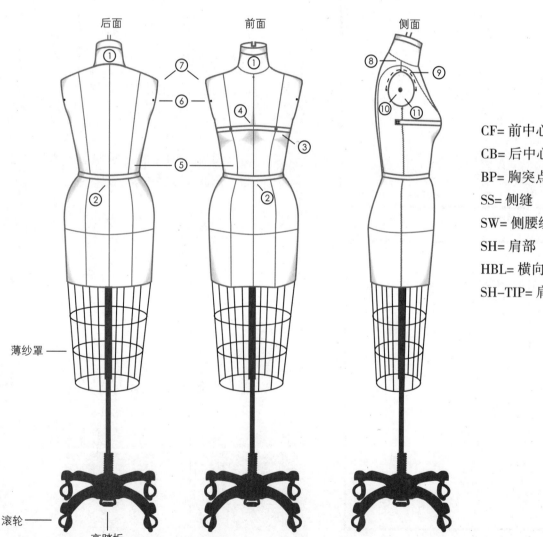

后面   前面   侧面

CF= 前中心线

CB= 后中心线

BP= 胸突点

SS= 侧缝

SW= 侧腰线

SH= 肩部

HBL= 横向平衡

SH–TIP= 肩点

薄纱罩

滚轮

高踏板

测量人台和模特

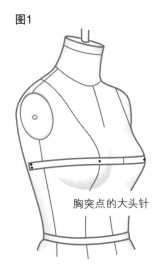

图1

　　人台有时并不完美,距离中心线两边的尺寸不总是能保证相等,如果有必要请检查并标记侧缝线。肩线可能错位,则会导致袖子悬挂偏离（试衣期间将会纠正这些问题）。

　　人台或模特的测量结果将被用于制图。测量时必须小心准确,以避免出现合体性问题。

　　将测量结果记录在本书后面的人台或模特的测量表格中。表格可以取下复印。

　　个性化尺寸　备注说明（用斜体字）将涉及个性化合体问题。

人台测量的准备工作

图1

- **胸心位**:剪一条 3.8cm × 66.0cm 布条。把边缘折叠到中心后再对折。将布条放在通过胸点的水平线上,并且以侧缝线为准两边向外留出 2.5cm。用大头针固定,修剪不必要边缘。将大头针扎进胸点。标记出中心线。

- **腰围线**:如果腰节线标志损坏,应替换腰线粘贴带。

胸突点的大头针

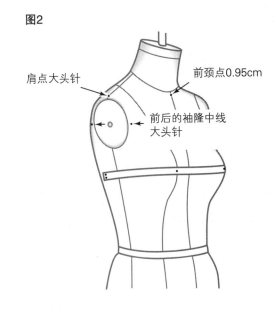

图2

肩点大头针　　　前颈点0.95cm

前后的袖隆中线大头针

图2

- **大头针标记点**:将大头针扎进袖窿弧线的肩端点上、与袖孔板的螺钉处于一条水平线上的袖窿中点,即及位于前颈点下 1cm 处。

图3

- **袖窿深图表**:为了定位袖窿深度,可在下面与人台号型对应的袖窿深表格中选择尺寸,从袖孔板向下测量并在该位置插上大头针。当尺寸变小或变大时,可增加或减少 0.3cm。随着一套尺寸的建立,需要测试与相应袖的吻合度。如果有必要,还可以进行调整和修改。

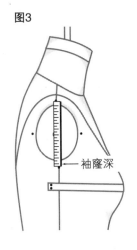

图3

袖窿深

尺码 3/4——1cm	尺码 11/12——1.9cm
尺码 5/6——1cm	尺码 13/14——2.5cm
尺码 7/8——1.3cm	尺码 15/16——2.9cm
尺码 9/10——1.6cm	尺码 18——3.2cm

- 为了确定袖山高,从袖窿深向上测量到肩端点,并且增加 1cm。

为模特测量的准备工作

请一位朋友协助测量并将测量结果记录在 36 页的个人测量表格的复印件上。

被测模特应该在常规基础内衣外面套一件紧身服。

图 1 a、b

标记服装：将衣服放平，用画粉或可洗水笔沿前中心线和后中心线分别画一条直线。

图 2 c、d、e

领围线：不要在前中心的锁骨中点和颈部后中心的骨头凸起处作标记。为了完美的表现领口形态，在模特的颈部围一条精细的项链，然后沿着该轮廓描点。再用一支较细的水笔细心地描出领口曲线。

图 3 f、g、h、i

穿衣模特：过胸点中点、肚脐和裆部用画粉画出前中心线。沿脊柱线、臀部中线和腿中心用画粉画出后中心线。如图 3（f 和 g）所示在模特的前面和后面做标记。

完成领口线：将标尺放在中心线处，对准锁骨和颈背点，画中线至颈部。

将标尺放在肩缝处，画线至颈部（c）。

袖窿中点：将手臂放在侧面，用点或大头针标记褶皱线的两端。

袖窿深：将手指放在手臂下面，即身体后侧肌肉和胳膊

连接处。用画粉沿着侧缝线标记出手指下面的点（i）。

前胸心位：参考 31 页图 1 的指示说明。

腰带：将一条腰带或松紧带或系带舒适地围在腰部（不要太紧）。

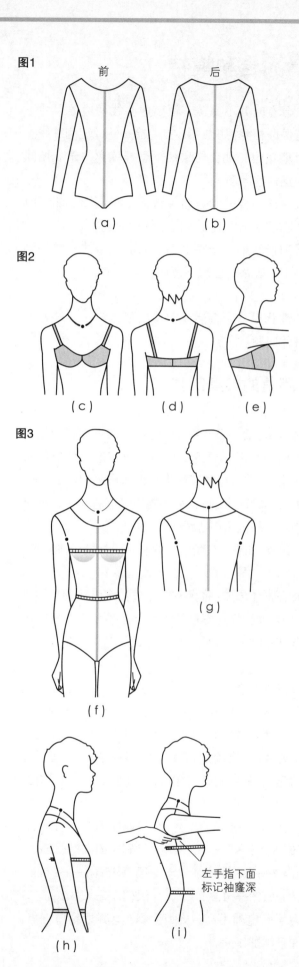

图1 前 后
（a） （b）

图2
（c） （d） （e）

图3
（f） （g）

左手指下面
标记袖窿深

（h） （i）

测量

- 测量时将软尺金属头置于基准点上，再将软尺拉伸到另一个参照点。
- 记录人台测量数据(在本书后面的图表或个人测量表)。
- 括号中的数据要与图表中一致。
- 弧线的测量从中心线到侧缝线。
- 测量人台前、后同一半边尺寸。

水平平衡线(HBL)

图1、2、3

- 在前中心线处从地面向上测量到大头针标志处(X)(图1)。
- 利用这个数据，分别从地面向上测量到后中心线及侧缝线大头针处，在公主线处插大头针。核对测量尺寸(图1和3)。
- 过每个标记点画臀围线，或者用粘带标记臀围线。从前中心腰点到臀围距离，年少者和小号尺寸的标准臀高是15.2cm到17.8cm，少女的是20.3cm到22.9cm。

个性化试穿

按照说明仔细再检查一次，如果不正确，则裙子下摆将与地面不平行。

人台或模特的围度测量

图4、5

- 胸围(1)：通过胸点和后背水平围绕一周。
- 腰围(2)：围绕腰围一周。
- 腹围(3)：腰围下7.6cm处。
- 臀围(4)：用软尺平行于地面测量最宽处。在前中心线用大头针标记臀围线(参考X点)。

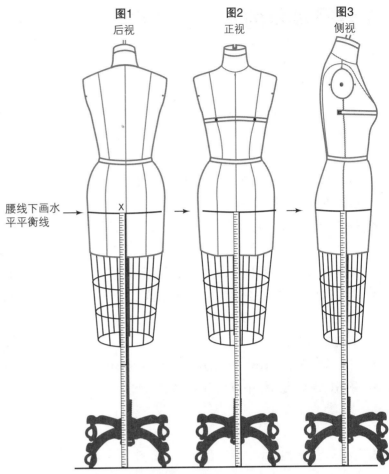

图1　后视　　图2　正视　　图3　侧视

腰线下画水平平衡线

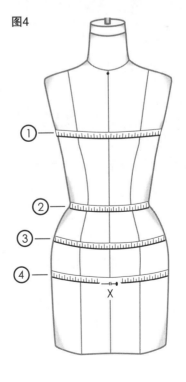

图4

图5

人台或模特的水平弧线测量

前面

图 6

- 肩宽（14）：肩端点到前颈中点的长度。
- 前胸宽（15）：前中心至袖窿中点的长度（用标记大头针）。
- 前胸围（17）：从前中心，通过 BP 点，终止于距离腋下 5.1cm 的侧缝线。
- 胸距（10）：软尺通过两个 BP 点，记录测量值的一半。
- 前腰围（19）：从腰围前中点至腰侧点围度。
- 省位（20）：前中心至前侧（公主线处）。
- 前腹围（22）：位于腰围线下 7.6cm 处，从前中心至侧缝围度。
- 前臀围（23）：在 HBL 线上，从前中心至侧缝围度。
- 臀高（25）：从前腰中点至 HBL 线的长度。

后面

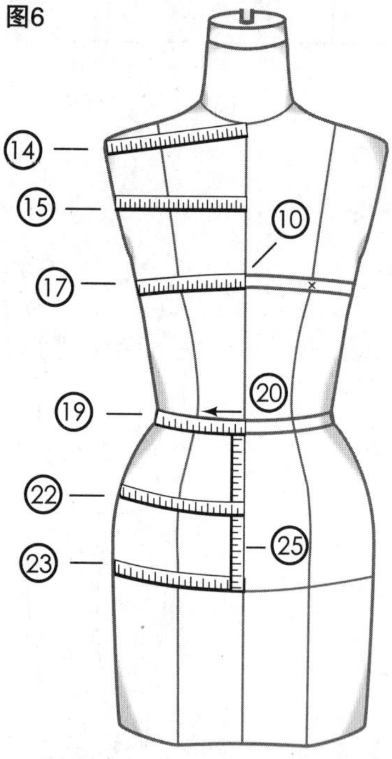

图 7

- 后领围（12）：后颈点至侧颈点。
- 肩宽（14）：肩端点到后颈中点。
- 后背宽（16）：后中心线至大头针边缘袖窿中点的长度。
- 后胸围（18）：后中心至袖窿板下端围度。
- 后腰围（19）：从腰围后中点至腰侧点围度。
- 省位（20）：后腰中点至侧面（公主线处）。
- 后腹围（22）：位于腰围线下 7.6cm 处，从后中心至侧缝围度。
- 后臀围（23）：在 HBL 线上，后中心至侧缝围度。
- 臀高（25）：从后腰中点至 HBL 线的长度。

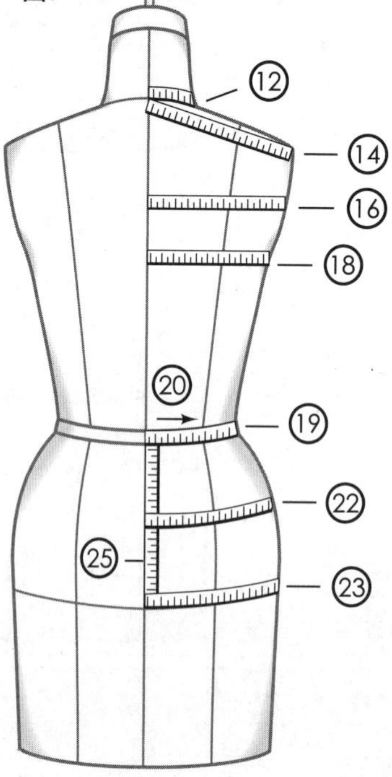

个性化试衣模特

图 8a、b

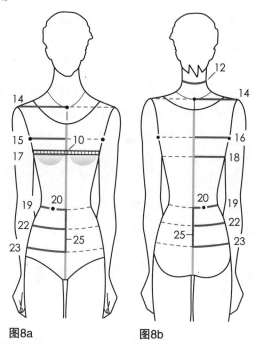

图8a   图8b

测量时将软尺金属头置于基准点上，再将软尺拉伸到另一个参照点，记录一半测量值。如果前后中心线正好位于中心，前、后上半身的测量可以从中心线到侧缝线。

领围

测量颈部上部围度，除以 12.1cm，或用尺寸表。

图6

前

图7

后

人台或模特的长度测量

图 9、10

- 侧缝长度 ⑪：沿侧缝从袖窿金属板下面的大头针标记至侧腰点。
- 单肩长 ⑬：肩端点到颈侧点。
- 侧臀高 ㉖：在侧缝处测量，侧腰点到 HBL 线的长度。
- 胸乳半径 ⑨：从胸点测量到下胸围线。

前面和后面

图 11、12、13、14

- 中心线长 ⑤：前颈点至腰围线长度（经过胸心位）。
- 腰节长 ⑥：平行于中心线从腰到颈侧点长度。

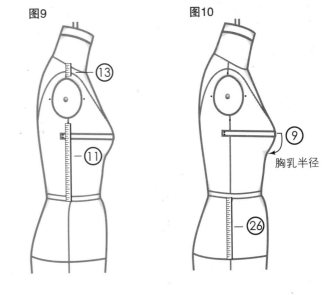

- 肩斜高 ⑦：前腰中点至肩端点长度。
- 胸高 ⑨：肩端点至胸点。

个性化体型：非对称型确认

　　肩斜高：测量左右两侧肩斜高，如果数据相差大于 0.3cm，则两肩是不对称的。

　　侧臀高：测量左右两侧（见 #26），如果数据相差大于 0.3cm，则臀部是不对称的。在对折的纸上绘制纸样，之后再进行讨论。

图 15 和 16：吊带测量

　　吊带 ⑧ 将软尺金属头置于颈侧点，量至侧缝腰带底部并记录。

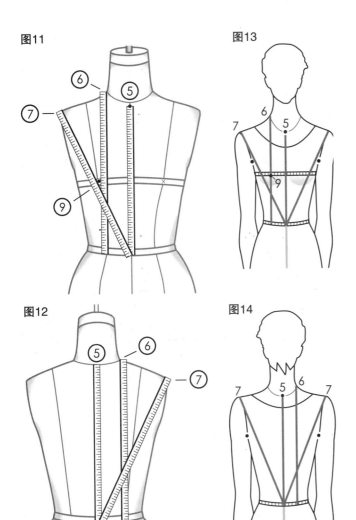

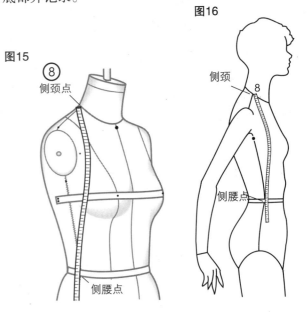

标准尺寸规格表

详细尺寸：（不包括放松量）

单位：cm

等级 Grade:		2.5	2.5		3.8	0.8	3.8	5.1
号型 Size:		6	8	10	12	14	16	18
基本尺寸	（1）胸围 Bust	86.3	88.9	91.5	95.3	99.1	102.9	108.0
	（2）腰围 Waist	61.0	63.5	66.0	69.9	73.7	77.5	82.4
	（3）腹围 Abdomen	82.6	85.1	87.6	91.4	96.3	99.1	104.1
	（4）臀围 Hip	90.2	92.7	95.3	99.1	102.9	106.7	111.8
躯干上部（上半身）UPPER TORSO	（5）中心长度 Center length							
	前 Front	36.8	37.5	38.1	38.7	39.4	40.0	40.6
	后 Back	42.5	43.2	43.8	44.5	45.1	45.7	46.4
	（6）腰节长							
	前 Front	43.2	44.1	45.1	46.0	47.0	48.0	48.9
	后 Back	43.8	44.8	45.7	46.7	47.6	48.6	49.5
	（7）肩斜坡高							
	前 Front	41.9	43.0	43.8	45.2	46.1	47.5	48.6
	后 Back	41.3	42.4	43.5	44.6	45.7	46.8	48.0
	（8）吊带 Strap							
	前 Front	24.1	24.8	25.4	26.4	27.3	28.3	29.6
	（9）乳深度 Bust depth	22.9	23.2	23.5	23.8	24.1	24.4	25.4
	乳半径 Bust Radius	7.0	7.3	7.6	7.9	8.3	8.6	9.5
	（10）乳间距 Bust span	8.9	9.2	9.5	9.8	10.2	10.5	10.8
	（11）侧缝长 Side length	21.0	21.3	21.6	21.9	22.2	22.2	22.9
	（12）后颈围 Back neck	7.0	7.3	7.6	7.9	8.3	8.3	8.9
	（13）肩长 Shoulder length	13.0	13.2	13.3	13.7	14.0	14.3	14.8
	（14）肩宽 Across shoulder							
	前 Front	18.1	18.7	19.1	19.5	20.0	20.5	21.1
	后 Back	18.7	19.1	19.4	19.8	20.3	20.8	21.4
	（15）侧宽 Across chest	15.2	15.9	16.2	16.7	17.1	17.6	18.3
	（16）背宽 Across back	17.1	17.5	17.8	18.3	18.7	19.2	28.9
	（17）胸弧 Bust arc	23.5	24.4	24.8	25.7	26.7	27.6	27.0
	（18）背弧 Back arc	21.6	22.2	22.9	23.8	24.8	25.7	
	（19）腰弧 Waist arc							
	前 Front	15.9	16.5	17.4	18.1	19.1	20.0	21.3
	后 Back	14.6	15.2	15.9	16.8	17.8	18.7	20.0
	（20）省位 Dart placement	7.6	7.9	8.3	8.6	8.9	9.2	9.5
	（21）可除掉省量 Number not used	7.6	7.9	8.3	8.6	8.9	9.2	9.5
下半身（裙裤）LOWER TORSO	（22）腹弧 Abdominal arc							
	前 Front	21.0	21.6	22.2	23.2	24.1	25.1	26.4
	后 Back	19.1	19.7	20.3	21.3	22.2	23.2	24.4
	（23）臀弧 Hip arc							
	前 Front	21.6	22.2	22.9	23.5	24.1	25.7	27.0
	后 Back	22.9	23.5	24.1	25.1	26.0	27.0	28.3
	（24）上裆深 Crotch depth	24.1	24.6	25.4	26.0	26.7	27.3	28.0
	（25）臀深 Hip depth							
	前臀 Center front	21.6	22.2	22.9	23.5	24.1	24.8	25.4
	后臀 Center back	21.0	21.6	22.2	22.9	23.5	24.1	24.8
	（26）侧臀高 Side hip deqth	22.2	22.9	23.5	24.1	24.8	25.4	26.0
	躯干总长	152.1	155.0	157.5	164.3	165.1	169.0	170.0
	（27）腰至踝 Waist to ankle	94.0	95.3	96.5	97.8	99.0	100.3	101.6
	腰至地面 Waist to knee	99.1	100.3	101.6	102.9	104.1	105.4	106.7
	腰至膝 Waist to floor	56.5	57.5	28.4	59.4	60.3	61.3	63.2
	（28）裆弧 Crotch length	62.2	64.1	66.0	67.9	69.9	71.8	73.7
	（29）腿根围 Upper thigh	49.5	51.4	53.3	55.9	61.0	61.0	64.7
	腿中部围 Mid thigh	43.2	44.5	46.7	47.6	50.0	51.4	54.0
	（30）腰围 Knee	33.0	34.3	35.6	36.8	38.1	39.3	40.6
	（31）小腿围 Calf	27.9	29.2	30.5	31.8	33.0	34.3	35.6
	（32）踝围 Ankle	23.8	24.8	25.4	26.0	26.7	27.3	28.0

绘制基础纸样

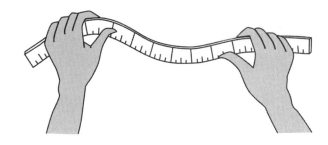

基本连衣裙

　　纸样制作入门始于基本连衣裙的样板绘制，连衣裙涉及人台中所有的关键尺寸，是全套基本纸样的代表。服装样板制作、试穿、设计都基于这套版型。基本连衣裙由五个独立部件组成：前、后衣片，由臀部直线下垂的前、后裙片和纤细长袖片。连衣裙紧贴人体外形，围绕人体突起部位——胸部、腹部、臀部、肩胛骨和袖肘有一系列的缝线，这些缝线在基本纸样中呈楔形，缝制后突显服装凹凸合体效果。完美的服装具有足够的松量，舒适合体，并与模特的体型姿态平衡和谐。

尺寸

　　纸样设计基于人台的尺寸、记录在人体的尺寸表或标准尺寸规格表及个性合体尺寸。

　　为便于参考，将说明中括号所给数字尺寸填到空格上，这些数字与图表中的数字相对应。说明中所用的字母表明了所画的每条线段的方向，例如，B到 C 说明这条线由 B 点画到 C 点。样板阴影轮廓表示所画草图中每条线的用途。

　　关于合体问题的修改，建议参照衣片、裙片、袖片的制图说明，完成的样板请参见 66 和 67 页。

基础纸样的建立

基础纸样的建立始于二维纸张的绘制或平纹细布的立裁。人台或人模围度占据了纸张或细布的主要空间，给出基础纸样形态，图1剪掉多余的纸或细布。

纸样形态描述

纸样是由系列直线（肩线、侧缝、臀围以下的裙摆）和弧线（领口线、袖窿线、臀围以上的裙侧缝）构成的人体外形二维图，针对胸点、肩胛骨、腹部和臀部，在纸样边缘形成的锲形被称为省（图2）。袖子基本纸样将在后面讨论。

何谓省道？

在纸样边缘，通过省道控制多余松量，并在胸点、肩胛骨、臀部和腹部附近逐渐释放松量，保持了人台或模特的尺寸。正如书后的图示阐述，省道也具有创作价值，正是省将二维纸样转化成了三维服装。

图1

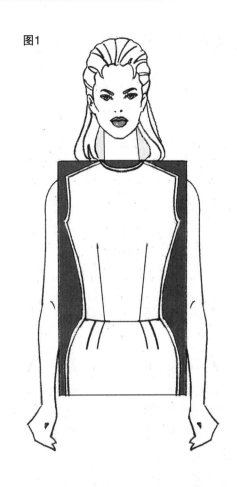

图2

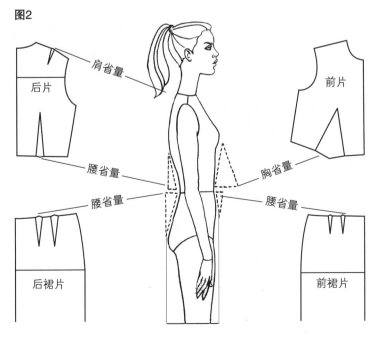

手工和电脑制板

全套基本纸样可以用手工和电脑两种制板方法进行。了解两种方法为打板师制板提供了更多的选择。

前衣片样板绘制

在下面空白处记录所选制图规格尺寸。在结构设计时，对于肩部和臀部左右不对称的模特，以较高尺寸一边为基准，在对折的制图纸上画图，剪下纸样后，再修正低边纸样。45 页是关于纸样结构的修正方法。

规范制图是基于青年女性人台 B 罩胸杯而进行的，以适应所有其他尺寸。为了达到个性化的合体度，可以从胸围数值中减去腰围数值。如果差不多是 B 罩胸杯，建议参照 41 页的胸杯公式计算。

图 1

- **AB= 腰节长(6)，加 0.3cm** _____。
  画线条并作标记。
- **AC= 肩宽， 减 0.3cm （14）** _____。
  从 C 点往下作长为 7.6cm 的垂线。
- **BD= 前中心线长(5)** _____。
  标记并作垂线 10.2cm。
- **BE= 前胸围 (17)，加 0.6cm*** _____。
  过 B 点作 EB 线垂直于 BD，然后从 E 点垂直向上 27.9cm。*

图 2

- **BG= 肩斜高 (7)，加 0.3cm** _____。
  G 点与过 C 点的垂线相交。
- **GH= 胸高(9)** _____。
  在 GB 线上作标记。
- **GI= 单肩长（13）** _____。
  从 I 点作垂线交于过 D 的水平线。
- **JK= 胸点间距，加 0.6cm （10）** _____。
  过 J 作前中线的垂线，过 K 点交 GB 于 H 点。
- **DL=DJ 的一半。**
  从 D 往下标记每个点。
- **LM= 前胸宽，加 0.6cm （15）** _____。
  过 M 点上下作垂线作为引导线。
- **BF= 省道位置（20）** _____。
  从 F 点垂直往下 0.5cm。

* 松量：作侧缝线时，在胸围水平处放松量 1.3cm。

图1

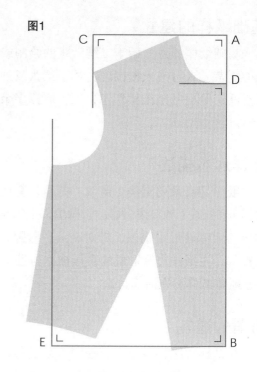

图2

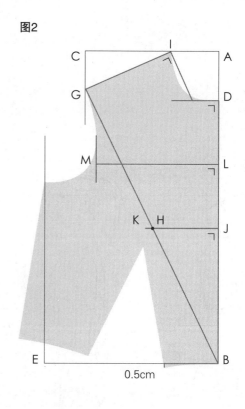

0.5cm

图 3

- **IN= 吊带, 加 0.3cm（8）** ＿＿＿＿＿
  从 I 画直线相交于 E 线。
- **NO= 侧缝长（11）** ＿＿＿＿＿。
- **NP=** 从 N 点向外 3.2cm 作标记。*
  草图完成后, 根据个性化合体尺寸作调整, 见 44 页。
- **OP=** 作侧缝线使 OP=ON。连接直线 PF。

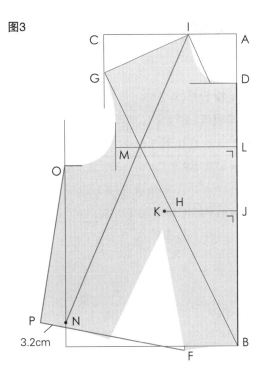

图3

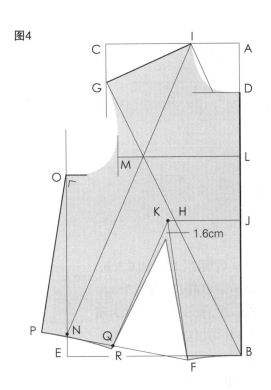

图4

图 4

完成腰围尺寸:

- **PQ= 前腰围（19）, 加 0.6cm 松量, 减 B 至 F 的长度** ＿＿＿＿＿。
  省线: 作 KF 直线并测量。画省线 K 至 Q 使之等于 K 到 F。
  标记 R。
  省尖点: 距胸点 1.6cm, 从省尖点分别重新画出至 F 点和至 R 点的省线。
  圆顺弧线 B 至 F 和 R 至 P。

图 5

袖窿线: 过 G 和 M 点及垂线, 用曲线板画袖窿弧线。
切于垂线时的部分不顺从曲线板弧线。
领口线: 由 I 至 D 嵌入角线 0.3cm 画出领圈线。

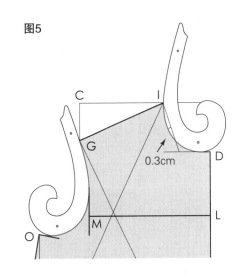

图5

后衣片样板绘制

图6

- **AB=** 腰节长（6） _____。
- **AC=** 肩宽（14） _____。
  从 C 点垂直往下 7.6cm。
- **BD=** 后中长（5） _____。
  标记 D 点并作直角水平线 10.2cm。
- **BE=** 后胸围（18），加 1.9cm _____。
  过 E 点往上作垂线。

图6

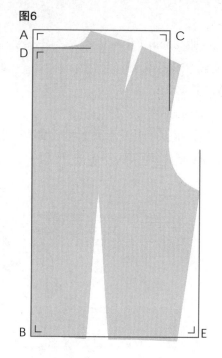

图7

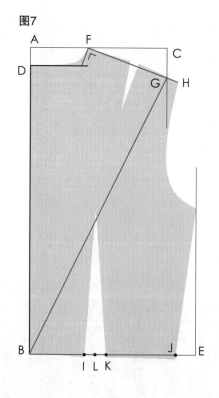

图 7

- **AF=** 后领围（12），加 0.3cm _____。
- **BG=** 肩斜高 (7)，加 0.3cm _____。
- **FH=** 单肩长（13），加 1.3cm _____。
  线 FH 可以经过 G 点。
  过 F 点作 FH 的垂线交 D 线。
- **BI=** 省位（20） _____。
- **BJ=** 后腰围（19），加省量 3.8cm 和 0.6cm（松量）。
  （青少年 / 小尺码：加 2.5cm 的省量和 0.6cm 松量）
- **IK=** 省量
  标记省中点并标写 L。

图 8

- **J M**= 垂直向下 0.5cm。
- **MN= 侧缝长（11）**_____。
- **LO=** 从 L 点向上作垂线，比 M 到 N 的长度要短 2.5cm。

过 O 点画省线，延长 0.3cm 至 I 与 K 点。

圆顺 KM 及 BI 弧线。

图9

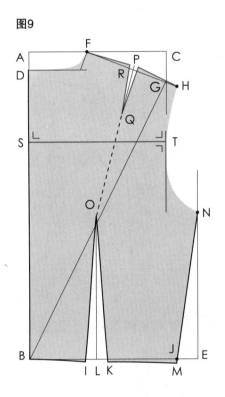

图10

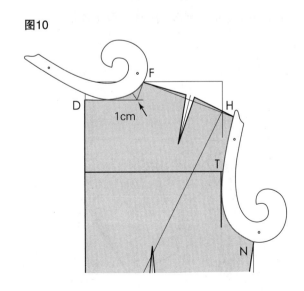

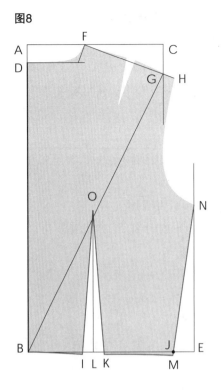

图8

图 9

- **FP**=F 至 H 的一半，标记 P 点。
- **PQ=** 对准 O 点画一条 7.6cm 线条（如虚线所示）。
- **PR**=0.6cm，标记 R 点。

从 Q 点作省线，过 R 点延长 0.3cm，并连接至 F。距 P 点 0.6cm 作标记，与 Q 点连接作另一条省线，使之等于 QR，并将其连接 H 点。

- **DS**=1/4DB，标记 S 点。
- **ST= 后背宽，加 0.6cm（16）**_____（手臂向前运动的松量）。

如图过 T 作上下垂线。

图 10

- 袖窿：过 T 和 N 点借助法式曲线板画袖窿弧，移动曲线板与 H 点相切，完整袖窿弧线。
- 领围线：从拐角处画一条 1cm 的角平分线取点。过 F 点、D 点和角平分线点用曲线板画领围线。

为了测试合体性，在白坯布上面加缝份，参见 44 和 45 页。

胸围的增大或减小

　　所绘制衣片对应的是 B 胸杯，为了适应个性化
人体，可将纸样修改成 A、C、D 和 DD 胸杯。如果
有必要，试穿再补正；参见图 4 和 5。

图 1

- 作直线省尖到胸点的线，再至袖窿中点但不穿过。

图 2：C、D、DD 胸杯

　　在胸点处按照以下方式展开：

- C 胸杯 =1cm
- D 胸杯 =1.9cm
- DD 胸杯 =2.5cm
- 中心胸点
- 延长省线 A，使之等于省线 B。

图 3：A 胸杯

- 在胸点处重叠 1cm 并粘合在一起。
- 中心胸点。
- 缩短省线 A，使之与 B 线相等。

上衣合体试穿

　　剪裁并缝制上衣，干烫。将其放在胸架或模特
上分析其合体性。测量修正区域并且修正样板。

图1

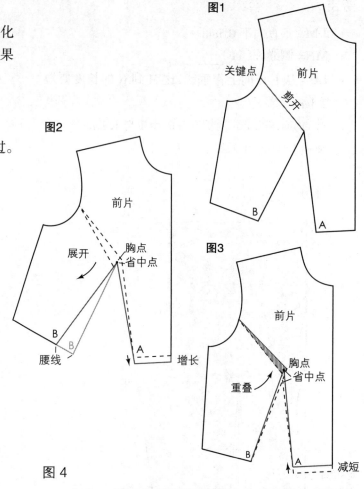

图2

图3

图 4

　　太松：用大头针固定胸围的多余量使肩部和腰
围处松量为 0。

图 5

　　太紧：因受力产生的折痕从胸部往外扩散。从
腰部到胸部剪开胚布并展开，使胸部有足够的空间。

图4

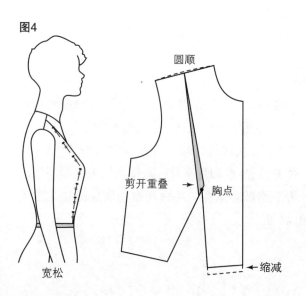

图5

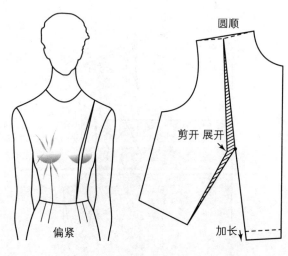

非对称模特的纸样修正

高 / 低肩模特（图 1a）

高 / 低臀部模特（图 1b）

　　修正　展开纸样：衣片（图 1c）或裙片（图 1d）。从低边到高边剪开。重叠记录量值，修正、圆顺并测试。

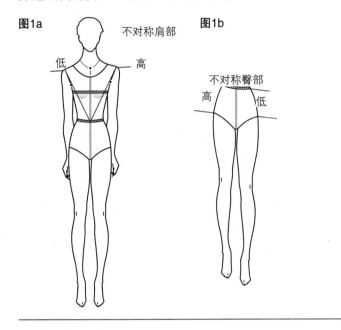

图1a

图1b

不对称肩部

低　高

不对称臀部

高　低

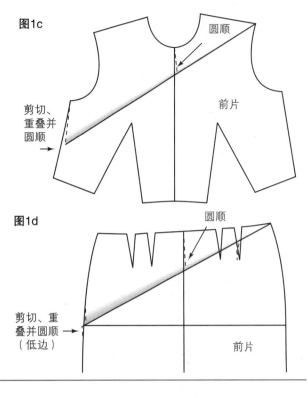

图1c

圆顺

剪切、重叠并圆顺

前片

图1d

圆顺

剪切、重叠并圆顺（低边）

前片

缺陷校正

图 2a、b

- 前后衣片交叠于人台中心线。
- 可能解决的方式：肩端点上提胚布，降低省尖点，或校对腰围尺寸，必要时调整侧腰。

- 纸样的修正：通过修剪肩端点的调整量渐至与领部重合。

图 3a、b

- 前后衣片中心偏离人台中心线。
- 可能的解决方案：在肩端点增量，或校对腰围线的尺寸，必要时调整侧缝处的腰线，调整侧缝处的腰线。

- 在肩端点通过增加修正量来调整款式以使原型的领型与领部重合。

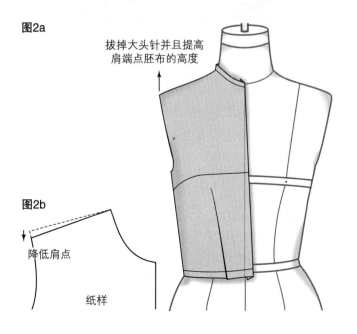

图2a

拔掉大头针并且提高肩端点胚布的高度

图2b

降低肩点

纸样

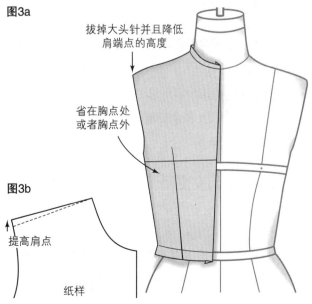

图3a

拔掉大头针并且降低肩端点的高度

省在胸点处或者胸点外

图3b

提高肩点

纸样

领口线合体试穿

　　如果前后领围太松（大于 0.3cm）（如图 4a），拆开肩部的缝线并且使布料较好地附合人体。在坯布上做好标记，调整肩部的长度。如果应力出现在肩部 / 颈部（如图 4b），拆开肩部缝线，使坯布很好地符合人体颈围（允许 0.3cm 松量）。如果有必要，作领口线标记，修正肩线长度。

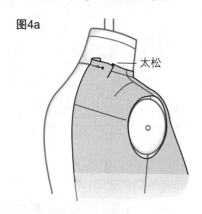

图4a

太松

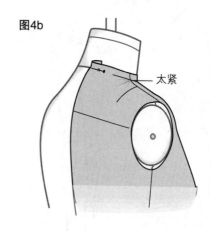

图4b

太紧

袖窿合体试穿

　　袖子的结构平衡取决于袖窿的精确形态、人台肩线与侧缝线的位置。

　　形态良好的袖窿其弧线在肩端处圆顺平滑，袖窿下端弧线流畅，侧缝对应人台侧缝，没有应力褶皱或多余空隙。

　　如果衣片袖窿出现下列之一情况，请按照建议的调整方式修正纸样。

前袖窿中点上部有空隙

图 5a、b

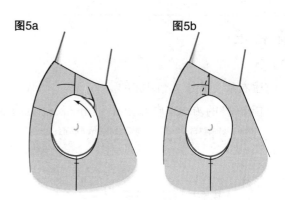

图5a　　　　图5b

* 合体性问题如图 5a 所示。
* 拆开肩缝,平服多余量于肩部,别针和标记调整的肩线(图 5b)。

后袖窿中点上部有空隙

图 6a、b

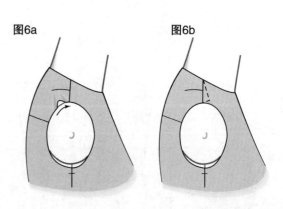

图6a　　　　图6b

* 合体性问题如图 6a 所示。
* 拆开肩缝,平服多余量于肩部,别针和标记调整的肩线(图 6b)。

前袖窿中点下部有空隙

由于不平衡的侧缝线造成的缝隙。

图 7a、b、c

- 合体性问题如图 7a 所示。
- 在允许 0.6cm 松量的前提下,用针别去浮余量 (图 7b)。
- 从袖窿中点至胸点及从省位点到胸点剪开纸样, 重叠纸样,重叠量等于在袖窿处用大头针别去的 浮余量,粘贴固定纸样(图 7c)。

图 8a、b

- 如果前袖窿太紧(图 8a),剪开袖窿弧长并且将 其展开 0.6cm (图 8b)。

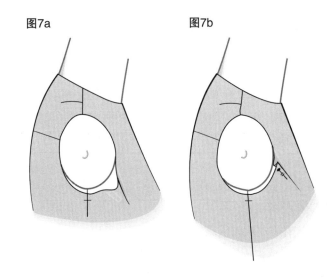

图7a　　　图7b

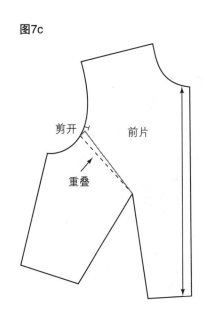

图7c　　剪开　前片　重叠

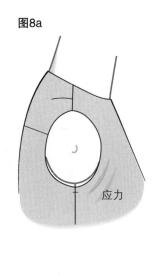

图8a　　应力

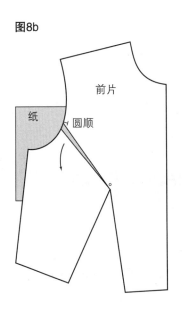

图8b　　纸　圆顺　前片

后袖窿中点下部有空隙

空隙是由不平衡的侧缝线造成。

图 9a、b

- 合体性问题如图 9a 所示。
- 拆开侧缝,向下平整多余量,标记侧缝线使之确 保 1.9cm 的松量,标记腰围线。
- 测量袖窿大头针与修正的坯布之间的距离,为纸 样修正作参考(图 9b)。

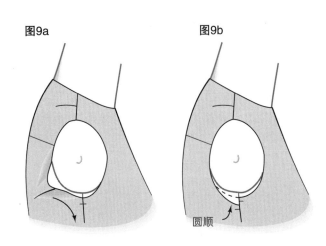

图9a　　　图9b　　圆顺

裙装样板绘制

基型裙样板有几个用途：作为创建其他款式设计纸样的基础，与上衣组合成为连衣裙，作为套装中的短裙，也可以作为一款独立的基本裙。下面给出两种后裙片的版型。第一种类型是后片两个省的省长和省量是相等的，第二种类型省长和省量是不相等的。

在空格中填入来自模特尺寸表中的尺寸。

个体尺寸：根据个人省量表确定裙片样板的省道数和省量。计算臀（4）腰（2）差，在个人省量表的第一栏中找出相近的腰臀差数值。

根据后片收省后剩余的量来确定前片的省道。

个人省量表

第一栏：

10.2cm 的差值
前片：1 个省—1.3cm 省量。后片：1 个省—1.9cm 省量。
12.7cm 的差值
前片：1 个省—省口宽 1.3cm。后片：1 个省—省口宽 2.5cm。
15.2cm 的差值
前片：1 个省—省口宽 1.3cm。后片：2 个省—省口宽 1.6cm。
17.8cm 的差值
前片：1 个省—省口宽 1.3cm。后片：2 个省—省口宽 1.9cm。
20.3~22.9cm 的差值
前片：2 个省—省口宽 1cm。后片：2 个省—省口宽 2.2cm。
25.4cm 的差值
前片：2 个省—省口宽 1.3cm。后片：2 个省—省口宽 2.5cm。
27.9cm 的差值
前片：2 个省—省口宽 1.6cm。后片：2 个省—省口宽 2.9cm。
30.5cm 的差值
前片：2 个省—省口宽 1.6cm。后片：2 个省—省口宽 3.2cm。
33.0~35.6 的差值
前片：2 个省—省口宽 1.6cm。后片：2 个省—省口宽 3.5cm。
（每个四分之一腰围中留出 1cm 的松量。将 7cm 分为 3 份，分到后裙片的三个省中。）

裙装前片和后片

图 1

- **AB=** **裙长**（可自定义）。
- **AC=** **前中线臀高**（25）＿＿＿＿。
- **AD=** **后臀围**（23），加 1.3cm（松量）＿＿＿＿。

从 A、C、B 点开始画垂直于 AB 的线段，使其等于 AD，连接 FD 为后中心线，标写点 E 和 F。

- **EG=** **后中线臀高**（25）
  用十字标记。
- **AH=** **前臀围**（23），加 1.3cm（松量）＿＿＿。

从 A、C、B 点开始画垂直于 AB 的线段，使其等于 AH。

- 连接 JH 为前中心线，标写点 J 和 I。

图1

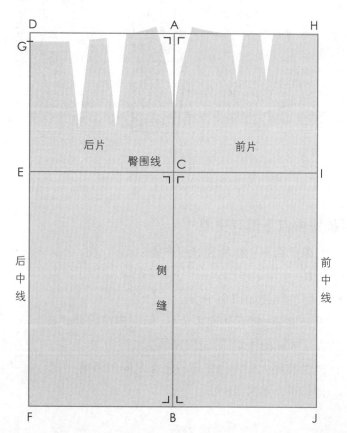

图 2

后片：

- **DK= 后腰围（19）**，加 0.6（松量），然后再加 5.1cm 省量_____。

  根据个体尺寸，在省量表中找出合适的省量值。

- **DL= 省位（20）**_____。

  从 L 点开始标记第一个省，省量为 2.5cm。

  相隔 3.2cm 量取第二个省，省量为 2.5cm。

  K 点起翘一定的量后，圆顺曲线。

前片：

- **HM= 前腰围（19）**，加 0.6cm（松量），然后再加 3.2cm 的省量_____。

  根据个体尺寸，在省量表中找出合适的省量值。

- **HN= 省位（20）**_____。

  从 N 点开始画第一个省，省量为 1.6cm。

  相隔 3.2cm 量取第二个省，省量为 1.6cm。

  M 点起翘一定的量后，圆顺曲线。

图2

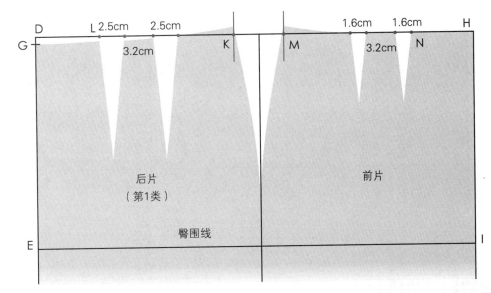

图 3

- **CP= 侧臀高（26）**_____。

  借助曲线板画裙侧缝线。移动尺子直至臀高量相切前后基准线，画顺侧缝线，标写 P、Q 点。

腰围线：用曲线板画顺前、后腰围线 PG（后）和 QH（前）。

图3

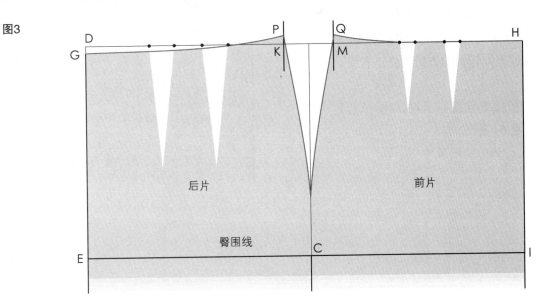

图 4

- 后片省：确定每个省的中线，从省中心点开始向下量取 14cm 省长（少女装和小号女装则取 12.7cm）。

  从省尖至腰围弧线画省线。

追加短省线长度修正省线，圆顺腰围弧线。

- 前片省：重复后片省的画法，量取前片的省长为 8.9cm。

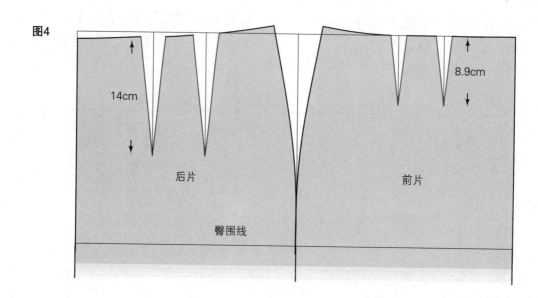

图4

后裙片（套装裙和单件裙）

复描后裙片纸样，标记最接近后中心的省位线，不包含省量（图 5）。

省量调整

- 标记第一个省量 3.8cm，省与省的间距为 3.2cm，第二个省量为 1.3cm，标记省中心线。如图画省线的长度，通过追加较短的省道边修正省线。
- 圆顺腰围线。
- 完成纸样后，根据纸样裁剪面料，检验纸样是否合体，详细请见 51 和 52 页。

  根据具体情况，调整制图尺寸。

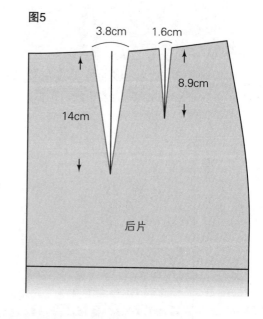

图5

裙装合体试穿

用长针距假缝裙子，干烫后将裙子穿在胸架上，裙装效果可以如图1单件判定其合体性，也可以与上衣缝合后进行判定。

根据以下几点检查和分析裙子的合体性。人体的腰围线和裙子的腰围线必须吻合，靠近中心线的省必须与公主线在一条线上。如果不是，检查尺寸并且纠正错误。随着受力线的出现，需要将省长缩短。如果省道结束点处稍有多余量，缝合的省线可适当延长。当裙子太紧或太松时，调整裙侧缝线。已平衡的裙子底摆是平行于地面的，如果不是，根据下面方法修正裙片纸样。

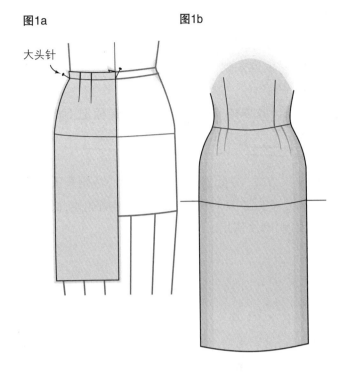

图1a   图1b

大头针

平衡性良好的裙子

图 1a、b

- 平衡性良好的裙子，其中心线与人台中线成一条直线，并且与臀围线和底摆线垂直，HBL 水平平衡线（纬向布纹）平行于地面（如图 1a 所示）。与上衣缝合的裙子如图 1b 所示。

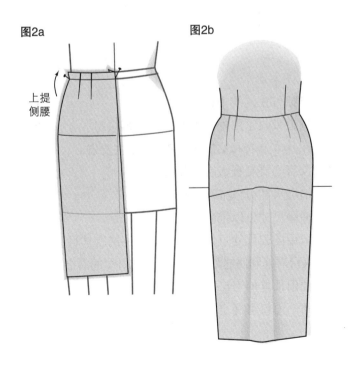

图2a   图2b

上提侧腰

平衡性不佳的裙子

图 2a、b

- 问题：裙片中心线与人台中线交叠（图 2a）。裙子中心出现波纹（图 2b）。
- 原因：省量不足或侧腰标记有误。检查人台上 HBL 水平平衡线位置和裙装纸样。
- 解决方案：提高侧腰，直到裙片中心线吻合人台中心线。有时可能需要修正裙侧缝线，必要时，增大省量。

图 3a、b
- 裙片的中心线远离人台的中心线（图 3a）。
- 裙装压迫大腿，穿着者行走时，臀围线会上移（图 3b）。
- 问题：收取的省量过大或是侧腰标记不准确。在人台和纸样上检查 HBL 水平平衡线的位置。
- 解决方案：降低侧腰直至裙片中心线吻合人台中心线。有时可能需要修正裙侧缝线，必要时，减小省量。

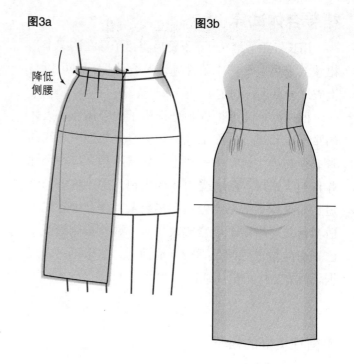

图3a   图3b

降低侧腰

对错判断自评测试

对与错选择，对的后面标记 "T"，错的后面标记 "F"。

1. 省道控制基本服装的合体性。 T	11. 空隙可在缝线中修正。 F
2. 省线控制了不必要的浮余量。 T	12. 省道吸收了由外凸形态引起的多余量。 T
3. 省道等同于加放松量。 F	13. 在基本上衣和裙装中共有 12 个主要省。 F
4. 上衣省道不汇聚于胸部。 F	14. 没有必要复查人台或模特尺寸。 F
5. 空隙来源于错位的浮余量。 T	15. 袖窿尺寸可以推断臂根围。 T
6. 标准女士人台为 C 胸杯。 F	16. 袖窿尺寸可以推断袖山高。 T
7. HBL 水平平衡线平行于腰围线。 F	17. 采用图表尺寸可以确保服装良好的合体性。 F
8. 后腰围中心比前腰围中心低。 T	18. 人台肩缝和侧缝是确保完美衣袖对位的前提。 F
9. 后片省道总是长度相等。 F	19. 袖山顶点的刀口在布纹线上。 F
10. 有些松量放置在前片袖窿中。 T	20. 两个刀口可确定为前袖。 F

准备纸样以检测合体性

匹配缝合线

　　将有省的纸样放在无省的纸样上校对缝合相关线，如果缝合线不匹配（检查尺寸表），则调整缝线至相等，圆顺缝线。

校对前后衣片缝合线

图 1

● 将后片放在前片(阴影部分)上面,肩/颈点对齐,在前肩线处标记省位。

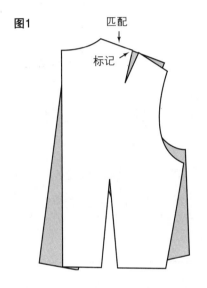

图 2

● 移动后片,使其他省线可以对位于肩线和样板边缘的标记,吻合肩端点,如必要须调整肩线。

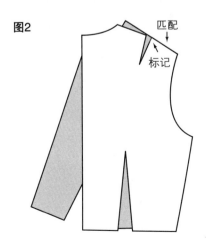

图 3

● 将前后片的侧缝放在一起,匹配袖窿和腰部侧面形态,必要时调整侧缝。

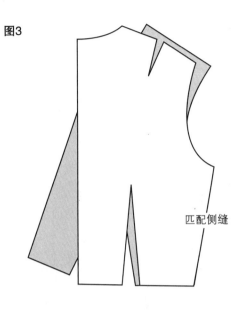

校对前后裙片

图 4

● 将前裙片(阴影区域)与后裙片的侧缝对齐放置在一起,使 HBL 水平平衡线即臀围线吻合。从臀围线对位裙装侧腰和裙摆。如果不吻合,复查面料或纸样结构图上的垂线。如果正确,在 HBL 水平平衡线的上下调整纸样。

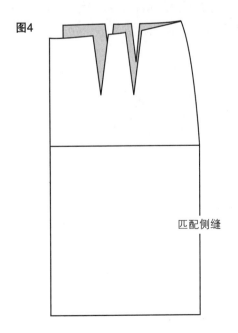

衣片与裙片的校对

图 5

- 将后衣片的中心线叠放于后裙片（阴影区域）的中心线上，校对省道缝辑线。如果需要，调整省道。

图 6

- 沿腰围线移动后衣片纸样，使衣片上的标记对位于裙片上另一个省位。侧缝线也应该吻合。如果不是，复查腰围尺寸并调整。

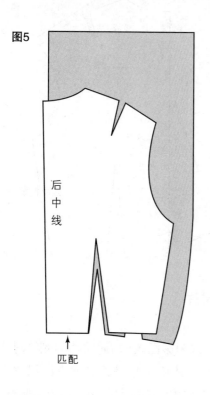

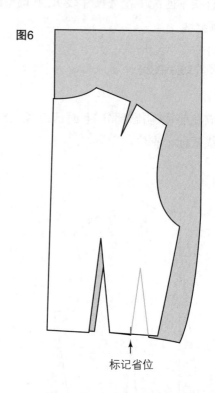

图 7

- 移动后衣片纸样，使衣片其他省线吻合裙片省线，虚线是下面的裙省。在衣片上标记省道位置。
- 对于前衣片和前裙片重复以上步骤（未作图示）。

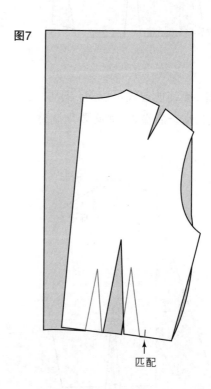

基本衣袖

基本衣袖是缝合于基础衣身袖窿的圆装袖。

袖子必须符合手臂，手臂是人体解剖学中最快、动作最多的部分之一。尽管手臂可以向每个方向运动，但其主要功能在于向前运动。在测试袖子的合体度和舒适性时，应考虑其向前运动的灵活度。

合体袖的中心布纹应与拥有完美站姿模特的侧缝线对齐或微微向前。驼背模特的手臂常常前越侧缝线，站姿挺直模特的手臂通常偏后侧缝线。无论是何种情况，袖子应当与手臂放松时候的位置匹配，而非一定与侧缝对齐。

衣袖术语

对设计和生产中经常出现的词汇进行准确表达，有利于避免沟通时产生误解。

布纹线　从袖山顶点到腕围的中心竖直布纹线。

袖肥　袖子最宽部分，它将袖子分成袖山与袖身两部分。

袖山　袖肥线以上成曲线形的顶部。

袖山高　布纹线上从袖肥线到顶部的距离。

肘围　手臂关节处，位于肘部省道位置。

腕围　手掌开始处。

刀口标记　袖山顶部的刀口标记将前、后袖片和袖窿处的袖山松量进行了分配。一个刀口定位前袖片，两个刀口定位后袖片。松量分布在前、后刀口位置范围内。

袖山松量　分布在前、后刀口位置范围内，根据尺寸从 3.2cm 到 3.8cm 不等。

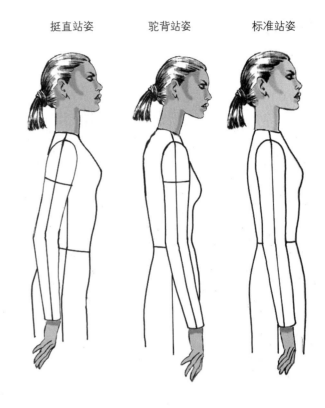

挺直站姿　　驼背站姿　　标准站姿

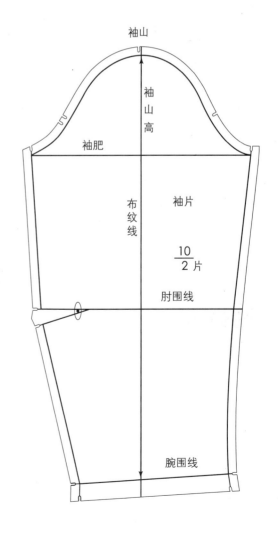

袖山

袖山高

袖肥

布纹线

袖片

$\dfrac{10}{2}$片

肘围线

腕围线

袖山吃势

　　10 码及以上基本袖的袖山吃势大约在 3.2cm 到 3.8cm，10 码以下基本袖的袖山吃势大约在 2.9cm 到 3.2cm。尽管衣袖尺寸表为制作衣袖纸样提供了尺寸数据，但是由于不同造形的衣袖及个人的合体性要求，它不能保证正确的袖山吃势。为了帮助控制袖山吃势并避免起皱，请遵循"袖窿测量准则"（图 1a、b 和 c）。其他可能出现的袖子合体性问题的解决方法请参照 61 到 64 页。

图1a

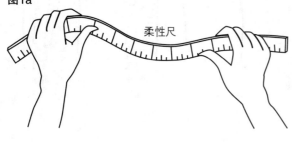

柔性尺

袖窿测量

图 1a、b 和 c

　　为了测量前、后袖窿，用一把薄且易弯折的塑料尺直立测量前、后袖窿尺寸（不要使用卷尺）。

　　在前、后袖窿纸样空格内记录尺寸，以备参考。

- 测量前袖窿弧长。记录＿＿＿＿＿＿。
- 测量后袖窿弧长。记录＿＿＿＿＿＿。
- 前、后袖窿弧长相加。记录＿＿＿＿＿＿。
- 除以 2，加 0.6cm。记录＿＿＿＿＿＿。

把这些尺寸作为你的模特尺码填入以上"袖窿尺寸"表的空格中。

　　在衣袖纸样制作过程中，说明了 A 到 E 的制作过程。

图1b

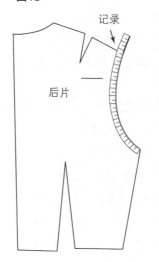

记录

后片

图1c

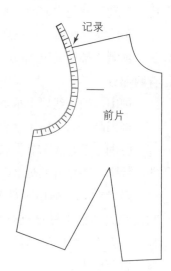

记录

前片

衣袖尺寸表

规　　格	2.5cm	2.5cm		3.8cm	3.8cm	3.8cm	5.1cm
	6	8	10	12	14	16	18
袖长	21.5	21.8	22	22.3	22.5	22.75	23
袖山高	5.5	5.6	5.8	5.9	6	6.125	6.25
袖窿尺寸	—	—	—	—	—	—	—
袖肥	12.3	12.6	13	13.5	14	14.5	15.125

衣袖样板绘制

图2

在纸上画一条直线，标记并作记号：

AB= 袖长＿＿＿＿＿。

AC= 袖山高，标记＿＿＿＿＿。

CD= C 到 B 的一半。

DD'= 1.9cm。标记。过 A、C、D'、B 点作垂直线。

袖窿尺寸 = ＿＿＿＿＿。过 A 点放一把尺，并以 A 为中心旋转尺子直至所需尺寸交于袖肥线，作标记。

CE= 袖肥的一半，作标记。比较两个标记点的位置，期间标上袖肥，标写 E。从 A 到 E 画一条直线，分成四等分。如图示作标记。

CF= C 到 E。

从 A 到 F 画一条直线，分成四等分。如图示作标记。

BO= 比 C 到 E 少 5.1cm。

BP= BO

分别从 O 到 E 和 P 到 F 作直线。

图3

按以下指示画垂直线：

- G 点向内 1cm。
- H 点向外 0.6cm。
- K 点向外 1.6cm。
- L 点向外 1.9cm。
- M 点向外 0.5cm。
- N 点向内 1.3cm。

图2
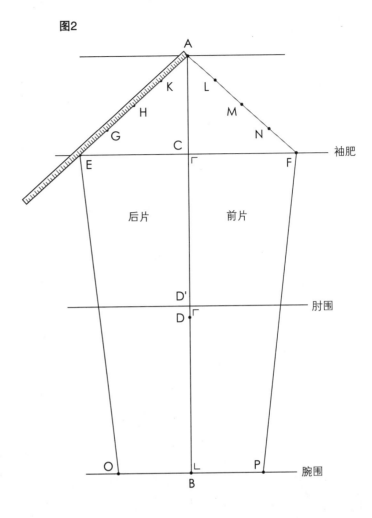

图3
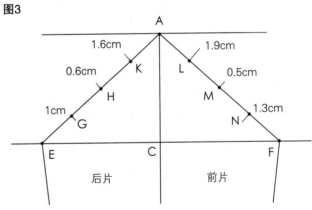

图 4a、b

前袖山弧线：

- 借助曲线板过 A、L 和 M 点完成袖山形态，过 M 点圆顺曲线。
- 过 F 和 N 点改变曲线板位置，相切 M 线前，提画顺曲线（图 4a）。

后袖山弧线：

- 过 A，K 和 H 点放置曲线板，过 H 点画曲线并圆顺（图 4b）。
- 过 E 和 G 点改变曲线板位置，相切 H 线前，提画顺曲线。

图4a

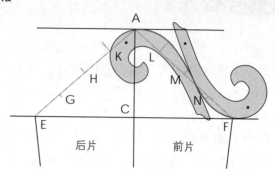

后片　　前片

图4b

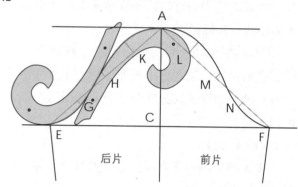

后片　　前片

图5

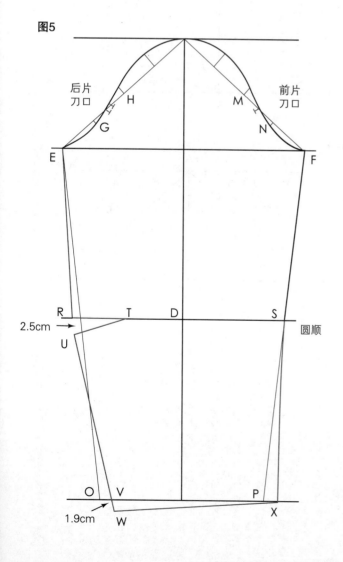

后片
刀口　　　　　　　　前片
　　　　　　　　　　刀口

圆顺

2.5cm

1.9cm

图 5

完成袖子：

- 在肘围线上标记 S，并延长 0.6cm 至标记 R。连接 RE 线。
- 袖肘省：

  RT= R 到 D 的一半，作标记。

  RU=2.5cm，作标记。

  TU=R 到 T。画连接线。

  OV=1.9cm，作标记。

  从 U 过 V 画线条使之等于 SP 线，作 W 标记。

  WX=O 到 P。（如果需要，试穿时可调整）作袖口线，弧线连接 X、S、F 点。

吃势控制刀口标记

后片——从 G 点向上 1.3cm 作第一个刀口标记，再向上 1.3cm 作第二个刀口标记。

前片——从 N 点向上 1.3cm 作刀口标记。

根据指示进一步确定袖山吃势。

调整袖片以匹配衣身袖窿

在基本袖样板上测量到的袖肥应比臂围大约5.1cm。基本袖的袖山弧长应比前、后衣片袖窿弧长平均多3.2cm到3.8cm。袖山弧长和袖窿弧长的差值在于要符合手臂饱满度所需的吃势。袖山吃势量是由袖肥宽、袖山高以及前、后袖窿弧长所决定的，如果其中任何一个因素不协调，将会影响袖子的合体度和外观：如袖山吃势过多或不足，袖山吃势在前、后袖窿分配不匀，袖子太紧或太松。人台肩部或侧缝的不正确配置会影响袖子的定位，在装袖前，而非装袖后须修正这些问题。

确定袖山吃势量

确定袖山吃势量有两个方法。可用袖片在前、后袖窿弧一周间移动试验，或用塑料尺测量尺寸。两者都有图示说明。

方法一：移动袖片

图1a、b、c

- 将前袖片的袖肥端点与前衣片的袖窿端点对齐。
- 使用两枚图钉交替作为旋转中心并沿袖窿弧线向前转动袖山进行校对。

图1c

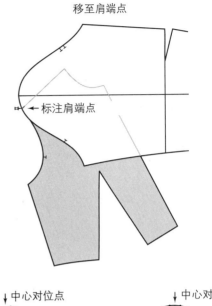

- 标记袖片和衣片袖窿缝合的对位刀口位置。
- 当袖山与衣片肩端点重合时，标记袖山位置。
- 对后袖片重复以上步骤。

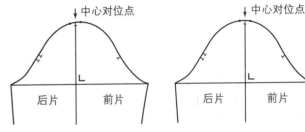

图1a

图1b

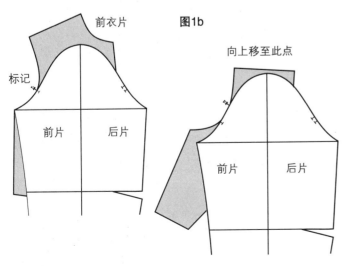

袖山吃势

- 如果袖山吃势量正确，在标记点间作中点对位刀口标记以均衡吃势，并继续63、64页内容。
- 如果袖山吃势量比需要的多或少，见61、62页袖片或袖窿的调整建议。当修正完成后，继续63、64页内容。

方法二：软尺测量

图 1a、b、c

　　双手握住一把细而柔性的塑料尺子，使之直立弯曲与袖窿弧线吻合，测量并记录（如果还没被记录）。用后袖窿弧长尺寸，比对后片部分的袖山弧长并标注后袖窿弧长结束点位置。

　　重复上述过程测量前袖窿弧长，并作前袖山标记。

图1a

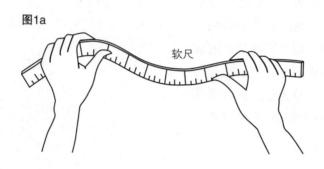

软尺

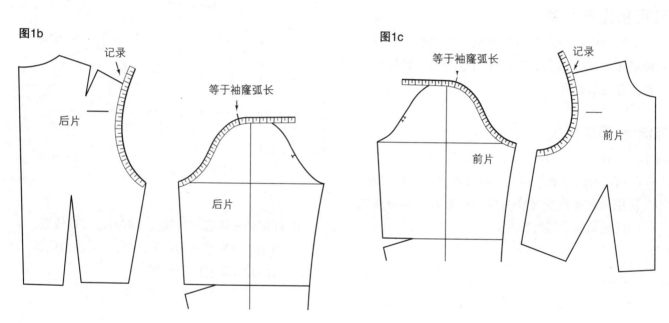

图1b

记录

后片

等于袖窿弧长

后片

图1c

等于袖窿弧长

记录

前片

前片

袖山吃势

图 1d、e

　　测量标记点间的距离。

- 如果袖山吃势量充足，在标记点间作中点对位刀口标记以均衡吃势。为了均衡吃势，中点对位刀口位置可稍作移动调整。继续下一步如 63 和 64 页内容，裁剪、缝合和平衡调整袖片。

- 如果袖山吃势量比需要的多或少，见 61、62 页对袖片或袖窿的调整建议。当所有修正完成后，继续 63 和 64 页内容，裁剪、缝合衣袖。

图1d

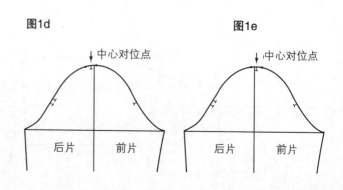

↓中心对位点

后片　　前片

图1e

↓中心对位点

后片　　前片

调整袖窿以匹配袖山吃势

即使袖山吃势大小正确或比需要量略微偏大，袖山部分有时也可能会出现褶皱（少量细褶）。原因可能是织物厚度或缝合时机器掌握不好导致将较多吃势集中缝入袖窿弧线。以下为三种控制袖山吃势的方法。

图 1 为第一种尝试方法。如果问题仍未解决，则结合图 2，最后结合图 3。示例中的袖山吃势为 4.4cm。

图 1a、b、c

降低前、后袖窿对位刀口标记（不要降低袖片刀口标记）：

- 降低前、后衣片刀口标记 0.3cm 至 0.6cm。

0.3cm 至 0.6cm 的袖片吃势被控制并缝入刀口标记以下位置，余下袖山吃势留在以上位置。

图 2a、b

增大前、后袖窿弧长：

- 肩端点增加 0.2cm，至肩 / 颈点逐渐减小为 0。
- 前、后袖窿增加 0.2cm，增量在侧缝逐渐减小至腰线为 0。
- 增加的袖窿弧长可在袖山吃势中吸收。

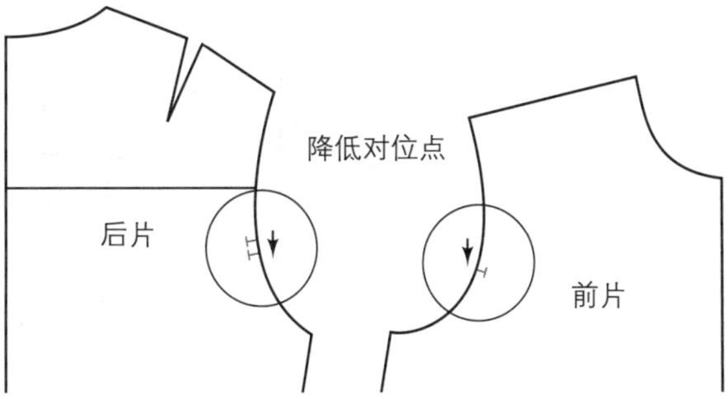

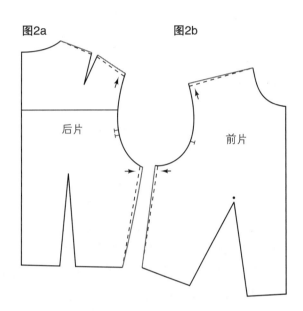

图2a　　　　图2b

图 3a、b

可利用的省量转入于袖窿：

- 运用样板补正或省道旋转方法。从前衣片腰省和后衣片肩省中分别转移出 0.3 cm 松量。

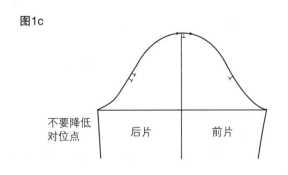

图1a　　　　图1b

降低对位点

后片　　　前片

图1c

不要降低
对位点　　后片　前片

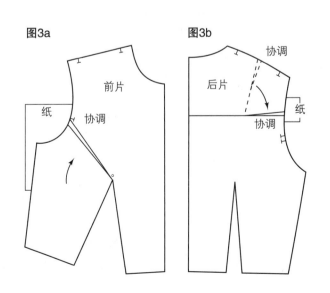

图3a　　　　图3b

袖肥的增加或减小

若改变袖肥大小，也要同时增大或减小袖山吃势量。

图 4

增大袖肥量实例：袖肥增加 1.3cm

- 复描袖片结构图，标注所有标记。
- 分别延长两端袖肥线 0.6cm。
- 用图钉将袖片样板固定在袖肥延长线的端头，同时以该图钉为轴心，向上旋转袖片样板并顺接袖山弧线，复描并圆顺袖山；然后向下旋转袖片样板，顺接内侧袖缝线至袖口线处，画顺并校准袖肘省。
- 重复上述操作画前袖片（虚线表示原袖片轮廓结构线）。

图 5

减小袖肥量实例：袖肥减少 1.3cm

- 复描袖片结构图，标注所有标记。
- 在袖肥线两端各向内 0.6cm 处作新标记。
- 放置袖片并用图钉将之固定在新标记处，然后用图例 4 的步骤进行处理。

袖山吃势的增大或减小

问题：在袖山处出现类似泡泡袖的褶皱（即应该减小袖山高）（图 7），或从侧缝打开袖片（即增加袖山高）（图 6）。

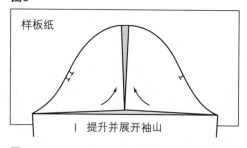

图6

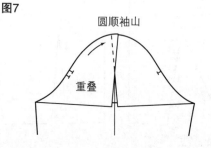

图7

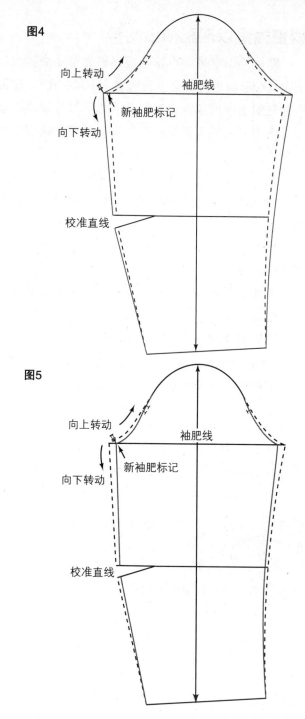

图4

图5

这种方法会增大或减小袖山吃势。

图 6

- 为增大袖山高，从袖山中点沿经向布纹剪开前、后袖片至袖肥线，并沿袖肥线继续剪至两端点，然后向上提高并展开以获得足够吃势。

图 7

- 为减小袖山高，从袖山中点沿经向布纹剪开前、后袖至袖肥线，并沿袖肥线继续剪至两端点，折叠袖山消除多余的吃势。

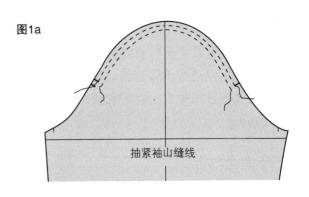

图1a

抽紧袖山缝线

绱袖

袖子准备就绪，便可与袖窿缝合组装，此时不知袖子下垂时是否与侧缝对齐或略向前，可以通过大头针假缝内侧袖缝线并缝合于袖窿，袖山与袖窿刀口相对，袖山刀口对应肩缝端点来预检吻合度，参见图2和图4。若袖子悬垂效果与侧缝线不匹配，可以旋转袖窿袖山相对位置解决问题。

图 1a

- 为了准备袖子，在平纹细布或选定的面料上复描袖片轮廓。
- 画中心布纹线和袖肥线，在织物上剪下袖片。
- 有两种绱袖方法：①归烫吃势量后再绱袖；②从前袖刀口至后袖刀口对位处缝两条抽褶线，一条沿净样线车缝，另一条向上1cm平行缝。抽拉抽褶缝线使之相等于前袖隆至后袖隆对位刀口的距离，吃势应均匀，避免起皱。
- 绱袖以待检测其合体性。

衣袖悬垂性和合体性评估

袖子是否与侧缝对齐或略向前倾（图1）？袖子是否向后倾（图2）或向前偏离侧缝超过2.5cm（图3）？若出现袖子偏离侧缝，应旋转调整直至吻合。

袖山上是否有明显的皱褶或细褶？如果有，减小袖山高；参见第42页，图6和图7。

若袖山吃势量过少？应增大袖山高，参见第41页，图4和图5。

完美对位衣袖

图 1b

- 一个良好平衡的衣袖，其布纹线应与衣身侧缝线对齐或略向前倾。

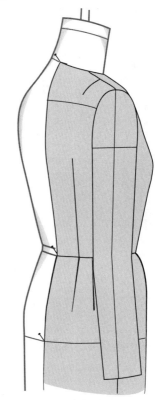

图1b

完全吻合

旋转衣袖

　　若袖中布纹线下垂向前或向后偏离衣身侧缝线太远，衣袖需要进行旋转调整；发现上述任何一种情况，需从服装的袖窿上取下衣袖，按下面图解方法进行修正。

袖子不完全吻合

图 2a、b

　　袖子垂向衣身侧缝后侧。

图2a

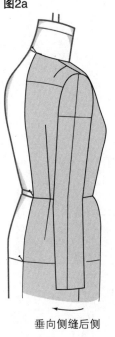

图2b

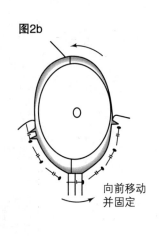

向前移动
并固定

垂向侧缝后侧

样板修正

图 3c、d

　　修正肩线和侧缝线，如图所示。

图3a

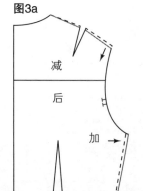

减

后

加

图3b

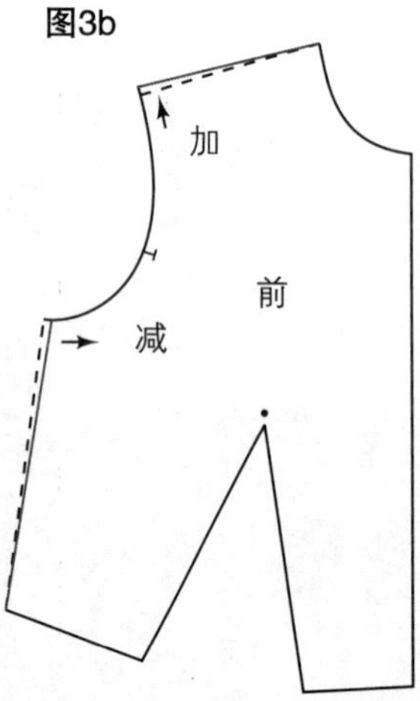

加

减

前

袖子不完全吻合

图 4a、b

　　袖子垂向衣身侧缝前侧：

图4a

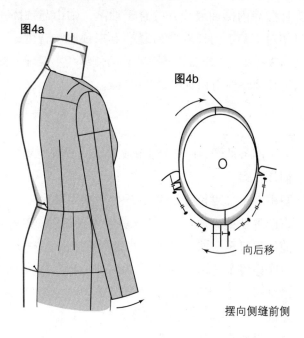

图4b

向后移

摆向侧缝前侧

样板修正

图 4c、d

　　修正肩线和侧缝线，如图所示。

图4c

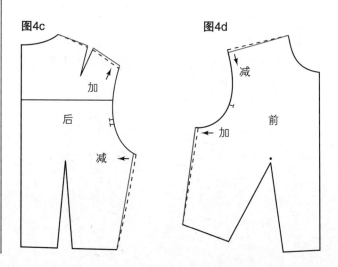

加

后

减

图4d

减

前

加

净样工具样板

样板设计应该在净样基础样板上进行，缝份是在完成的基础纸样和设计样板上加放的。专业设计师或样板师为节省时间，也会以有缝份的样板为基础进行样板设计，复描裁剪样板时，为了掌握准确度，在每个省端会剪去部分省道，并在省尖点作打孔标记。

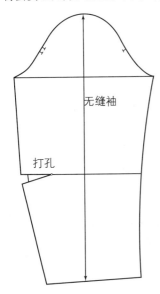

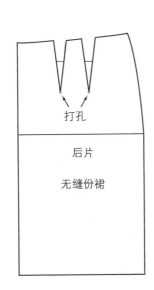

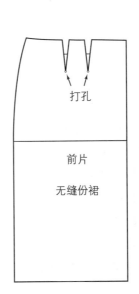

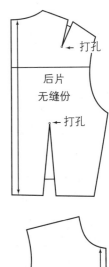

自评测试

配对测试

根据下面左边的举例描述，将题号填在右边与之对应的空格横线上。

1. 将二维样板转化为三维立体构成
2. 完美的合体装
3. 基本袖子袖山吃势 1cm
4. 空隙
5. 袖子偏后下垂
6. 袖山的泡褶
7. 袖子偏离衣身侧缝
8. 基本连衣裙
9. HBL
10. 参差型下摆
11. 袖窿对位刀眼
12. 均分袖山吃势
13. 旋转袖子
14. 袖肥太宽松
15. 对位的衣片
16. 工具样板
17. 缝合的省道

1	省道
9	水平平衡线
11	对位标记
3	袖山吃势量不足
4	松量错位
10	HBL 水平平衡线错误标记
2	平衡的合体装
8	基本连衣裙心位空隙
7	袖山高太小
13	调整袖子平衡
6	袖山吃势太多
17	合体性控制
12	调整袖山中点对位刀眼
15	平衡的衣片
14	减小袖肥
16	用于样板制作
5	右偏的袖底缝

完成样板

　　一套完整的样板应包含缝份、样板标记（刀口、打孔以及圆圈），经向布纹线及其他样板信息。样板标记用来指导缝制工作，样板信息有助于生产过程的顺利完成。如果样板记载的信息与公司的标准不一致，则应以公司标准为准。

样板信息

　　清晰地书写或打印样板信息。除了里子或内衬部件外，样板均用黑色记号笔书写，里子样板用蓝色记号笔书写、衬布用绿色记号笔书写、褙面则用红色记号笔书写。样板信息可写在样板中间或沿经向布纹方向编排，也可以写在每片样板的右上角。

　　布纹线　需贯穿样板画布纹直线。

　　样板名称　每片样板。

　　需标写名称（如：前衣片、后衣片、裙片、袖片、领片、口袋等）。

　　款号　书写样板编码——如 3363 编码（33 可以代表服装款式类别，63 可以代表面料编号）。

　　样板规格　记录样板的尺寸。

　　裁片　对全套服装的每片样板标写裁片数。

　　下划线表明尺码规格（10），区别于裁片数，参见 67 页案例。

缝份

　　以下是缝份的常规标准：

0.6cm

- 所有贴边缝份
- 无袖袖窿缝份
- 狭窄区域缝份
- 曲线部位缝份

1.3cm

- 圆装袖窿缝份
- 腰围线的缝份
- 中缝线的缝份
- 造型分割线缝份
- 侧缝缝份（可变化为：1.9cm, 2.5cm）
- 拉链缝份（可变化为：1.9cm, 2.5cm）

锁边缝

- 1cm 缝份

打孔 / 画圈

　　用符号标明：

- 省尖定位处
- 口袋或修剪位置
- 纽扣 / 纽眼位置
- 拐角定位处

一套有缝份的基本样板

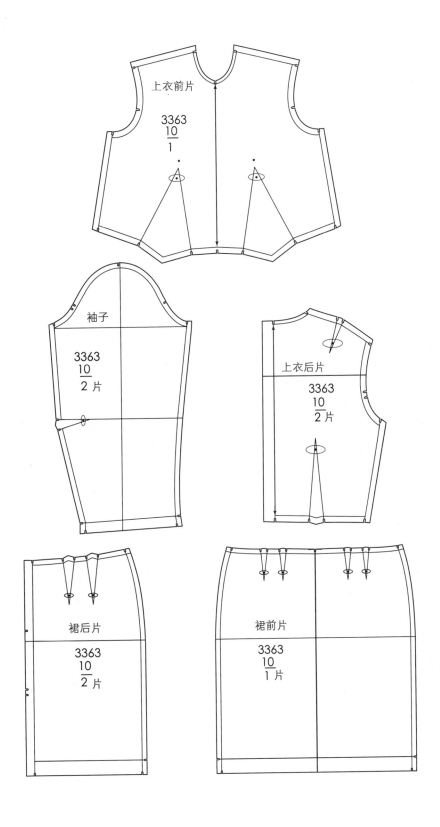

第 **4** 章

省道处理
（原理#1）

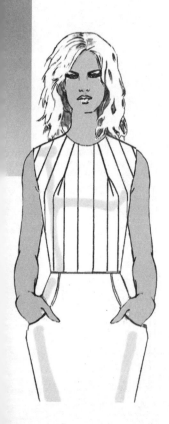

何为平面纸样设计？

　　平面纸样是开发服装款式设计纸样最快最高效的设计方法，期间能控制批量生产服装的尺寸与合体度的高度一致。平面纸样设计相比其他制板方法的独特之处在于其基于已开发制作的样板（即工具样板），利用剪切、旋转等方法进行制板。

　　平面制板方法基于以下三个主要样板制作原理和技术：省道处理（即：重新设计省位），加放松量（即：在设计中增加更多面料的处理手段），合体廓型技法（即：模特儿体型的空隙合体设计），本章对此将进行详细阐述。阅读下面这首诗，便可了解工具样板是怎样用于样板款式设计的。

工具样板颂歌

　　母版中克隆出了我，
　　虽形体完美但我还需变化和打磨。
　　我静静地躺在桌台，
　　设计线条便被来回不停地绘制着。
　　是何人剪刀手中握，
　　按计划剪切、展开、折叠无不妥？
　　看他对我做了什么，
　　令人惊讶的样板制作得多么幽默。
　　我已无法变回原样，
　　因为曾经与现在的我已别如天壤。
　　别急，装配和缝制，
　　是什么让我困扰混淆现在尚不知。
　　我看起来不同确无错，
　　然而没有了我，他们能做些什么？
　　为模特儿提供设计，
　　指导时需要将我的外形联系一起。
　　省道喇叭贴体型各款式无所不列。
　　学习平面制板技巧，
　　无论简单或复杂设计任由你创造，
　　既然如此还等什么？

　　　　　　——海伦·约瑟夫－阿姆斯特朗

工具样板

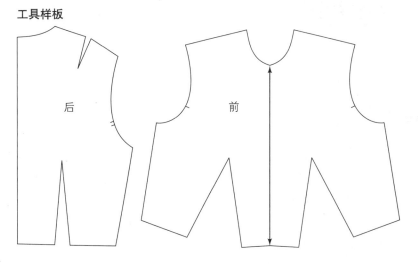

后　　　　　前

设计款样板

三个基本制板原则的妙用

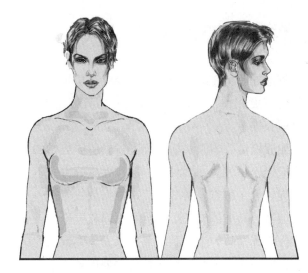

设计随我动，时尚随我行

工具样板

第 1 章中所绘制的基本前衣片和基本后衣片将在本书中通篇作为工具样板使用，设计样板由此衍生而来。为了使纸样初学者更明了，同时也为了设计更复杂的重叠相连纸样，工具样板应该保留净样，熟练的样板师可以选择有缝份样板进行工作。

任何类型的纸样都可作为工具样板，尤其当它与设计款式紧密相关时，例如，假设某服装款式具有公主分割线，仅有的不同在于侧片具有抽褶，如果可能，样板师将选择公主分割线纸样复制再设计，因部分设计细节已经完成而节省设计时间。

当使用剪切法设计纸样时，总是需要复描工具样板作复制件来处理，原始纸样所保存作为其他设计的基础。

平面纸样制作方法

有两种平面纸样制作技术：剪开法——用于重新定位省道，剪切使纸样展开增加更多面料，使服装变得更宽松，或剪切使纸样重叠变得更贴体。

旋转 / 转移法——原有纸样被旋转和复描，完全形成新纸型而无需剪切。两种纸样方法在本章中都有解说和图示。

通过操作处理改变了样板的原有形状，则工具样板变成了新的款式纸样。

三种平面纸样制作技术

省道处理　在纸样边框内改变省道位置。记住，省道与合体度相关，是设计内容之一，具体请查看 73 页的原理和推论。

加放松量　当款式松量大于省量所能提供的量时，可用追加松量方法达到目的。追加松量的方法不是直接对准旋转点（胸点）展开，而是根据款式所需，在纸样周边加量。具体请参见 133 页的原理和推论。

合体廓型　为了达到胸部上、下及胸围间的廓型合体性，应该在款式分割线或抽褶中处理省道余量，由低领口和袖窿处产生的多余空隙量也应该被转移处理至平服。具体请查阅 159 页的原理和推论。

省道处理

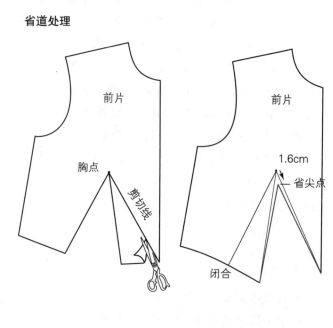

加放松量

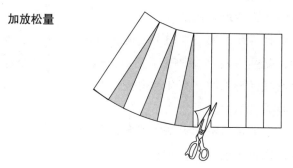

合体廓型

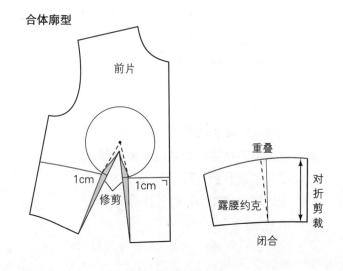

操作程序

用平面纸样设计方法创建服装款式纸样过程如下：

- 第一,分析服装款式,确认创意元素。
- 第二,样板师确认三大原理和技术中的哪个可用于制作出与服装款式一致的三维效果的纸样,不改变纸样形态的其他设计元素已是完成作品的一部分。
- 第三,选择工具样板用以复制剪切,或选择基型样板用以旋转设计。

设计分析

通过设计分析，熟练的制板师就能确定哪个原理和技术能应用于设计出正确的纸样形态，最终达到服装款式所需的三维效果。

案例图解说明了在准备纸样处理过程中，经过样板师确认的原理和技术如何标注在设计图中。

为了研究这些技术，样板师需要用平纹细部剪裁每个设计案例，并将布放于胸架上研究比较纸样形态和形成的款式间的关系。

最后，只要看着服装设计效果图，就能想象对应的纸样形态；当看着纸样的形态时，服装款式便能呈现在眼前。

本书从简单到复杂，对每个设计案例提供了设计分析和相应的原理及纸样制作技巧。

全篇详细解说了每个原理和制板技巧并配以清晰的图示说明。

加放松量

合体廓型

省道重新定位

加放松量

样板制作术语

为帮助读者理解，书中恰当处将介绍样板制作术语及其定义。

纸样绘制　指在复制与设计特征直接有关的工具样板上设计结构线的过程，线条作为样板制作的参照线。

旋转点　在纸样上被指定的点（如胸点）。样板以该点为中心进行剪切或旋转，这可使纸样形态发生变化而不改变尺寸和合体性。

样板操作　通过剪切、展开或旋转纸样的方法改变样板原有形态的过程。新的纸样形态将表达出服装的设计特征。

设计样板　指包含所有与设计相关特征的完成样板。

测试合体度

每款样板设计完成后，需要用经过预缩的平纹细布（或款式所指定的面料）进行剪裁，然后放于模型架上或人模上试穿检测合体度。一般在胸架上只需测试半边服装（除非是非对称款式，则需要测试整件服装），在人模上就需要试穿整件服装了。对于试穿服装的缝份加放可以按照如下两种方法中的一种进行。

1. 在面料上复描净样板，然后直接在面料上加放缝份。

2. 在样板上放好缝份后再进行面料剪裁。

平面纸样制板师的资质

认真而专注的制板师应该能：

- 分析服装款式与工具样板间的异同点，能确认运用哪个纸样制板原理和技术可以设计出所需服装款式结构。

- 随着款式结构线在工具样板上的设计，便能想像服装款式的三维形态。因其操作过程是纸样放在桌面上完成的，便称为平面纸样设计方法。

- 在创作服装款式时，能用选取的纸样制作原理和技术，通过处理设计的款式结构线，实现完成全过程。

无论是设计简单或复杂的服装款式（见工具样板颂歌），随着不断学习，你会掌握所有必要的奠定你自信的基本原理。随着知识的不断积累，你对平面纸样设计方法的了解也越深刻。我鼓励你去实践你所选择的和书中所推荐的服装款式，当空间有限时，可以用尺寸为 8 号的半胸架作为练习工具。

省道处理

原理 #1

原理　以省尖点为中心,省道可被转移到纸样轮廓线的任何位置而不会影响服装尺寸和合体度。

推论　省道量(省线间的空间)可以处理成抽褶、折裥、开花省、通过或在胸点 2.5cm 附近的造型分割线、垂褶、波浪及休闲装的袖窿松量等形式。省道量的创意应用称为省的等效变化。

省道的等效变化总是被应用于最需变形的部位,省道或等效变化的省直接指向省尖,省道必须终止于旋转点前而不能超越旋转点,尤其当旋转点在胸部位置时。

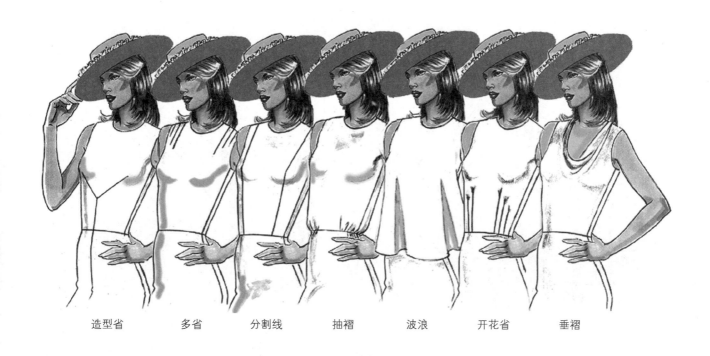

| 造型省 | 多省 | 分割线 | 抽褶 | 波浪 | 开花省 | 垂褶 |

省道转移应用——纸样设计入门

在创建新款纸样时,衣身、裙、袖或任何其他的纸样都需重新定位省道,此时,需要运用省道转移技术。为了产生新的纸样,在设计纸样前,首先需要分析和确认省位或等效省位。

以下设计案例讲解了纸样处理入门过程,请按照所给步骤操作,因为每一步都有助于制板师和设计师完成更多更深层的工作,成功完成纸样设计,艺术和技术两者缺一不可。

纸样设计技术

- 剪切–切展和重叠:通过剪切方法,纸样设计师可以掌握原始工具样板如何转变为设计纸样。
- 旋转–转移:这是一种不需要剪切纸样而将原有纸样变成新纸样的较快速方法,实践证明这是一种值得推荐的方法。案例从 80 页开始。

省位分布图

准备以下作图步骤，在卡纸上复描基本前衣片，从胸点作引导线标记每个省位，引导线标记在常用设计省位上，然而他们不是唯有省道的位置，实际上围绕纸样轮廓，省道可被转移到任何部位。图中所选省位有着特别的用途和省道名称，为了便于沟通，应清晰其命名。标注腰省起点为 A 和 B。

法式省位于横胸省（侧省）下方的任何地方，前中线胸省和横胸省都与前中线垂直，中袖窿省位于袖窿对位点，肩省落在公主线上。

原型样板周边所示的省道变化样板形态各异，他们是原型样板的腰省被转移到指定位置后的结果。此过程没有改变纸样的尺寸和合体度。详见 89 页图 2。

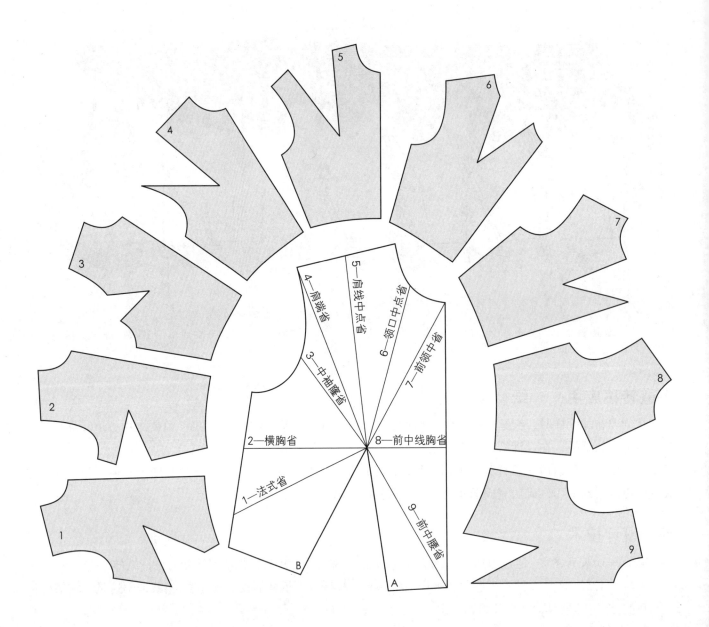

有关省道的其他事项

　　所有省道来自人体凸形部分辐射向外产生。胸部是圆形的，而不是尖状的，如果省道被缝合至省尖旋转端点，服装在胸部附近将产生拉紧变形皱褶线，影响服装的合体性。因此，必须在相距胸点一定距离处终止省道缝合，以释放因胸部隆起所需的面料松度，满足服装在胸部的自然形状。

完成省道

　　可以通过以下两个步骤完成省道：

　　1. 省道缝合前先修正省量，使实际省尖终止于省端点前 1.3cm 处（图 3）。

　　2. 折叠省道于反面，沿省线缝辑（图 5）。

图 1：省道方向

　　按箭头方向折叠省道，省量置于样板的背面或服装反面。

　　向下折叠的省道是：

- 袖窿省
- 侧缝省
- 前中线省

　　向前 / 后中心方向折叠的省道有：

- 肩省
- 领省
- 腰省

　　折叠的省道形态与相邻的缝边形态一致，否则，缝合的省道会扭曲变形。

　　纸样上的拐角省道（如虚线所示）通常被修正于省线 1.3cm 处。

图1

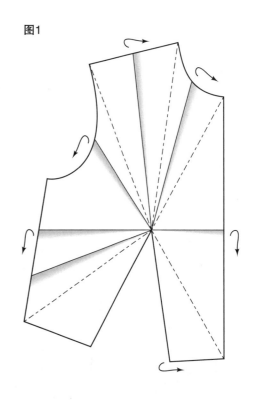

省尖定位——单省应用

图 2

- 省道重新定位后，用细线作腰至胸点的引导线。
- 胸点下 1.6cm 处标出省尖点。
- 从腰至省尖作实际省道线，标写 A 和 B。

图2

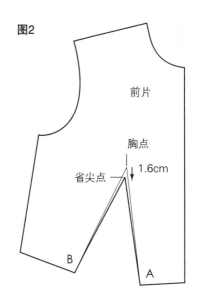

省量修正

图 3

- 增加 1.3cm 缝份,作刀眼并将样板剪下。
- 无需打孔和画圈。

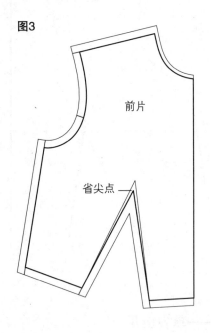

图3

前片

省尖点

省量折叠

图 4

- 实例图示了折向前中线方向的腰省,所有其他省道折叠方向,请见 75 页图 1 箭头所示。
- 折叠省道 A 至 B,使纸样成杯状,折痕止于省尖(而不是胸点)。

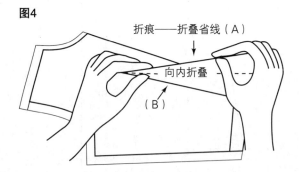

图4

折痕——折叠省线（A）

向内折叠

（B）

复描折叠的省道

图 5

- 随着省道的折叠,纸样成杯形,在腰部用描线轮点影此折叠省,点影轨迹将给出省道的正确形态。

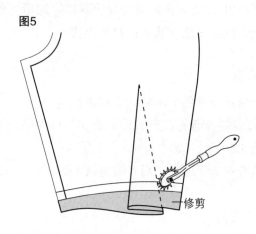

图5

修剪

打孔和画圈

图 6

- 展平省道,用铅笔画出点影记号。
- 在省尖下 1.6cm 处标出打孔和画圈位置(提示缝制人员省尖缝于此点以上 1.3cm 处)。
- 追加 1.3cm 缝份、作刀眼、打孔和画圈。
- 复描、剪切,缝制并试穿。

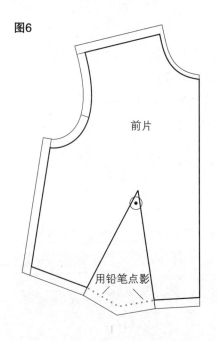

图6

前片

用铅笔点影

单省系列——剪切－展开技术

创建新款样板应基于原有样板为基础，复描所选工具样板（选择 74 页单省净样基本衣片样板）作为后续设计基础。记住：永远不能改变工具样板（其仅作为复描而用），因为它被用来创建其他设计，保存款式纸样以备后用。

操作步骤

设计分析　确定省位（追加松量和廓型技法技术不包含于此系列中）。

标绘　在复描的纸样上画线条标明设计元素所处位置，然后，从胸点到新省位做连线。

操作　运用剪切方法改变所复描的纸样形态为设计所需。将复描的纸样从纸上剪下，通过胸点（即旋转点）但不超过胸点剪开展切线，使之产生粘连点，部分纸样因省道转移能自由转动而不会从样板上掉下。如果运用有缝份的样板，包含从省点至胸点但不超过胸点的剪切，当有需求时，从剪切边剪至缝线产生旋转点。

前中腰省

设计分析：款式 1

腰省位于腰围的前中点，比对款式效果图、样板设计线和完成的纸样形态之间的关系，条纹面料标示了布纹线方向。

纸样设计与制作

图 1

- 复描省位分布样板，标记腰围前中点省位，标写省线端点 A 和 B。
- 过前中线腰点和胸点作剪切线。

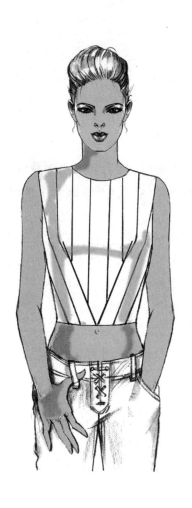

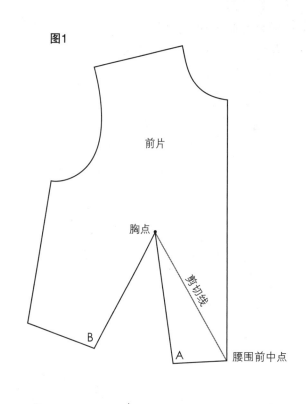

图1

前片

胸点

剪切线

B

A

腰围前中点

图 2

- 从腰围前中点至胸点（但不超过胸点）剪开纸样切线。

图2

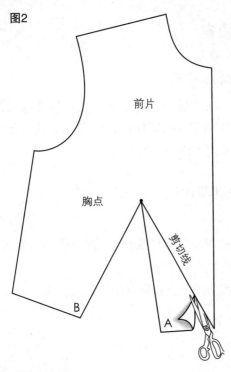

图 3 新纸样形态

- 闭合省道 A 和 B 并粘合。
- 将纸样放于样板纸上重新复描。
- 省尖点距离胸点 1.6cm。
- 作省线至省尖点。

图3

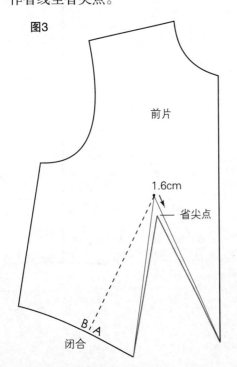

图4

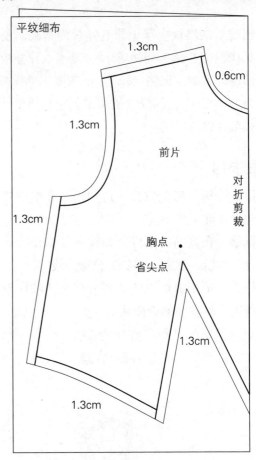

图 4

- 如图在纸样或平纹细布上加缝份。
- 如有必要（参见 64 和 66 页），按规范完整纸样信息。
- 为了测试合体性，可剪切对折的整个前片；对于半片前衣身，则在前中线处加放 2.5cm。裁剪后片以完整设计（没有图示）。
- 缝制和熨烫（不用蒸汽）前后衣片，放于胸架或人模上试穿。

以下三款请遵循此操作过程。

根据 77~78 页的说明,完成以下款式纸样,保存纸样以备后用。

肩省

设计新省线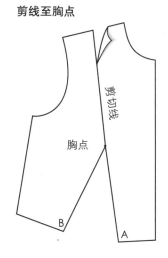

剪线至胸点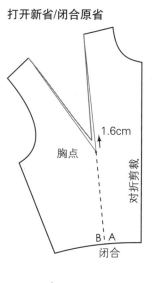

打开新省/闭合原省

前中线领省

设计新省线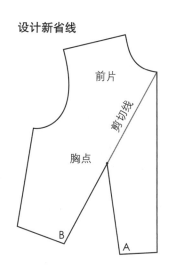

剪线至胸点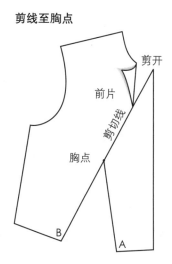

打开新省/闭合原省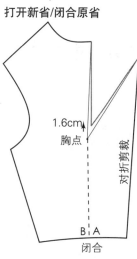

法式省

设计新省线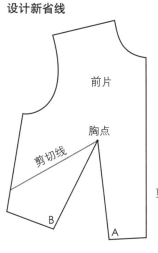

剪线至胸点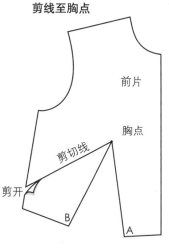

打开新省/闭合原省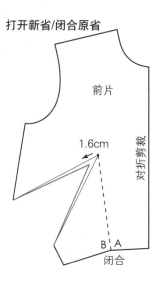

单省系列——旋转－转移技术

旋转－转移技术是一种基于原始工具样板通过旋转、移省和复描替代剪切而形成新纸样的技术。用图钉定位旋转点,将工具样板安放于样板纸上层,为了转移省至新的位置,先在下层纸上设计定位新省,然后在纸样上复描原有省道,接着旋转纸样、闭合原省,同时打开的空间即为新省。在下层样板纸上复描因旋转还未复描的纸样轨迹,一旦遇到部分样板轨迹已被复描过,则不必重复再画。在以下的设计案例中将图解并阐述上述过程。

图钉也是用于在纸样结构中转移款式造型线的工具,当原型样板从样板纸上移开,根据留在纸上的图钉痕迹,用直尺或曲线板画顺造型线,图中阴影区域示意了旋转后不需复描的样板部分。完成系列练习,保存纸样以备后用。

前领口中点省

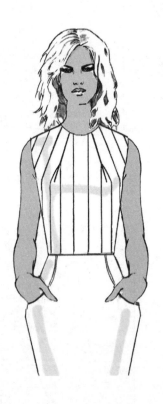

设计分析:款式 5

本款省道从前领口中点延伸至胸点,请注意款式图到结构设计直至完成样板形态间的关系。

纸样设计与制作

图 1

- 将工具样板放置于样板纸上层并用图钉定位胸点(旋转点)。
- 在纸上标记领口中点 C 点和原省 A 点。
- 复描从省点 A 至省点 C 的样板部分(灰线和阴影区域)。

图1

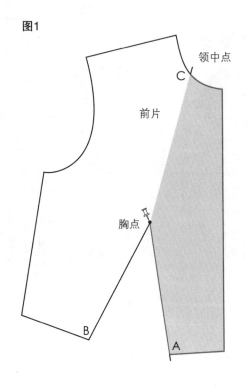

图 2

- 旋转纸样直至省点 B 与样板纸上省点 A 重合(即闭合腰省,展开前领口中点省量)。
- 复描从 B 点至 C 点的其余部分纸样(即阴影区域)。注意:旋转后的纸样将覆盖于原有纸样痕迹,这是正常现象,记住,已经被描过的纸样部分不必再复描。

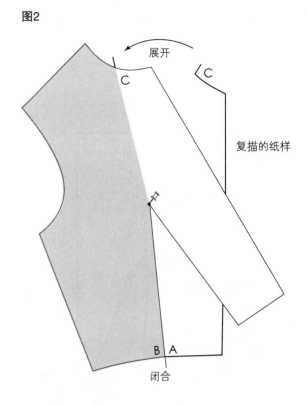

图2

展开

C

C

复描的纸样

B A

闭合

图 3 新样板形态

- 从样板纸上移走工具样板。
- 画省线于胸点。
- 省尖点相距胸点 1.6cm。
- 重新作省线于新省尖点。
- 在领口加 0.6cm 缝份,其余加 1.3cm 缝份。
- 用平纹细布裁剪用于检测合体度。

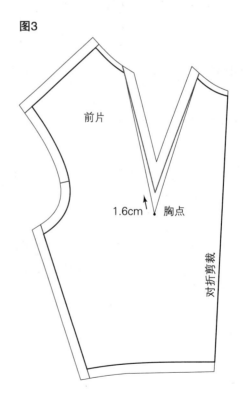

图3

前片

1.6cm　胸点

对折剪裁

侧缝省

分析款式效果图，设计款式 6、7 和 8 的结构纸样。

设计分析：款式 6

纸样设计与制作

图 1

- 标记侧缝省 C 点，复描纸样从 A 点至 C 点（阴影区域）。

图1

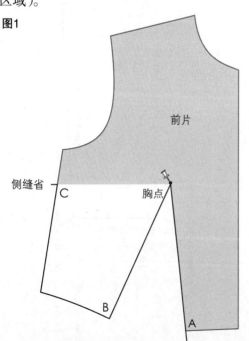

图 2

- 旋转纸样直至省点 B 旋转重合于样板纸上的省点 A（闭合腰省，展开侧缝省量）。
- 描绘其余部分纸样。

图2

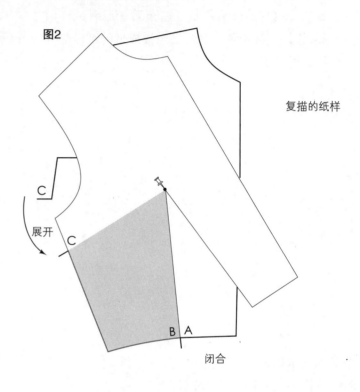

复描的纸样

图 3　新样板形态

- 移去原型样板，作省线至胸点，距胸点 1.6cm 确定省尖，重新描绘省线。

图3

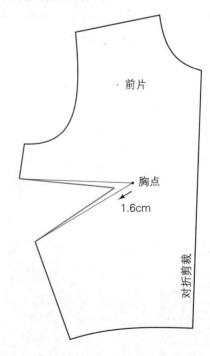

袖窿中点省

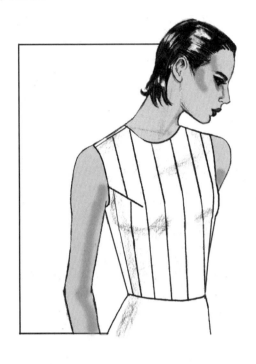

设计分析: 款式 7

纸样设计与制作

图1

- 标记袖窿中点省位 C 并从 A 点至 C 点描绘纸样（阴影部分）。

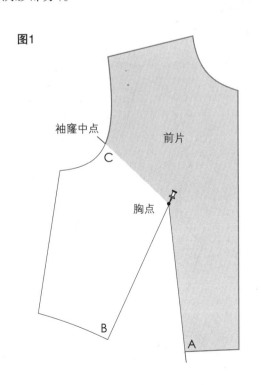

图 2

- 旋转纸样,使省点 B 与样板纸上的省点 A 重合（闭合腰省,展开袖窿中点省量）。
- 描绘其余部分纸样。

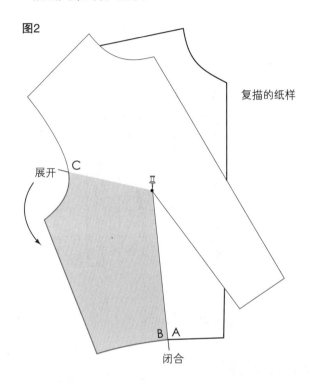

图 3 新样板形态

- 移去原型样板,作省线至胸点,距胸点 1.6cm 处确定省尖。
- 重新描绘省线。

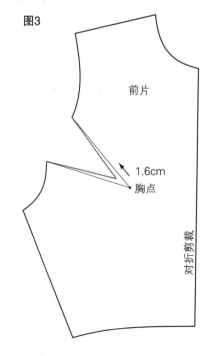

肩端省

设计分析: 款式 8

纸样设计与制作

图 1

- 标记肩端点省位 C 并从 A 点至 C 点描绘纸样(阴影部分)。

图1

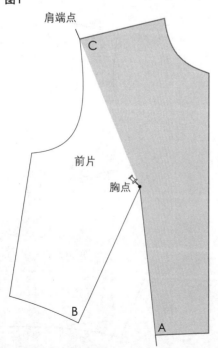

图 2

- 旋转纸样,使省点 B 重合于样板纸上的省点 A(闭合腰省,展开肩端点省量)。
- 描绘其余部分纸样。

图2

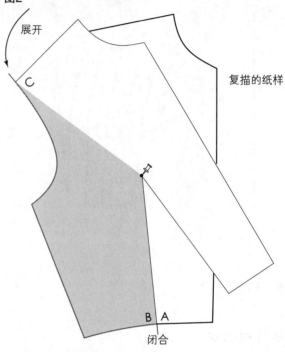

图 3 新样板形态

- 移去原型样板,作省线至胸点,距胸点 1.6cm 处确定省尖。
- 重新描绘省线。

图3

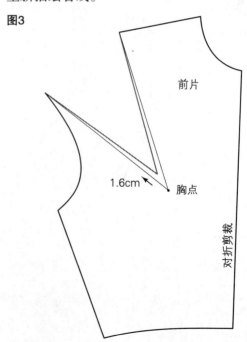

肩胛省

当肩胛省与设计细节相冲突时可以将其重新定位，如同胸省，围绕纸样轮廓线，肩胛省可被转移至纸样的任何位置。作为一种创意，当在腰部或下摆需要增大摆量呈喇叭状时，通过改变肩胛省形态或将它转移至腰省。

大部分常见省位在书中有图示说明，如有其他想法，其他位置也可以去尝试。

消除肩胛省的工具样板
纸样设计与制作

图 1a 和 b

- 复描后衣片,包含水平平衡线 HBL 即背宽线。
- 从省尖和后领中点至背宽线作剪切线,画后领贴边(图 1a)。
- 从纸样中描绘并剪裁后领贴边(图 1b)。

图 2

- 分别从后领、肩省和袖窿中点处剪开剪切线至旋转点,但不剪过。
- 展开切片并均分省量。
- 展平于样板纸上,并固定。
- 复描并圆顺领口线、肩线和袖窿线。
- 如图作吃势控制量的刀口标记(在前片肩线相应位置上标记刀口)。

图1a

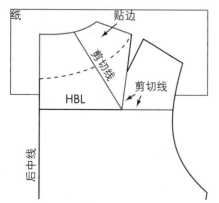

纸

贴边

剪切线

HBL

剪切线

后中线

图1b

后领贴边

图2

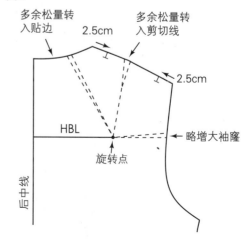

多余松量转入贴边　　多余松量转入剪切线

2.5cm

2.5cm

HBL

略增大袖窿

旋转点

后中线

后领省

纸样设计与制作

运用剪切或旋转方法。

图 1

- 描绘后衣片和所有标记。
- 从领口中点以一定的角度作剪切线至 HBL 线,再从肩省一边至旋转点作剪切线。
- 从领口沿剪切线下 7.6cm 作十字标记。

图 2

- 从领口和肩省一边剪开剪切线至旋转点。
- 旋转纸样,关闭肩胛省(在肩省闭合处肩线会有凹凸不平),用胶纸粘住固定。

图 3

- 复描纸样,从领至肩端用直线修正肩线。
- 作领省使省尖位于十字中心点。

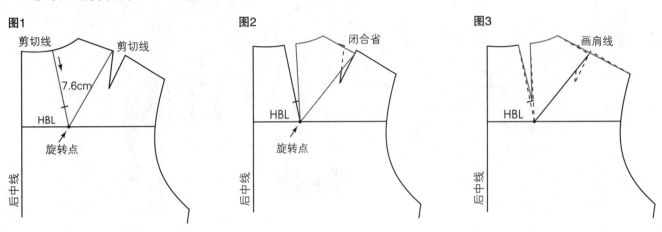

浮余量转入袖窿
纸样设计与制作

图 1

- 描绘后衣片和所有标记。
- 从肩胛省至 HBL 线作剪切线。
- 分别从袖窿和肩胛省点至旋转点剪开剪切线,但不要剪过旋转点。

图 2

- 闭合肩胛省,用胶纸固定并复描纸样,圆顺线条。

图 3 另一种方法

- 过开口的省延长肩线,使其与前肩线等长。
- 从新肩端点重新描绘并圆顺袖窿弧线。

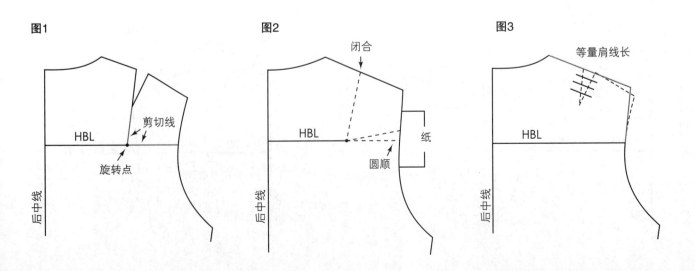

自评测试

1. 运用本书阐述的纸样制作技术，将腰省转移至以下表中所列部位设计新纸样，完成每个纸样后，用 76 页图 4 方法折叠完成省道。

	剪切–展开技术		旋转–转移技术
位置	比较相应样板形态	位置	比较相应样板形态
侧缝省	82页，图3	肩省	79页，图3
袖窿中点省	83页，图3	前中线领省	79页，图3
肩端省	84页，图3	法式省	79页，图3

2. 图 1 所示为款式 1 纸样,同样纸样能产生款式 2 的效果吗？如果是,用什么方法？用条纹面料剪裁论证。

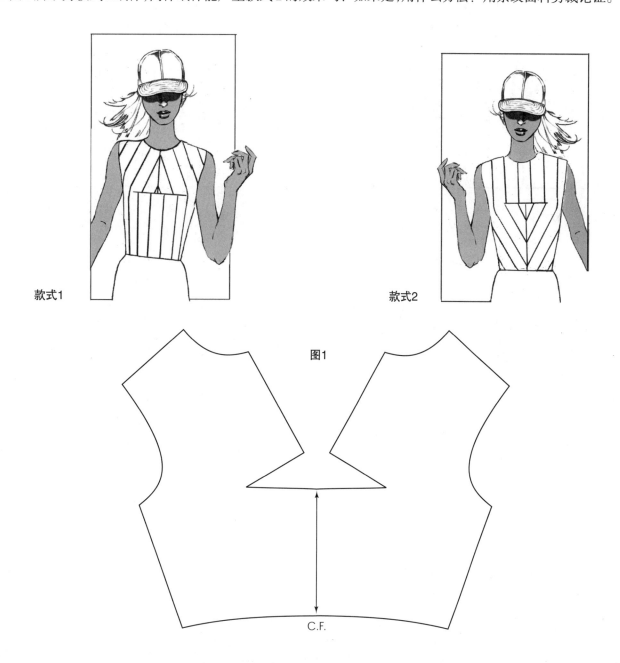

款式1　　款式2

图1

C.F.

3. 款式 3 和 4 的纸样如图 A 和 B 所示，请比较款式设计图与相应的样板形态，在每个设计效果图下面写上相应的 A 或 B。用条纹面料剪裁样板对应设计图加以论证。

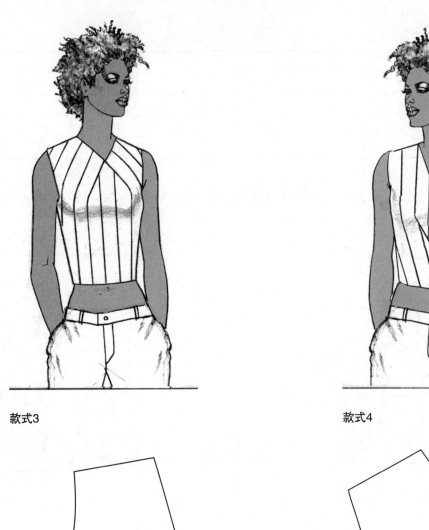

款式3　　　　　　　　　　　　　　　　　　款式4

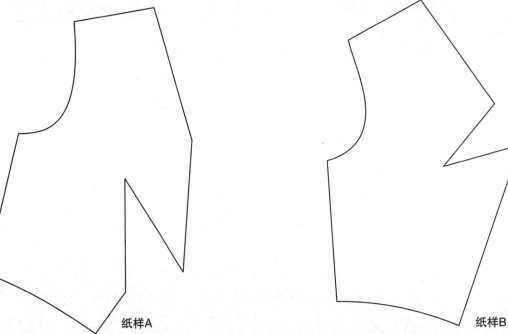

纸样A　　　　　　　　　　　　　　　　　　纸样B

省角的一致性

为了证明省道的角度不会随着省道的位置变化而变化，请将以下纸样按所给顺序叠放起来：肩省（最长的省——粗实线表示），腰省（标有条纹的纸样）和前中线省（最短的省——虚线表示）。通过胸点用图钉对准三个样板并对齐省柱，发现从最短的省到最长的省，他们都匹配有相同角度的省量，每个纸样省端点间量不同，其不同点直接与胸点（或任何旋转点）至省位所处样板边的距离有关，省道距旋转点越近，省端间距离越小；反之，省道距旋转点越远，省端间距离越大（图1）。

图1

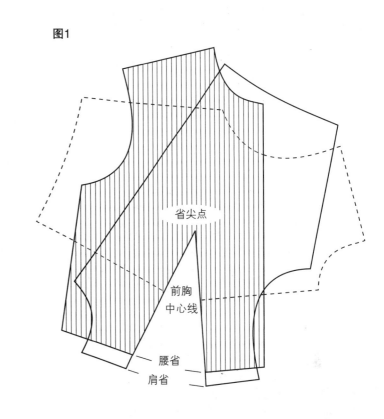

省尖点

前胸
中心线

腰省

肩省

图2

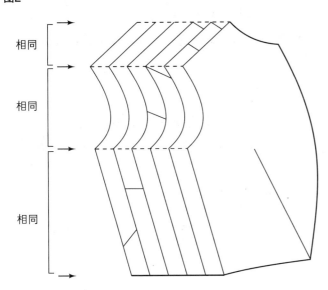

相同

相同

相同

原理 #1 的论证

在纸样制作练习过程中，省量沿着前衣片轮廓被转移到许多不同的位置，这些纸样形态与原有工具样板都不同。当将省道闭合并粘住后，所有纸样还是原有尺寸和形态，这点用以前变化的纸样可以论证，将省道两边合拢，粘牢，形成立体纸样，对齐前中线叠放样板，发现纸样完全吻合一致（图2）。

双省系列——剪切－展开技术

为后面的设计案例建立双省工具样板（腰省和侧缝省）。

双省样板在生产中比单省样板运用更普遍。其优点是除了增添了款式创意空间外，还能将省量转移分配至几个位置上。

- 样片更经济地满足制板师要求。
- 侧缝处面料的自然斜丝程度被减弱。
- 通过双省而不是单省的方法消除胸部凸起周边的多余量,使合体度得到进一步改善。

双省纸样的省尖点一般距胸点 1.9~2.5cm,然而,侧缝省距胸点尺寸随着胸杯尺寸的变化而变化,例如, A 杯, 距胸点 1.9cm; B 杯, 2.5cm (标准尺寸); C 杯, 3.8cm; D 杯或 D 杯以上, 4.4cm。

腰省和侧缝省
设计分析: 款式 1

腰省占有着侧缝省量。

此样板可被用作为净样工作模板。

腰省和侧缝省的毛样和净样样板都应该用标签卡纸制作,因为他们将被作为基本版型用于其他款式和基础内衣的设计。

为了试样,复描前后净样衣片样板于平纹细布上,加缝份、作刀眼和打孔标记(工具样板保持净样)。具体参见第 66、67 页中的完成样板说明。

在前面的省道处理系列中,将省道转移至其他位置时,只要通过一条至胸点的剪切线。在本系列中,转移部分省道需要两条至胸点的剪切线——一条是新省位线,另一条是至胸点的腰省。这些剪切线产生了一个铰合点,便于省量进行分配。

保存纸样以备抽褶、塔克省和波浪展切练习。

样板设计与制作
图 1

- 复描前片样板,十字标记侧缝省位,过胸点作剪切线与前中线正交水平。
- 标记省线 A 和 B,在侧腰标记 X。
- 剪开展切线至胸点,但不剪过(旋转铰合点)。

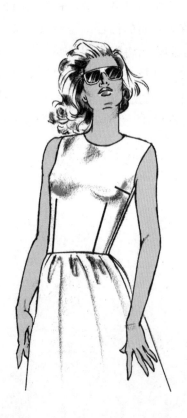

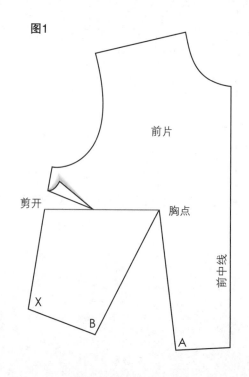

图1

图2

- 在纸上画直角线。
- 放置前衣片,如图使前片中心线和腰围线对齐直角边,并固定。
- 闭合腰省,直至 X 点交于直角边(虚线表示原有纸样)。
- 复描轮廓并标记胸点。

图2

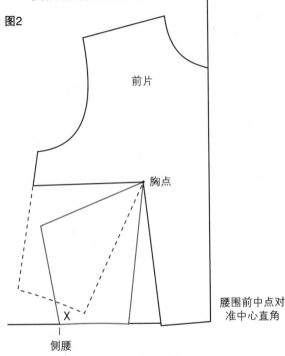

图3

- 修正省尖,分别使腰省距胸点 1.9cm,侧缝省距胸点为 3.2cm。
- 重新描绘省线至新省尖。

图3

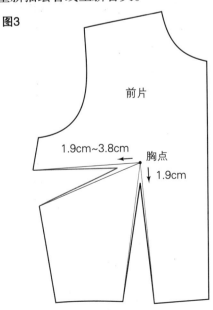

图4

折叠省道:侧缝省:

- 省道中线向腰线方向折叠。

腰省:

- 省道中线折向纸样前后中心线。
- 为了完成省道,请参见第 10 页(图 2a、b 和 c 为指南)(随着省道的折叠,纸样成杯形,沿侧缝和腰线边沿描绘省形)。

图4

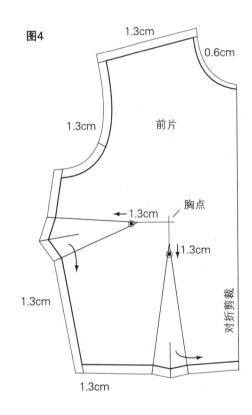

- 如图追加缝份。
- 距省尖 1.3cm 处打孔并画圈。

测试合体度:

- 沿对折线剪裁整个前衣片,如平纹细布则做半片,前后中心线处要增加 2.5cm(后衣片没有图示说明)。

肩省和腰省
设计分析: 款式 2

款式 2 中的肩省替代了侧缝省，该纸样可被用作净样工作样板。

纸样设计与制作

图 1

- 复描纸样；标记胸点和肩省。
- 从肩线中点至胸点和从侧缝省尖至胸点作剪切线。

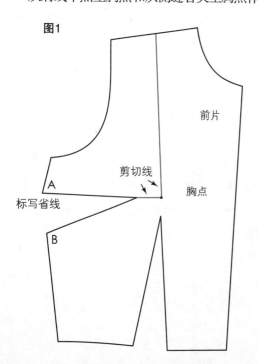

图1

图 2

- 从肩省和侧缝省至胸点剪开展切线(铰合点)，但不超过胸点。

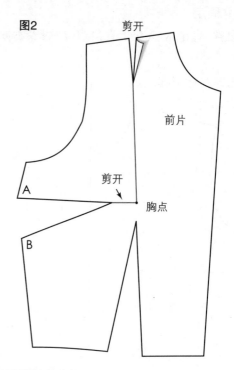

图2

图 3 新样板形态

- 闭合省线 A 和 B，并粘合。
- 复描纸样。
- 修正省尖距胸点 2.5cm。
- 画省线至新省尖点。

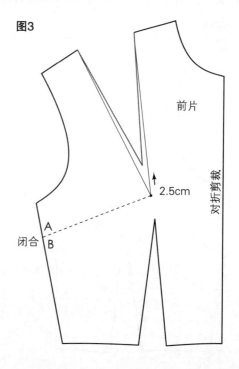

图3

袖窿中点省和腰省

设计分析：款式 3
纸样设计与制作

图 1

- 复描样板，标记胸点和袖窿中点省位，从样板纸上剪下样板。
- 从袖窿中点至胸点和从侧缝省尖至胸点作剪切线。

图2

- 剪开展切线至胸点，但不超过胸点。
- 闭合省线 A 和 B，并粘合。

图2

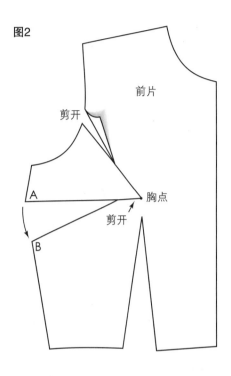

图 3 新样板形态

- 将样板纸平放并复描。
- 修正省尖距胸点 2.5cm。
- 画省线至新省尖点。

图1

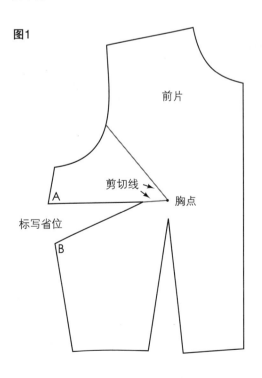

图3

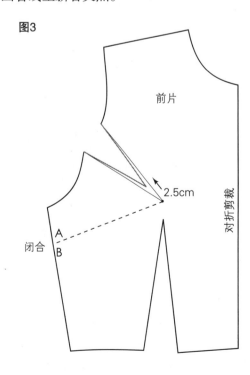

双省系列——旋转 – 转移技术

领口中点省和腰省

设计分析：款式 4
样板设计与制作

图 1

- 将纸样放于样板纸上，过胸点用图钉固定样板，标记领口中点 C。
- 标记 B 点并复描轮廓线至 C 点（阴影区域所示）。

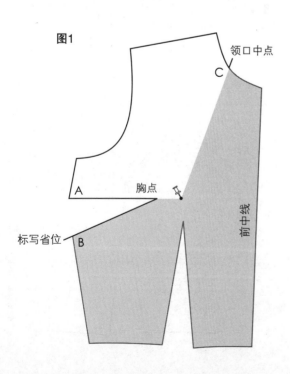

图2

- 向下旋转纸样，使省点 A 与样板纸上的 B 点重合（纸样将与描绘的样板纸样部分重叠）。
- 在领中点标记 C 点，并描绘轮廓线至省点 A。

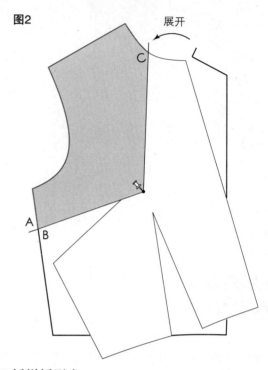

图 3 新样板形态

- 移开样板，画省线至胸点。
- 修正省尖距胸点 2.5cm。
- 重新画省线至新省尖点。

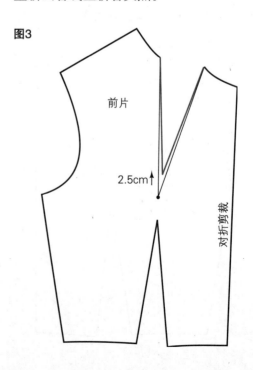

肩端省和腰省
设计分析：款式 5

　　款式 5 是将侧缝省转移至肩端省而形成，如做成开花省和折裥则略有不同。

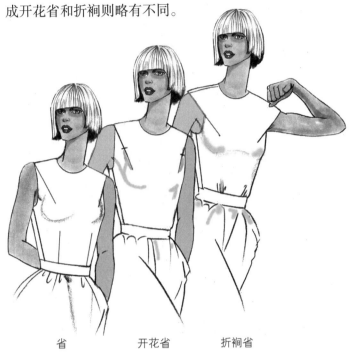

省　　　　开花省　　　　折裥省

纸样设计与制作

图 1

- 放置纸样于样板纸上，用图钉固定胸点，标记肩端点 C。
- 标记省道 B，复描轮廓线至 C 点。

图1

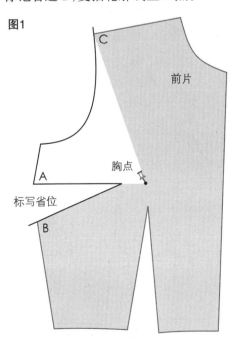

胸点
A
标写省位
B
前片
C

图 2

- 向下旋转纸样，使省点 A 重合于样板纸上的 B 点（纸样将与描绘的样板纸样部分重叠）。
- 在肩端点标记 C 点，并描绘轮廓线至省点 A。

图2

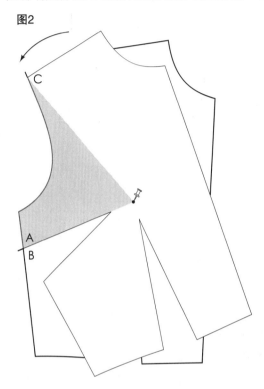

C
A
B

图 3 新样板形态

- 移开样板，画省线至胸点。
- 修正省尖距胸点 2.5cm，重新画省线。对于开花省和折裥，请参见第 5 章。

图3

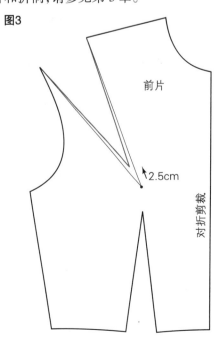

前片
2.5cm
对折剪裁

前领中省和腰省

设计分析: 款式 6

纸样设计与制作

图 1

- 将纸样放于样板纸上,用图钉在胸点固定样板,标记前领中点省位 C。
- 在省线上标记 B 点,并复描轮廓线至 C 点。

图2

- 向下旋转纸样,使省点 A 与样板纸上的 B 点重合(纸样将与描绘的样板纸样部分重叠)。
- 在领圈上标记 C 点,并描绘轮廓线至省点 A。

图2

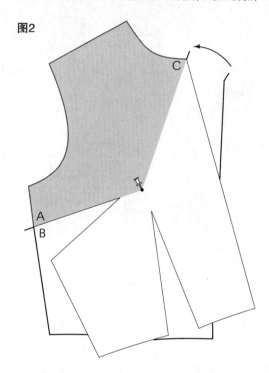

图 3 新样板形态

- 移开样板,画省线至胸点。
- 修正省尖距胸点 2.5cm,重新画省线至新省尖点。

图1

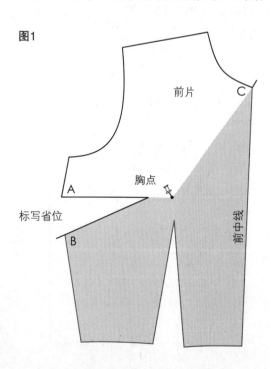

图3

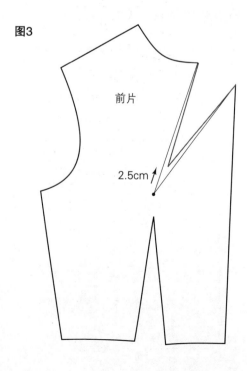

自评测试

1. 运用书中阐述的样板制作技术，制作下表所列省位的样板。样板完成后，根据第 10 页（图 2a、b 和 c）所示方法折叠省道。

剪切–展开技术		旋转–转移技术	
位置	相应样板形态的比较	位置	相应样板形态的比较
领口中点省和腰省	94页，图3	侧缝省和腰省	91页，图3
肩端和腰省	95页，图3	肩省和腰省	92页，图3
前领中点省和腰省	96页，图3	袖窿中点省和腰省	93页，图3

2. 款式 1 和款式 2 不同于双省系列款式，即双省系列的腰省保留在原位，只有侧缝省在改变位置，它们究竟有何不同？请先分析这两个款式，再比较工具样板。下面图示有 4 个样板，其中只有两个样板与款式相关正确，请选择与款式一致的正确样板。

3. 用剪切－展开技术和旋转－转移方法制作款式 1 和 2 的样板。

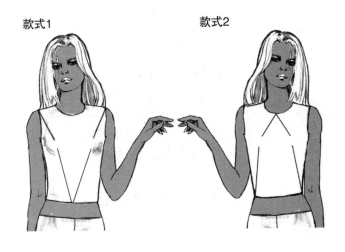

款式1　　　款式2

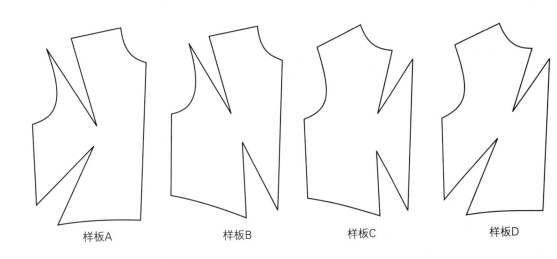

样板A　　　样板B　　　样板C　　　样板D

第**5**章

省道设计
（开花省、折裥、波浪和抽褶）

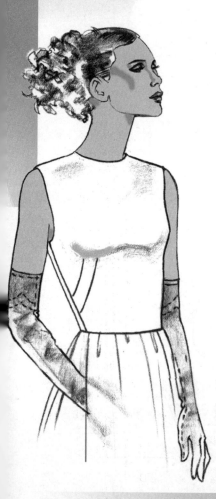

概论

省道是最能赋予纸样变化和创意的部分之一，省线所构成的省量空间能被转换成各种创意形式，仅受设计师想象力的限制。省量用于在设计中的变化是指省道的等效变化。省道等效变化图例有开花省、折裥、波浪和抽褶。等效省可以按原省量标准还原，它们总是消失在旋转点上（如胸高点），省道和等效变化省的差异在于标记的方式及由此而产生

的缝制方法不同。省道是整个缝缉，开花省仅部分缝缉，折裥是先折叠，再缝缉固定成一端有折痕的活裥，展开松量，沿线缝缉形成抽褶，当不缝缉时则形成波浪。

书中分别对剪切 – 展开技术和旋转 – 转移技术图示说明了抽褶方法， 随后是运用省道和省道等效法进行进阶设计，每个省道等效变化实例需要用面料剪裁缝制，这是观察使用不同形式的省表现不同效果的重要方法。

开花省

图 1a

- 开花省是指部分缝缉的省。在缝缉终止线内 1.3cm 处,并沿省中线和缝缉线内 0.3cm 处打孔和画圈作省道标记。

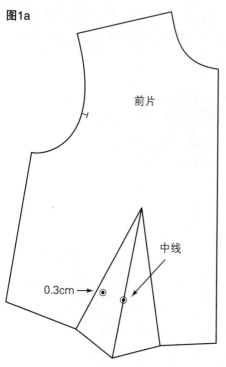

图1a

前片

中线

0.3cm →

图 1b

- 省道下部区域表示缉缝的区域,注意缉缝在打孔位置以上 1.3cm 处。

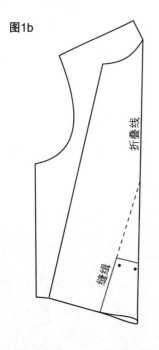

图1b

折叠线

缝缉

折裥

图 2

- 折裥是不需要缝缉的,只要沿折叠边线折叠缝缉固定,在纸样上作为一种省的变化,不需打孔画圈,但省线位需要做刀眼标记(虚线表示原省线)。

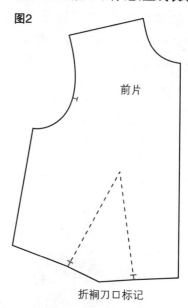

图2

前片

折裥刀口标记

波浪

图 3

- 波浪是一种展开无需缝缉的省,开放的省量圆顺后连至下摆,不需打孔、画圈和作刀眼(虚线为原省线)。
- 侧缝需增加波浪;侧缝加波浪的另一种方法请参见 143 页图 3 和图 4。

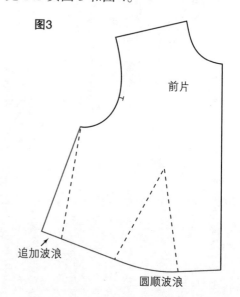

图3

前片

追加波浪

圆顺波浪

抽褶

运用剪切－展开和旋转－转移技术形成抽褶，抽褶改变了服装的样式，但不影响合体性。在剪切－展开技术案例中，将一半省量用于抽褶，在旋转－转移技术案例中，则将所有省量转移为抽褶量。

剪切－展开技术

图1 肩部抽褶

- 复描前衣片纸样，标记肩线中点，标写省位 A 和 B。
- 相距肩线中点两边 2.5cm 处画剪切线交于胸点（旋转点）。

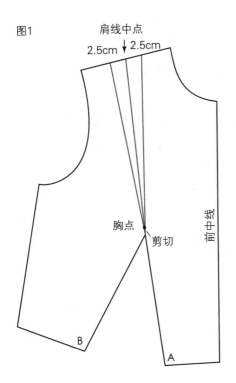

图2

- 剪开剪切线至胸点但剪过。
- 放置样板于样板纸上，将 B 点合向 A 点的一半，并固定。
- 均匀展开剪切部分并固定。
- 距肩端和颈侧点 1.3cm 处作刀眼标记以控制抽褶。
- 沿肩线画顺展切部分。

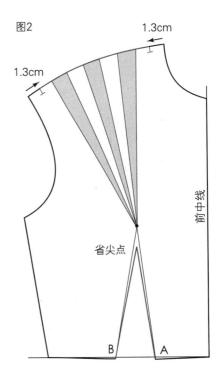

图3

- 在后衣片肩线上作刀眼标记，它到肩端点和颈侧点的距离与前衣片相同。
- 加 1.3cm 缝份，后中线处加 2.5cm。
- 剪裁并车缝以测试合体性。

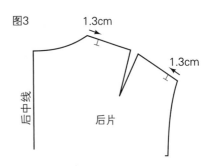

旋转－转移技术

图 1

- 纸样放于样板纸上,用图钉在胸点固定。
- 标记肩线中点,在肩线中点两边各 2.5cm 处也作标记,标上 1、2、3 和省位 A、B。
- 平分腰省三份,标写 4、5 和 6。
- 从 A 点至肩线标记 1 处复描纸样,并做十字记号。

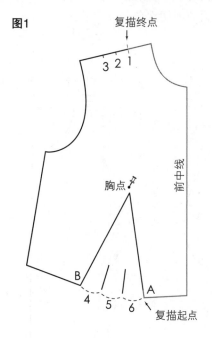

图3

图 2

- 旋转纸样,使省位 B 覆盖标记 4 的空间。
- 从肩线标记 1 至 2 复描纸样(粗实线表示复描过的部分)。

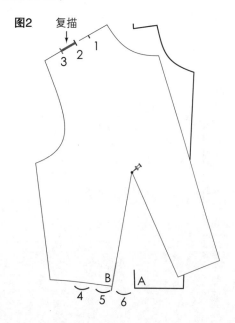

图2

图 3

- 旋转纸样,使省位 B 点覆盖标记 5 的空间。
- 从肩线标记 2 至 3 复描纸样,并作十字标记。

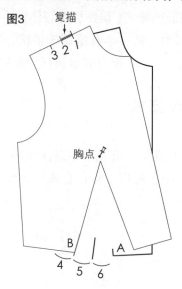

图3

图 4a

- 旋转纸样,使省位 B 点覆盖标记 6 的空间(腰省闭合了)。
- 从肩线标记 3 至省位 B 复描纸样。

图 4b

- 画顺肩线。

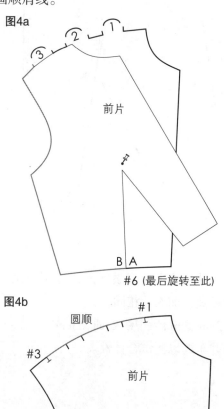

图4a

前片

#6 (最后旋转至此)

图4b

圆顺 #1

#3

前片

集群省和等效省

省量可以分配为多个，或作为一个设计单元处理。当作为一个设计单元时，可以将省作为一组基本省或造型省、开花省、折裥或其他任何形式的组合变化。

以下（图1、2和3）将介绍集群式的省、开花省和折裥的应用。集群省排列的剪切线主要有平行和辐射状的变化。本书例举各种实例予以说明，完成每种集群省的方法不同，下面分别通过图4（省道集群）、图5（塔克省集群）和图6（折裥省集群）图示说明。

开花省　　　　省道　　　　折裥

腰部集群省
纸样设计与制作

图1

- 复描基本衣片。
- 在省线两边并低于胸点2.5cm处作垂线为引导线。
- 距省线两边2.5cm处，作平行剪切线至引导线，在腰围线处省道渐收至1.9cm成细长效果。
- 连接胸点。
- 从纸上剪下样板。

图1

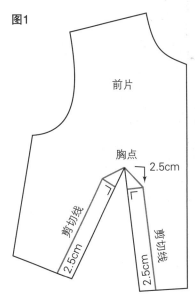

图 2

- 剪开展切线至胸点，但不剪过。
- 将样板放于纸上均匀展开，并固定。
- 按如下方法画省线：
- 中间省——中间省的省尖低于引导线 1.3cm，画省线至腰围位置。量取省线长度。
- 边省——在剪切线的一边，向下 1.3cm 处标记省尖点，画省线使其长度等于中间省的长度。
- 加放缝份，在腰围线处多留余量，以备新省的造型需要，裁剪样板。

图3

- 折叠省量，倒向前中线（使纸样成立体杯状）。腰围线不呈直线。
- 画顺腰围线，平行腰围线加放 1.3cm 缝份。
- 在省道折叠状态下修剪多余量，（用描线轮）沿缝份线描画。
- 展开纸样，用铅笔点影线条。
- 为了完成纸样，复制剪切三份以备实践用。选择所期望的等效变化省（省道、开花省或折裥；参见图 4、5 或 6）练习。

图2

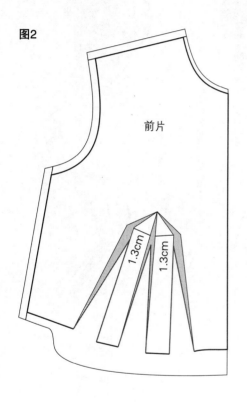

图3

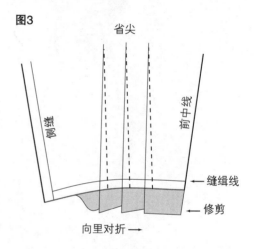

集群省

图 4

- 距离省尖 1.3cm 处打孔和画圈。
- 做样板刀眼标记，包含省底边线标记。
- 画经向布纹线，裁剪后衣片，测试合体度。

图4

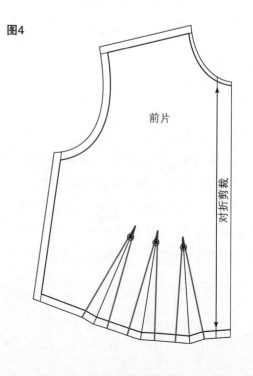

集群开花省

图 5

- 在每个省道中线处于省长一半的地方打孔做标记。
- 在中线和距离省线 0.3cm 处分别打孔。
- 在所有打孔处画圈做标记。
- 缝份和省位处打刀眼做标记。
- 画经向布纹线,裁剪后衣片,完成纸样并试穿。
- 关于缝纫说明,请参见 100 页图 1b(虚线表示不缝纫的省道部分)。

集群折裥

图 6

- 对每个省位做刀眼(虚线表示原省线)。*
- 画经向布纹线,裁剪基本后衣片,完成基础纸样并试穿。
- * 抽褶不需要打孔。

图6

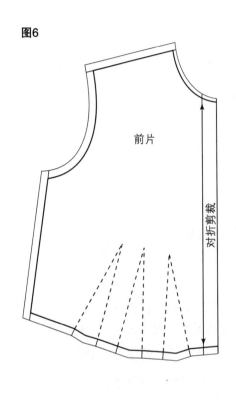

图5

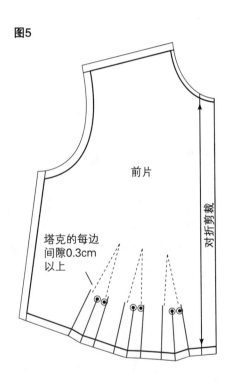

备注:

集群肩省

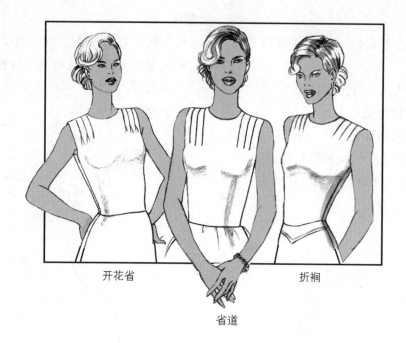

开花省   折裥

省道

纸样设计与制作

图 1

- 复描基本衣片。
- 标记肩线中点及省位 A 和 B 点。
- 连接肩线中点和胸点作剪切线。
- 胸点上方 3.8cm 处作垂直引导线。
- 距肩中点两边各 2.5cm 作平行剪切线至引导线，再与胸点连接。

图 2

- 剪切展切线至胸点,但不超过胸点。
- 闭合省线 A 和 B,并粘住。
- 将样板放于纸上,均匀展开剪切线。
- 画省道线至引导线。
- 参见 104 和 105 页的图 3~6,完成每款纸样。

图1

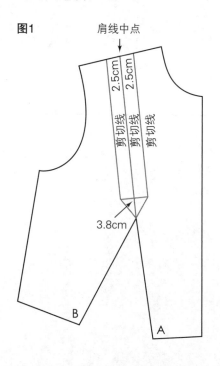

图2

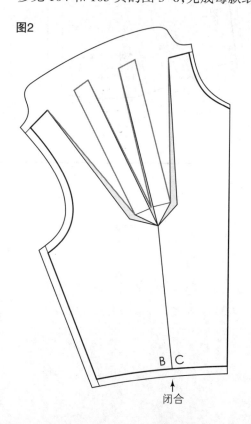

集群前中线胸省

折裥　　　　　　省道　　　　　　开花省

纸样设计与制作

图 1

- 复描基本衣片纸样,标记省线 A 和 B,过胸点作前中线垂线。
- 离胸点 2.5cm 处,作与前中线平行的引导线。
- 两边各相距 1.9cm 处作线至引导线。
- 如图连接胸点。
- 从样板纸上剪下样板。

图 2

- 剪开展切线至胸点,但不超过胸点。
- 闭合省线 A 和 B,并粘住。
- 将样板放于纸上,均匀展开剪切线并固定。
- 如图画省道线至引导线。
- 参见 104 和 105 页的图 3~ 图 6,完成每款纸样。

图1

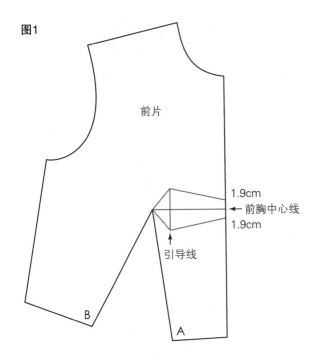

前片

1.9cm

← 前胸中心线

1.9cm

引导线

B

A

图2

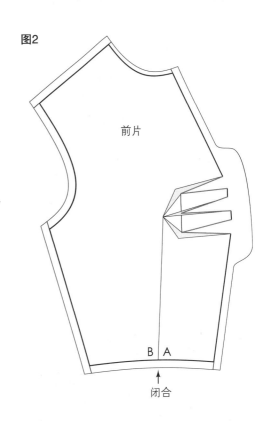

前片

B A

闭合

集群渐变省和辐射省

渐变省指长度渐变的一组省道，辐射状省指从一个聚焦点向外辐射的以均衡排列的等长或长度渐变的省道。为了避免离胸点最远的省尖隆起，省量一般为 1.3cm，其他省量归入最靠近胸点的省道，利用后衣片纸样完成设计样板。

集群渐变省
设计分析

款式特征在于沿肩线的省道长度是一组渐变的省道，最长的省道终止于胸围线。

纸样设计与制作

图 1

- 复描前衣片纸样，标注省位 A 和 B。
- 过省尖点作前中线的垂线至侧缝线。
- 从前领中点至距省尖 2.5cm 处作剪切线为引导线，并标注 C。
- 从肩线至引导线作四条均匀平行剪切线。
- 从样板纸上剪下样板。

图 2 新样板形态

- 从前领中点剪至 C 点，再剪至省尖点。
- 闭合省线 A 和 B，并粘住。
- 向引导线方向剪开展切线，但不剪过引导线。
- 将样板放于纸上，展开剪切线并固定（前领中点会有偏离，部分引导线处出现重叠）。
- 复描样板，圆顺领口。
- 修正省尖距剪切线端点 2.5cm。
- 画省线，折叠和圆顺肩线。
- 加 1.3cm 缝份，修正最大省量的省尖，使其缝份控制在 1.3cm 以内，领口加 0.6cm 缝份。

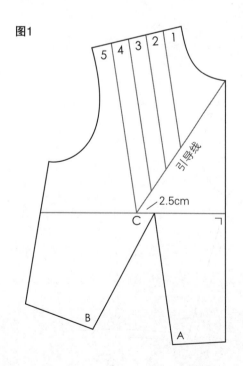

图1

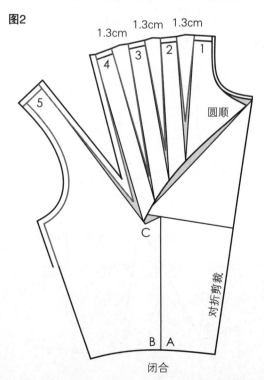

图2

集群辐射省

设计分析

款式特征在于集群辐射省起于领口,最长省位于领圈中点,并直接指向胸点。

图 2 新样板形态

- 剪开展切线至胸点,但不超过胸点。
- 将样板放于纸上,闭合省线 A 和 B,并粘住。
- 展开 D 和 E 线,使领口展开量为 1.3cm,其余省量归入领中省。
- 如图修正省尖,领中省尖距离胸点 2.5cm。
- 画省线至胸点,折叠省道,圆顺领口线。
- 描画后衣片,追加缝份,完成纸样以备试穿。

纸样设计与制作

图 1

- 复描基本纸样,标注省位 A 和 B。
- 从领圈中点至胸点作剪切线并标注点 C。
- 在 C 线上定中点,作垂线,两边各 2.5cm 处标记 D 和 E 点。
- C 点两边各 1.3cm 处确定点,分别连接 D 和 E 点至胸点。

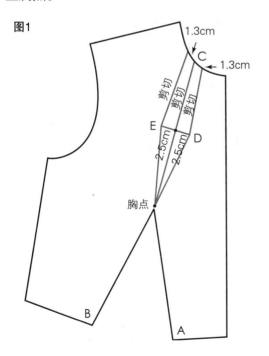

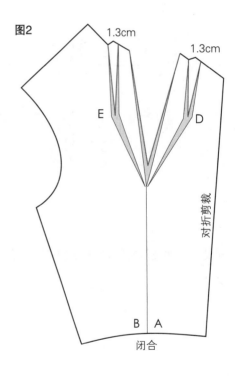

平行省

平行省可以利用省尖点或胸点和双省样板的其中一个省尖进行设计。平行省间的距离可以通过移动侧缝省尖距胸点的距离来调整。

平行法式省

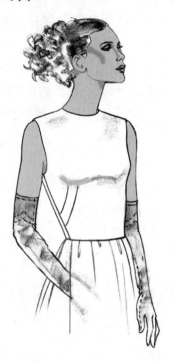

设计分析：款式 1

款式 1 的特征是一组弧线平行的法式省。通过将腰省和侧缝省转移至弧线的法式省中实现。

图2

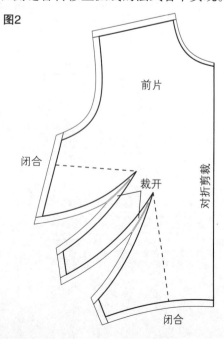

样板设计与制作

图 1

- 复描双省道前衣片样板。
- 如图从胸点至侧缝设计弧线平行剪切线。
- 从样板纸上剪下纸样。

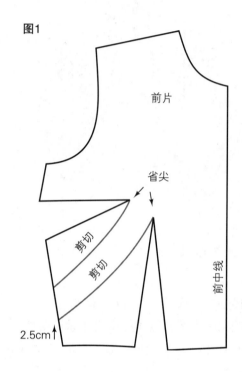

图1

图 2 新样板形态

- 剪开展切线至省尖，但不剪过。
- 闭合侧缝省和腰省，并粘住。
- 折叠省道描绘样板。
- 加放缝份，标注经向布纹线。

完成省道方法

- 给省道加放缝份 1.3cm。
- 在省道缝份重合部分，顺着省道弧线，离省尖 1.3cm 处，剪开一条 0.1cm 宽的线为隙状省道。
- 用后衣片基本样板，完成纸样以备试穿。

平行领省

设计分析: 款式 2

平行弧线省始于颈侧点，领深 7.6cm。

样板设计与制作

图 1

- 复描双省道前衣片。
- 从腰省省尖至颈侧点作弧形剪切线,在胸点作十字标记。
- 从侧缝省尖至肩线作平行剪切线,并描画弧形领圈。

图1

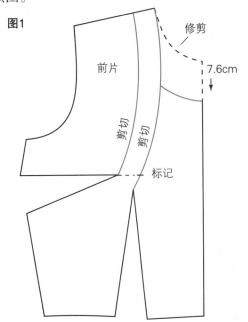

图 2

- 修正领口贴边并从样板上剪下。
- 利用所给尺寸,将样板纸折叠描绘样板。
- 加放缝份。

图2

贴边: 在对折纸上复描

图 3

- 剪开展切线至省尖,闭合省道,复描纸样。
- 距离原省 2.5cm 处画新省尖。
- 加放缝份并作经向布纹线。
- 为了贴边,在省道和领线相交凹凸不平部分需加放 0.6cm 缝份。

图3

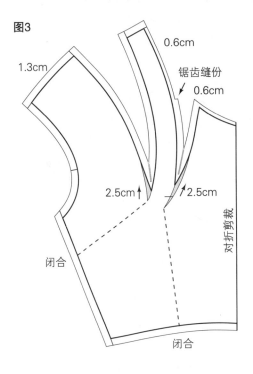

平行省——披肩效果

设计分析：款式 3

扩展肩端的造型省产生了披肩效果。领口线平行于造型曲线。

图 2 贴边

- 如图在对折的纸板上复描纸样并加放缝份。

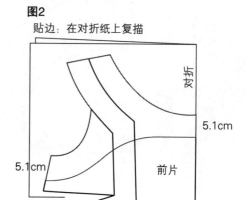

图2

贴边：在对折纸上复描

对折

5.1cm

5.1cm

前片

纸样设计与制作

图 1

- 复描纸样，延长肩线 3.2cm。
- 过省尖向上作垂线与前中线平行，并标记胸点。
- 从肩线延长点做弧线，与侧缝省尖向上的垂线相交。
- 作平行弧线与另一条垂线相交。
- 如图作领口线与弧线平行。
- 从样板纸上剪下，修顺领口线。

图 3 新样板形态

- 剪开展切线至省尖和胸点。
- 闭合省道并粘合。
- 放于样板纸上并复描。
- 向上 2.5cm 处标记省尖。
- 描画省线，并作打孔标记。
- 如图作经向布纹线和加放缝份。

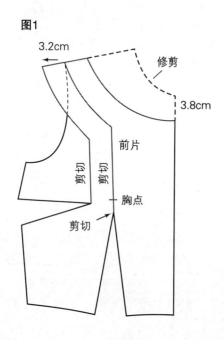

图1

3.2cm

修剪

3.8cm

剪切　剪切

前片

胸点

剪切

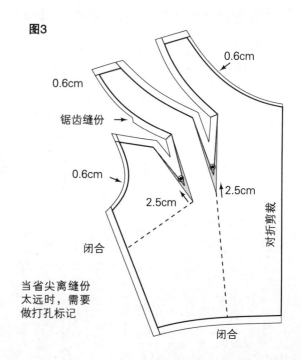

图3

0.6cm

0.6cm

锯齿缝份

0.6cm

2.5cm

2.5cm

对折剪裁

闭合

当省尖离缝份太远时，需要做打孔标记

闭合

平行省变形设计

　　将平行省款式作为习题操练，只有实现了纸样与款式效果图的完全一致，才是正确的样板。

款式1　　　　　　　　　　　　　　　款式2

款式3　　　　　　　　　　　　　　　款式4

非对称省

　　非对称省道超过了服装的前中线，彻底改变了原有工具样板的样板形态。正如所有两边不同的款式，非对称省道需要用特殊样板来处理和确认。比较每一款式的样板形态，剪裁基本后衣片完成纸样设计，准备试穿。

- 需要左右完整的前衣片纸样。
- 有必要标注正反面说明。
- 模板样板上的固有省道可能会干扰造型省的设计，若如此，在纸样设计前，原有省道应被临时转移至其他省位（如袖窿中部）。由于省道的特有形态和位置，对每个纸样，加放缝份方法如图所示（领圈缝份为 0.6cm，肩线、袖窿和腰围线处为 1.3cm，侧缝为 1.3~1.9cm ）。

非对称辐射省

设计分析：款式 1

　　款式为戽斗式领形，两省始于同侧腰端，形成开花省。先将腰省转移至不影响造型省设计的袖窿中点位置，初学者可以使用基本领口形态（蝴蝶结没有图示说明）。

纸样设计与制作

图 1

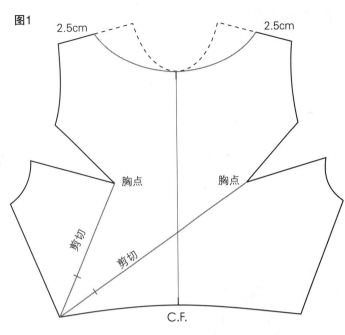

图1

- 对称复描样板,将腰省转移至袖窿中点省位处,画领口线。
- 剪下样板并展开。
- 从胸点侧腰点作剪切线。
- 从每个剪切线的端点向上 7.6cm 处作十字标记,标示开花省的长度。

图 2 新纸样形态

- 剪开展切线至胸点,但不超过胸点。
- 闭合省道,粘合并复描。
- 标注正面,画经向布纹线和加放缝份。

开花省

- 在每个十字标记点下方经过打开的省道作缝份 1.3cm。
- 从样板纸上剪下样板(虚线表示省量闭合的部位)。

图 3

- 为了完整纸样,复描后衣片,从肩端点向里进 5.1cm 处向下 0.6cm 作线至后背中心。
- 留有省量在肩线中被修正。
- 完成样板用以试样。

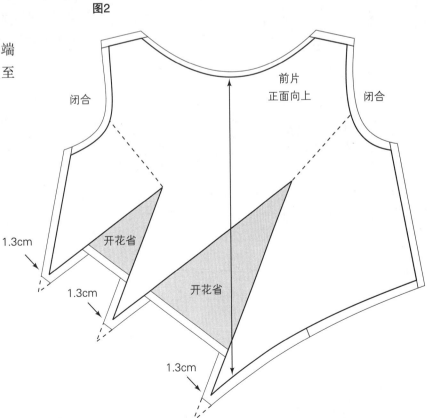

图2

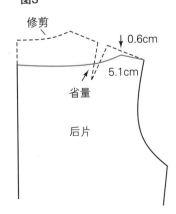

图3

非对称弧线省

款式2

款式1

设计分析: 款式 1

款式 1 的特征是弧形省道横跨前中线。一个省道位于袖窿线,另一个位于腰围线。在设计造型省前,先将腰省转移至袖窿中点处。

图2

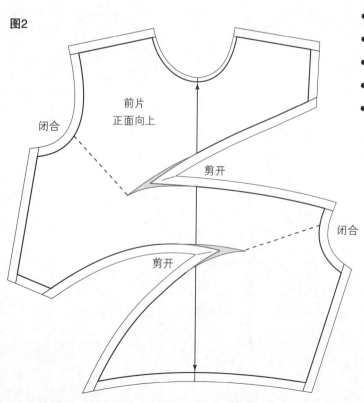

纸样设计与制作

图 1

- 对称复描前衣片样板,转移腰省至袖窿中点处,剪下样板并展开。
- 从胸点至腰围作弧线。
- 从胸点至袖窿作平行线。

图1

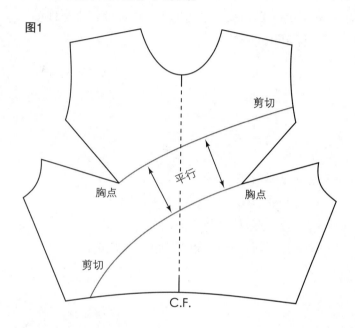

图 2 新样板形态

- 剪开展切线至胸点,但不超过胸点。
- 闭合省道,粘合并复描。
- 修正省尖点距胸点 2.5cm,重新描绘省道线。
- 标注正面,加放缝份,作经向布纹线。
- 完成纸样,准备试穿。

非对称省的变形设计

该系列款式用于习题操练,款式3和4是为高年级学生提供的,只有实现了纸样与款式效果图的完全一致,才会是正确的样板。

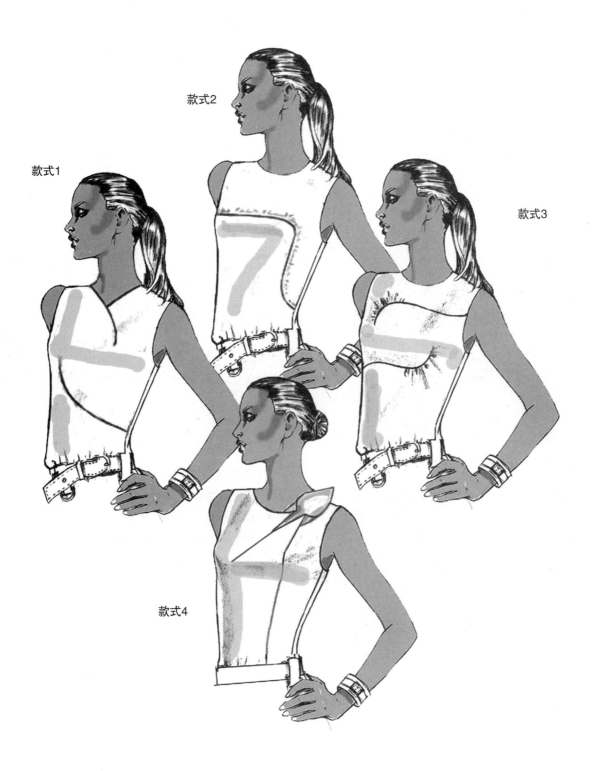

相交省

　　相交省类似于非对称省和省道的等效变化。省道穿越前中心线并相交。为了完成设计，需用基本后衣片。贴边的成型请参见第 16 章。

腰部相交省

设计分析：款式 1

　　省道被做成 "V" 形折裥，领口线被修剪过。

图2

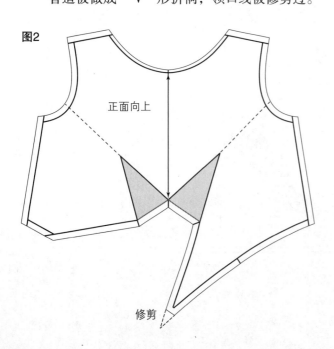

纸样设计与制作

图 1

- 对称复描前片纸样，将腰省转移至袖窿中点处。
- 在肩部从颈侧点开大领圈 2.5cm 作领圈线，画顺前领圈。
- 剪下样板并展开。
- 如图作剪切线在前中线相交。

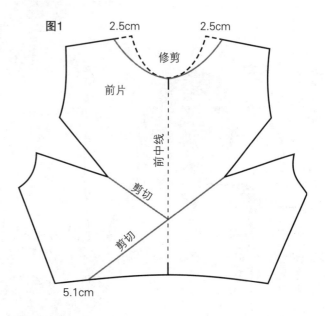

图 2

- 剪开展切线至胸点，但不剪过胸点。
- 闭合省道，并粘合。
- 折裥：折叠省道而形成。
- 加放缝份，做折裥刀眼。
- 作经向布纹线，标注正面。
- 从样板纸上剪下样板。

图 3

- 复描后衣片基本领圈，从颈侧点沿肩线进 2.5cm 处作后领圈至背中点向下 1.3cm 处。

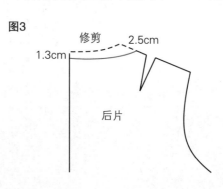

含抽褶的相交省

图 1

- 对称复描前衣片,将腰省转移至袖窿中部。
- 剪裁纸样并展开。
- 从省尖至侧腰,经过胸点下方 7.6cm 处,设计造型线。
- 为抽褶作剪切线。
- 距离抽褶两边 1.3cm 处作刀眼标记以控制抽褶。

设计分析:款式 2

款式 2 的特征在于造型省横跨前中线至对侧腰线上部,抽褶(省道的等效变化)形成于胸点下方。

图1

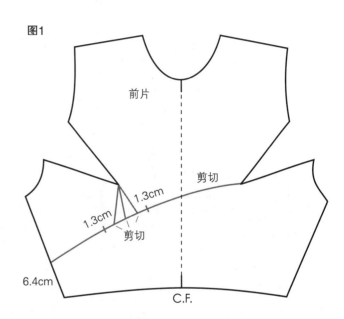

图2

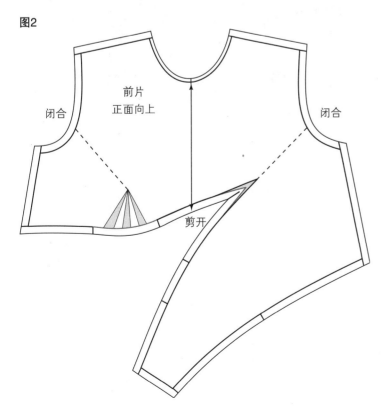

图 2

- 剪开展切线至省尖,但不剪过。
- 闭合省道并粘合。
- 放于样板纸上,均匀展开抽褶量并复描。
- 离胸点 1.3cm 处修正省尖并画省线。
- 加放缝份,圆顺褶线部分。
- 画经向布纹线,标记刀眼,标注正面。
- 从样板纸上剪下。
- 复描后衣片,完整纸样以试穿。

相交省的变形设计

相交省款式用于习题操练，只有实现了纸样与所呈现的款式效果图完全一致的效果，才是正确的样板。

款式1　　　　　款式2　　　　　款式3　　　　　款式4

款式5　　　　　　　款式6　　　　　　　款式7

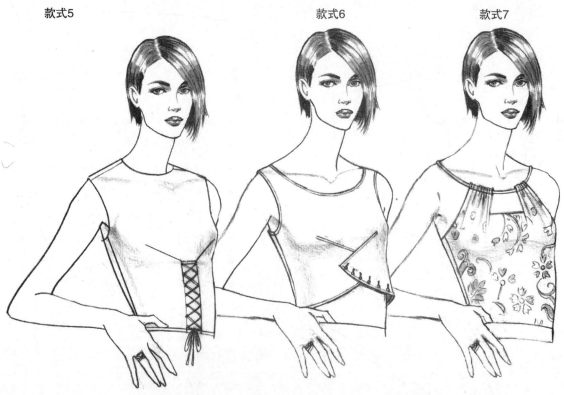

分割线

概 论

分割线有两类：即通过胸点和不通过胸点的分割线。本章所讨论的分割线是通过胸点的分割线，分割线替代了省线。在缝合线间含有省量的分割线控制了服装的合体度，正如原理 #1 推论中所讨论的称为省道的等效变化。经过省道处理，尽管多片纸样的形态发生了变化，但服装原有的尺寸和合体度没变。

不经过胸点的分割线不是省道的等效变化，本章的相拼分割线设计款式代表了这种类型，并以此说明两类分割线间的差异。关于贴边说明，请参见第 16 章，其他款式变化在书中都有阐述。

经典公主分割线

应该建立一个经典公主分割线净样工具样板，因为它是其他款式变形的基础。所有造型分割线款式参考的缝份加放方法，请参见 125 页。

设计分析

经典公主分割线造型分割线始于前后片的腰省，穿越胸点和肩胛骨，止于肩中点的省道（为了优化分割线造型，省尖位置可以变化）。分割线（省的等效变换）替代了省道，纸样设计可以基于单省道或双省道的样板进行（本例采用了双省道样板作图解说明）。款式中的泡泡袖将在第 14 章中阐述。

纸样设计与制作

图 1 前衣片
- 复描双省道前衣片纸样。
- 从肩线中点(与后衣片肩省同位)至胸点,再从胸高点至腰省作分割线。
- 胸点上下 5.1cm 处作控制胸部松量的十字标记。
- 从胸点至侧缝省尖作剪切线。

图1

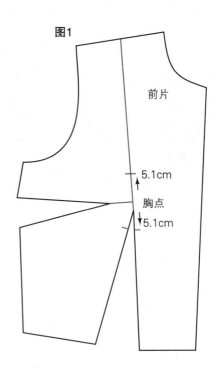

前片

5.1cm

胸点

5.1cm

图 2 分离样板

- 距离胸点（新的旋转点）1.9cm 处作十字标记并标写 X。
- 沿分割线剪切,分离样板。

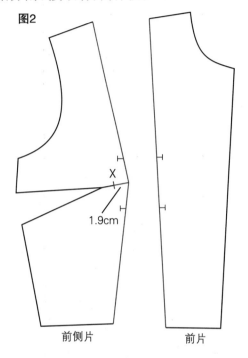

图2

1.9cm

前侧片　　　前片

图 3 侧胸松量

- 从胸点和省尖点剪开展切线至点 X,但不剪过。
- 闭合侧缝省并粘合（这样为侧胸提供了胸部松量）。

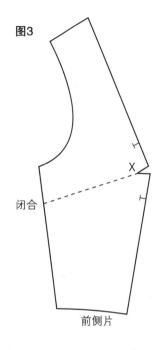

图3

X

闭合

前侧片

图 4 塑造分割线形态

- 重新复描前侧片。
- 如图勾画胸部弧线（虚线示意侧片原有形态）。

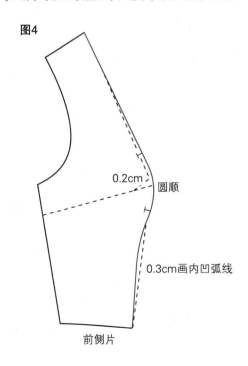

图4

0.2cm

圆顺

0.3cm画内凹弧线

前侧片

图 5 追加额外松量

- 基于单省道样板设计纸样时,如果需要更多松量,可以从胸点剪切至侧缝,展开 0.6cm 或更多量。重新复描,圆顺和塑型,参见图 4。

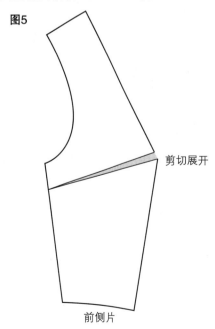

图5

剪切展开

前侧片

图 6 确认前中心片分割线形态

- 为了塑造前中心片分割线造型,将前侧片放置于前中心片上,对位腰线和胸点位置。
- 从腰线至胸点,复描前侧片分割线曲线形态于前中心片上并圆顺(虚线表示下层纸样和前中心片原有分割线形态)。
- 在比对纸样线条时,在前侧片上调整松量控制对位点。

图 7 后衣片

- 复描后衣片纸样。
- 利用裙片弧线连接肩省和腰省尖点,描画公主分割线。
- 改变肩省尖点使其与分割线顺接,重新描画省线(虚线表示原来省道)。
- 在分割线上十字标记省尖。

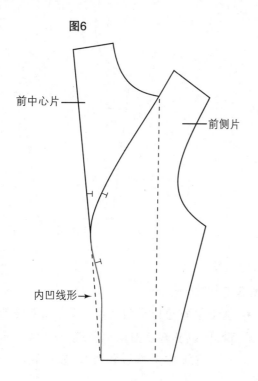

图6

前中心片

前侧片

内凹线形→

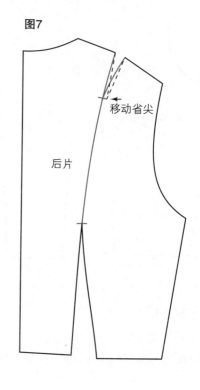

图7

移动省尖

后片

图 8

- 剪切和分离样板。
- 将完成的前后片经典公主分割线样板作为净样工具样板。

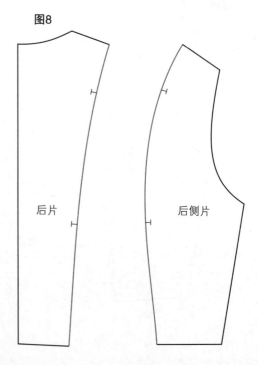

图8

后片

后侧片

图 9 完成的样板

- 如图完成纸样。
- 在上衣侧片中间作经向布纹线。

图9

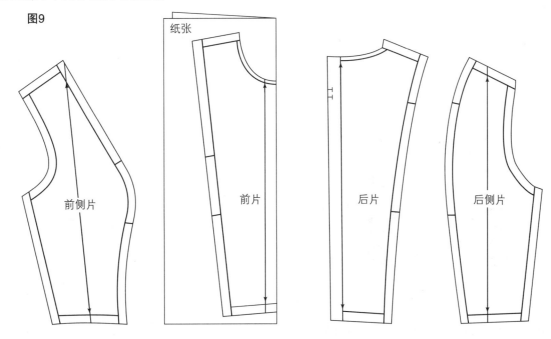

纸张

前侧片　前片　后片　后侧片

经典公主分割线变形设计

　　下列款式基于经典公主分割线变化而来。作为练习，请为这些款式设计纸样或创意其他变化。如果是高年级学生，可以运用经典公主分割线样板，或从基本样板开始设计款式样板。记住，应根据款式图上所呈现的结构，在纸样上准确设计造型分割线，所完成的纸样形态应能完美地体现每个款式结构，如果没能达到要求，说明分割线定位有问题，请再试一次。

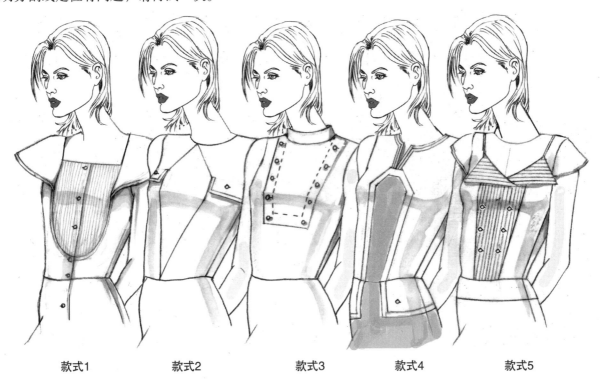

款式1　　款式2　　款式3　　款式4　　款式5

袖窿公主分割线

设计分析

　　袖窿公主分割线款式是经典公主分割线的一种变化形式,其特征是分割曲线经过前衣片胸点和后衣片肩胛骨,再到达袖窿中部。可以运用双省纸样模板进行设计,将侧缝省转移至袖窿中部形成曲线省(即造型分割线)。

图 2 后衣片

- 复描并剪裁后衣片,将肩省量转移至袖窿中部,这将被转移到造型分割线内。
- 从腰省尖向上 5.1cm 处画一条参考线,并作十字标记。
- 重复上述方法,从十字标记至袖窿中部,画出造型分割线。

纸样设计与制作

图 1 前衣片

- 复描并剪裁前衣片。
- 从腰线和侧缝省尖至胸点画线条,距离胸点 1.9cm 处作十字记号并标写 X。
- 从胸点至袖窿中部画一条直线(袖窿中部位置沿袖窿可以适当变化)。
- 在引导线的中点向上 1cm 作标记。
- 从袖窿中部至胸点画弧形造型分割线,从腰部顺延省线至胸点。
- 在胸点上下各 5.1cm 处作十字标记以控制胸部松量。

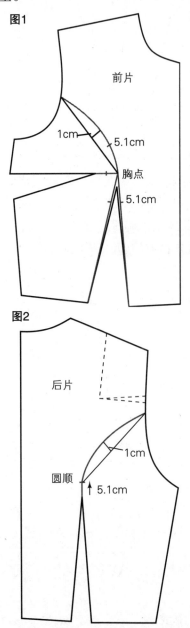

图1

图2

图 3 前衣片

- 沿造型分割线剪裁并分离纸样。

图3

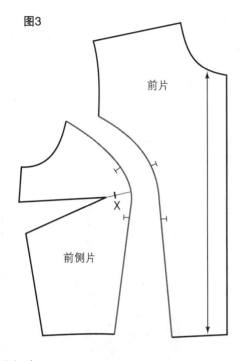

图 5 后衣片

- 沿造型分割线剪裁并分离纸样。
- 为了消除袖窿中部省量,沿后衣片的造型分割线画省道的长度和宽度(如虚线所示),修剪纸样的多余量。

图5

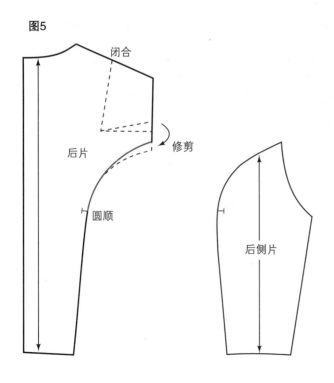

图 4 侧衣片

- 运用公主线的操作说明,完成侧衣片的分割线造型(参见 123 页的图 4)。

图4

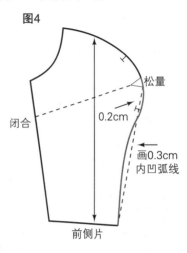

图 6 修正和圆顺

- 从腰部至袖窿修正纸样相关造型分割线,如果拼接线在袖窿处不圆顺,则在较短的纸样袖窿处添加纸补偿短缺的部分,粘住两边并固定。
- 如图均匀地修正短缺和多余的量,圆顺袖窿。

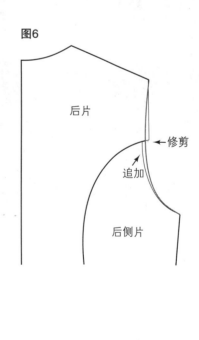

袖窿公主分割线变形设计

下面的练习是基于袖窿公主分割线变化而得到的款式，请设计和创意其他变化和纸样，所完成的纸样形态应能完美地体现每个款式的效果，如果没

能达到要求，说明分割线定位有问题，请再试一次。在设计纸样时，请记住在样板上所画的线条与款式图上所呈现的位置相一致。用双省模板纸样进行设计（高年级同学也可以用袖窿公主线模板纸样）。

款式1　　款式2　　款式3

款式4　　款式5

相拼分割线

相拼分割线不属于省道的等效变化，因为分割线不通过胸点，而是原有省道决定着服装的合体度。

设计分析

相拼分割线从前、后衣片的腰围线延伸至袖窿中点没有经过胸点，短小的侧缝省道中断了相拼分割线，相拼分割线能变化设计出其他款式。

纸样设计与制作

图 1 和 2

- 复描前、后衣片的双省样板和所有标记。
- 描画前、后衣片的样板。
- 作剪切线至胸点。
- 标记袖窿中部位置。
- 如图从前、后袖窿中点向外 1.3cm 处作垂线至腰围线，设计相拼分割线。
- 画弧线至袖窿。

图1

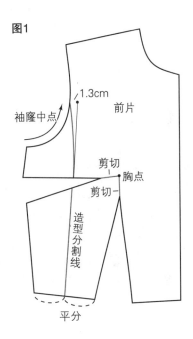

图2

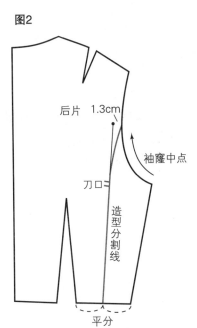

图 3
- 沿造型分割线剪切分开后衣片纸样。
- 距离后中线 2.5cm 处画布纹线。

图3

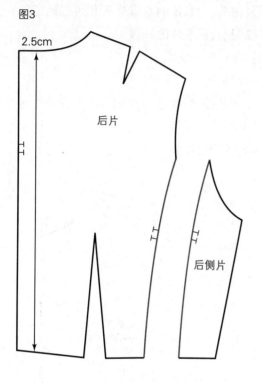

图 4
- 沿造型分割线剪切分开前衣片纸样。
- 闭合前侧片侧缝省道,作闭合位置刀眼。
- 闭合腰省,如图完成省线。

图4

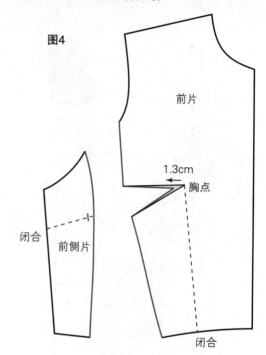

图 5
- 将前、后侧片放在一起并粘合描画,消除侧缝。
- 如图过侧片中心作布纹线。
- 如图在腰线和袖窿处作刀眼标记。
- 完成纸样并试穿。

图5

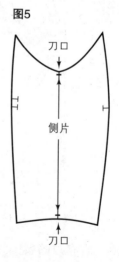

相拼分割线变形设计

下列款式的练习是基于相拼分割线纸样而来的，请用基本纸样设计这些款式纸样或创意其他变化，优秀的样板师可以用相拼分割线模板纸样进行设计，制作样板时，要根据款式效果图确切设计造型分割线，完成的样板形态应与每款设计相符，否则，应找出问题所在，再试一次。

款式1

款式2

款式3

款式4

加放松量
（原理#2）

加放松量：（原理 #2 ）

原理： 当需要增加的服装松量大于省量所能提供时，可在所需位置通过剪切和展开方法进行，此时必定增大了纸样边框的长度或宽度。

推论： 纸样边框外围的增加导致服装面料用量的增加，最后改变了服装廓型。

加放松量的三种方法

纸样加放松量可选用如下三种方法：

等量加放　将纸样的两边等量展开，使上下同时增量。

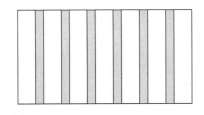

单边加放　纸样的一边展切增量，使上下边成弧形。

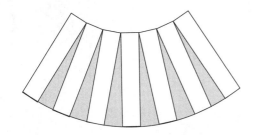

非等量加放　纸样的一边展切量大于另一边，使上下边成弧形。

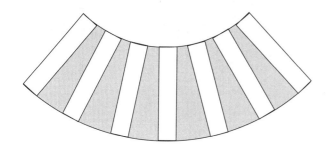

请比较加放松量后的服装与原有基本服装外轮廓上的差异。

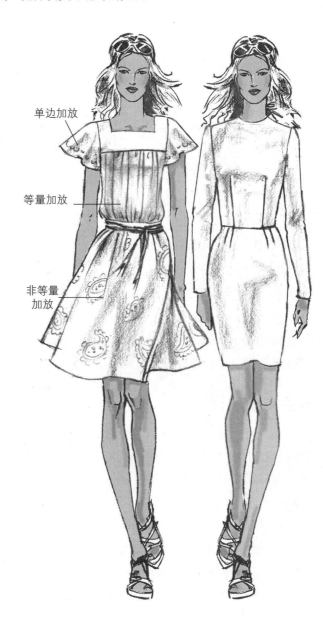

单边加放

等量加放

非等量加放

松量加放的确认

来自基本省道的松量总是对准胸点，因此，服装是否增加额外松量，可以根据如下情况确认：松量横跨服装的长度或宽度（图1）；松量由胸部引出（图2）；服装的廓型被扩大（图3）。松量以抽褶、折裥、悬垂、垂褶或波浪等形式呈现；可以是水平的、垂直的或带有角度的；可以是等量加放、非等量加放或单边加放；必要时，省道可以成为松量的一部分。

加放松量可与省道处理（原理#1）和合体廓型技法（原理#3）结合考虑（案例在书中将有阐述）。

样板师可以通过绘制草图，推敲松量加放所需要的方法。当样板师不能把握设计师的设计意图时，最好在纸样设计前进行沟通。

加放松量的纸样设计方法

根据款式松量所需要的方向（水平、垂直或带有角度），只要在样板区域内作一系列直线剪切线，松量就可以通过设计加放。在准备设计纸样时，每一条剪切线的起始与终止位置由款式丰满度的区域所决定，省量往往被融入加放的松量中。

松量加放的计算公式

要决定松量加放多少，需要考虑面料的种类。轻薄松散的梭织面料（如棉和雪纺）比厚重紧密的梭织面料需要更多的松量，以66cm的腰围为例，松量加放的量可以等于：

- 1.5 倍加放量（66cm+33cm=99cm）
- 2 倍加放量（66cm+66cm=132cm）
- 2.5 倍加放量（66cm+66cm +33cm=165cm）

为了帮助训练读者对不同松量外观的视觉效果，建议用25cm的基本尺寸为例进行松量加放实验，根据每一种加放公式，每一案例作品完成的尺寸也是25cm，保存实例，用以今后判断作参考。

图1

图2

图3

公主线上的抽褶

款式2　　款式1

设计分析：款式 1

　　在造型分割线的两边和前衣片的侧缝处，位于腰围至下胸围，如图增加了平行松量，形成了公主线上的抽褶款式。款式 2 为实战练习题。

纸样设计与制作

图 1

- 复描公主分割线前中片和前侧片纸样，标注布纹线。后衣片未做图示说明。
- 在抽褶位置作剪切线，给每个剪切片标序列号，从样板纸上剪下。

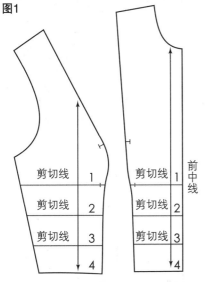

图1

公主分割前侧片　　公主分割前中片

图 2、3

- 在样板纸上标注经向布纹线。
- 剪开展切线，展开样板。
- 在前中线对折的样板纸上放上剪开的纸样裁片，将布纹标注线为引导线对齐纸样，根据 1.5 ∶ 1 或 2 ∶ 1 的比例等量展开纸样（阴影区域）。固定纸样裁片。
- 复描样板轮廓线，圆顺造型分割线。描画经向布纹线，完成纸样做试穿。

图2

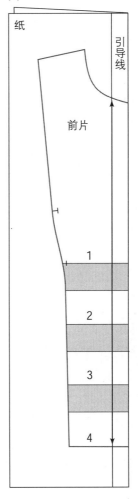

图3

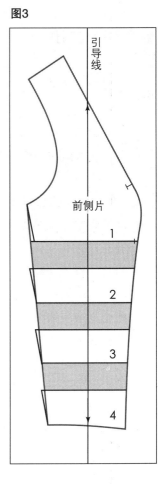

胸部半育克的抽褶

款式1　　款式2　　款式3

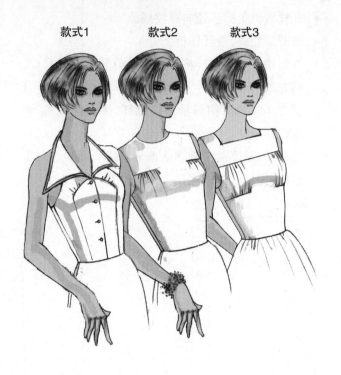

设计分析

　　款式 2——有一条小而短的造型分割线控制着抽褶量，起点位于胸部上方，终点位于袖窿中部。图示表明一边需要加放抽褶量。款式1和3用于实战练习。

图1

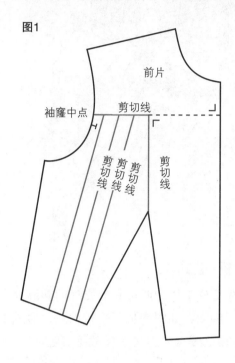

前片

袖窿中点　　剪切线

剪切线　剪切线　剪切线　剪切线

纸样设计与制作

图 1

- 复描前衣片。
- 作前中线垂线至袖窿中点。
- 作垂直剪切线至胸点，并标注 X 点。
- 沿抽褶方向作一组剪切线，从样板纸上剪下纸样。

图 2（加放的松量和过量的省间关系）

- 从袖窿中点至 X 点及从胸点至 X 点剪开剪切线，展开样板。
- 闭合腰省，重叠省尖 1.9cm，胸点边上由展切区域所产生的松量，弥补了由重叠而消除的松量。
- 剪切其余展切线至腰围的线，但不剪过腰围线。
- 将样板平放于纸上，每个剪切线处展开 1.9cm。
- 复描纸样轮廓线，并圆顺。
- 描画经向布纹线，用基本后衣片完成纸样，进行试穿。

图2

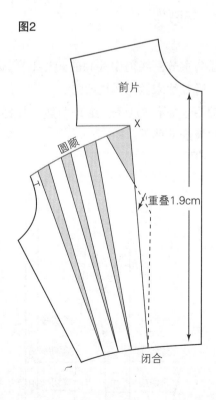

前片

X

圆顺

重叠1.9cm

闭合

省线上的抽褶

款式1　　　　款式2　　　　款式3

设计分析：款式 1

分析款式效果图并设计纸样。

纸样设计与制作

图 1a、b

- 去除肩部省量。
- 如图设计前、后衣片。
- 修剪多余量，修剪后肩线。

图 2

- 剪开省线至胸点，闭合腰省。
- 依胸型修正省线形态。
- 从纸上剪下样板，作一组剪切线。

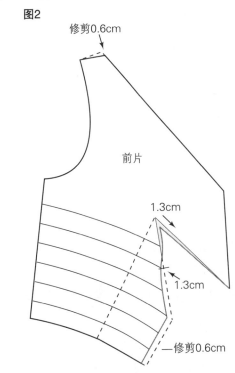

图2

修剪0.6cm

前片

1.3cm

1.3cm

—修剪0.6cm

图 3

- 剪开展切线至侧缝，但不剪断侧缝。
- 按 2：1 的比例展开纸样（复描并圆顺）。

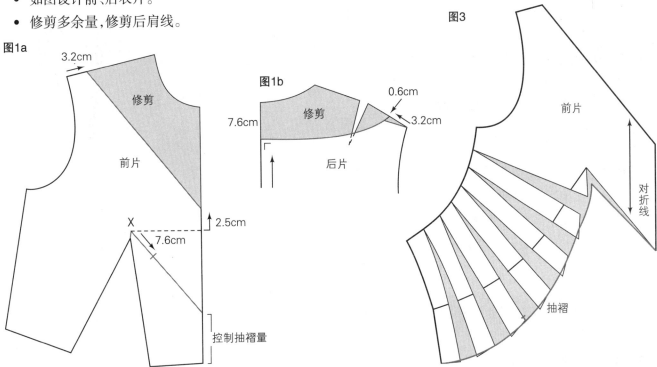

图1a

3.2cm

修剪

前片

X

2.5cm

7.6cm

控制抽褶量

图1b

7.6cm

修剪

后片

0.6cm

3.2cm

图3

前片

对折线

抽褶

造型省上的抽褶

款式1   款式2

图1

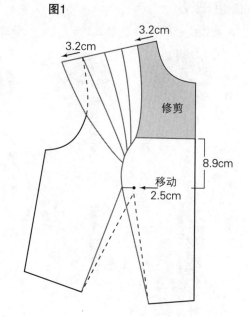

设计分析：款式 1

　　新省尖距离原有胸点 2.5cm，从胸点向外形成发射形抽褶（单边加放抽褶量）。款式 2 为实战训练题。

纸样设计与制作

图 1

- 复描前衣片，离胸点 2.5cm 重新设计弧形省线。
- 在胸围线上 8.9cm 处作前中线的垂线，垂线长等于乳间距。
- 从该点设计曲线省线至省尖，再向上顺连至肩线，距离颈侧点 3.2cm。
- 延长肩线 3.2cm，如图通过袖窿中点设计弧线至造型线。
- 作一组剪切线，修剪阴影部分的领口线。

图 2

- 剪开造型省至新省尖，闭合腰省（其中一条省线未触及腰围线），圆顺腰围线。
- 剪开剪切线至肩线，但不剪断肩线。
- 按 2 ∶ 1 的比例展开展切线。

图 3

- 复描后衣片，设计与修剪领口线。延长肩线 3.2cm。
- 完成纸样并试穿。

图2

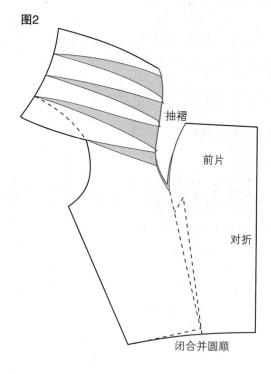

图3

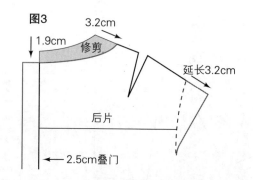

镶边抽褶

款式1　款式2

设计分析：款式 2

　　款式 2 沿镶边的边缘抽褶。省量（抽褶）发散于胸围，抽褶方向表明采用单边加放松量方法。

纸样设计与制作

图 1

- 复描前衣片。
- 设计宽为 3.8cm 的领口镶边。
- 从胸点至镶边线作 3 条剪切线，距离前中线向上 5.1cm 处作刀口标记。
- 如图作其他剪切线。
- 从纸上剪下样板。

图1

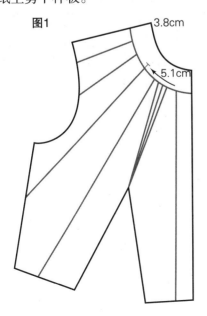

图 2

- 从纸样上剪下领口镶边。
- 剪开剪切线至样板的轮廓线或胸点，但不剪过，闭合省线。
- 按需求展开需增加的松量。
- 复描和圆顺展切区域。

图2

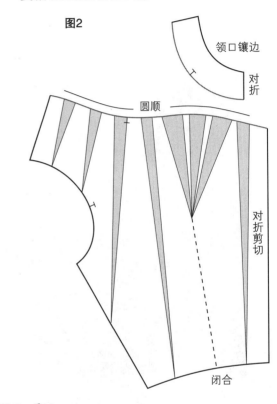

图 3a 和 b

　　后衣片：复描后衣片，描画领口镶边。

- 在后背中心延伸 2.5cm 叠门。
- 分离样板，画经向布纹线，做刀眼标记，完成纸样，进行试样。

图3a　　　　图3b

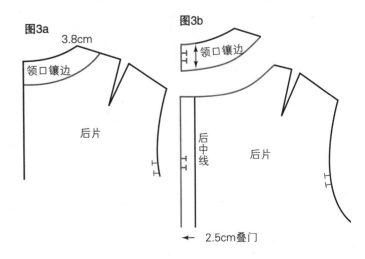

加放松量的变形设计

下列的款式为加放松量的实战练习题,请为每款设计纸样,或作其他变形设计。思考哪一款需要追加松量?
完成的纸样应与款式设计相符,否则,找出问题所在,再试一次。

宽松衫基本样板

宽松衫是一种从胸下至踝部拥有悬垂松量效果的服装。松量可以通过以下的任何一种方法来调节：

- 衬里剪裁短于外层部分的成品长度（款式3）。
- 在腰部用腰带束住宽松衫（款式1）。
- 用松紧带或绳带作调节（在服装结构内）。
- 用一条小于臀围尺寸的分离上下衣服的下摆克夫或腰带（款式2）。

宽松长上衣的基本样板是在原型样板框架和廓型基础上，通过加长和加宽获得的，主要应用了原理#2，并结合了省量操作的方法（原理#1）。在长度上为了获得蓬松悬垂效果，往往需要增加双倍所需效果的松量。例如，期望得到3.8cm的蓬松悬垂量，则需要增加7.6cm的量。

款式1、2和3正是长上衣风格类型的服装案例，款式1例举了调整宽松量的方法和增加放松量的方法。款式2和3作为实战训练题。

款式1　　　　　　款式2　　　　　　款式3

修正成的宽松衫
纸样设计与制作

图 1 和 2

- 复描双省道前衣片和后衣片。
- 在前、后腰围线向下 3.8cm 或更多的地方，作一条平行于腰围线的下摆线，以形成蓬松悬垂所需松量，产生宽松长上衣效果。
- 从下摆向上至袖窿作垂线。

- 在前、后侧缝处向外量取 3.8cm 或更多量，画一条从下摆至袖窿的直线，为了修正前衣片的侧缝省，折叠省道，从下摆至袖窿画直线（参见第 10 页）。
- 完成纸样并试样。

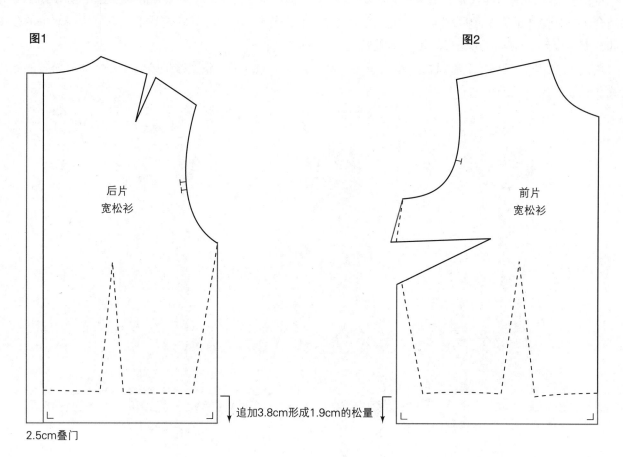

图1

后片
宽松衫

2.5cm叠门

追加3.8cm形成1.9cm的松量

图2

前片
宽松衫

展开松量的宽松衫
纸样设计与制作

图1和2

- 复描前、后衣片,并标出背宽线(HBL)。追加理想长度。
- 从袖窿弧底向上约7.6cm(图1)至前、后腰围线作剪切线。
- 从腰省尖和肩省尖作剪切线交于背宽线(图2)。

图1

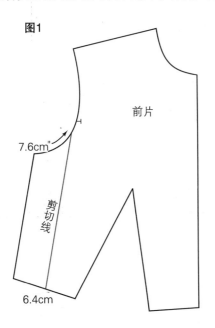

图2

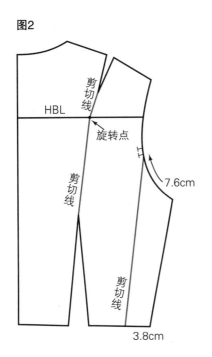

图3和4

- 剪开展切线至袖窿(前片)和旋转点(后片),但不剪过。
- 闭合后衣片肩省。
- 将样板放于纸上,展开展切片3.8cm(可变化),固定纸样并复描。
- 在前、后衣片间,为了平衡松量,对后衣片的侧缝增加2.5cm。
- 增加所期望的长度(例如:腰围线下面增加5.1cm,就可拥有2.5cm的蓬松悬垂效果)。
- 完成纸样并试穿。

图3

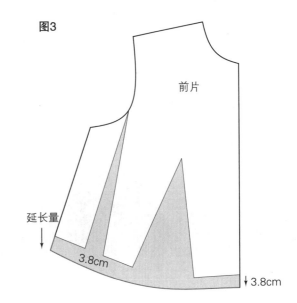

图4

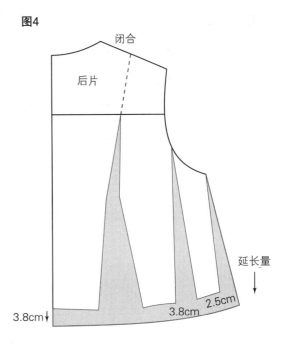

第**8**章

育克、冒肩、塔克和折裥塔克

衣片育克

　　上衣育克指为使肩部合体而作的衣片上部的分割片。分割片与下面衣片相缝合,其缝合线即育克分割线,可以水平或各种造型线形式呈现。育克分割线可以设置在胸围线的上方或后衣片的背部及肩胛骨等处。育克线可以抽褶、折裥或平接缝合连接,作为一种设计元素,在许多服装款式中都能找到育克。设计衬衣时,专门有关于育克的设计步骤,育克的款式变形设计请参见 148 页。

设计分析:款式 1 和 2

　　育克系列包含前衣片育克(如款式 1)和后衣片育克(如款式 2)。款式 2 的图解说明了与育克相连的可以是箱型内翻折裥或抽褶(如 147 页的图 5 或款式 3 的图 1)。

款式1　款式2

前衣片基本型育克——剪切和展开
纸样设计与制作

图1

- 复描双省道前衣片。
- 从前领中点向袖窿方向 6.4cm(可变化)作一条垂直育克线。
- 从中点平行于前中线至育克线作一条剪切线,再从侧缝省尖至胸点作剪切线。如图作刀眼剪口。
- 从前中线外延 2.5cm 作叠门(参见第 16 章)。
- 在育克线上剪切线两边各 3.8cm 处和腰围线省道两边各 3.8cm 处作刀眼剪口。

图1

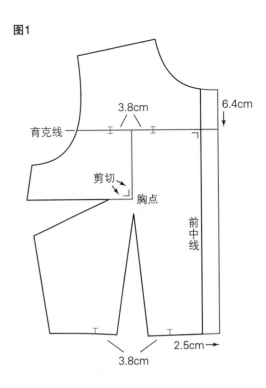

图 2

- 剪开育克线,分离衣片纸样。
- 剪开剪切线至胸点,但不剪过胸点。
- 闭合侧缝线省道并粘合,复描纸样。
- 圆顺抽褶区域。
- 作布纹线,完成纸样并试穿。

图2

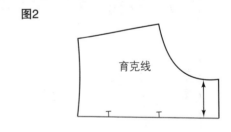

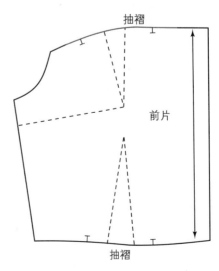

后衣片基本型育克——旋转和转移

　　后衣片育克是没有肩省的，后衣片省量被转移到袖窿中，省量可以保留在袖窿（以少量空隙）或在袖窿的育克线中剪裁消除。用这种方法进行款式 2、3 和 4 的纸样设计。

纸样设计与制作

图 1

- 与后中线相交作垂线至袖窿中部，或在背长四分之一处作后中线垂线。如果样板上有背宽线，就直接利用。
- 从省尖作线至育克线，交点为旋转点，分别标写 A、B、C、D。

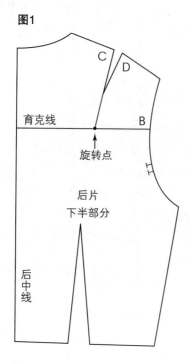

图 2

- 将纸样放于样板纸上，用图钉在旋转点固定。
- 在样板纸上标记育克线 A 和 B。
- 复描纸样从 A 点至省点 C 并延长至育克线（阴影部分）。

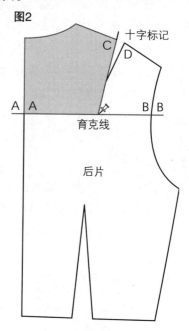

图 3

- 旋转纸样使省点 D 重合于样板纸上十字标记。
- 复描剩余纸样从省点 D 至 B 点，将育克线 B 点在袖窿线上标写 E，然后移去样板。

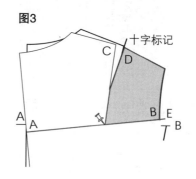

图 4

- 连接 A、B 直线，（E 与 B 间的距离即为省量），需要消除省量，请参见 147 页图 5。

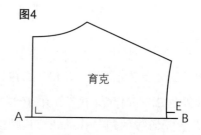

拥有箱型内翻折裥的后衣片育克

图 5

- 从育克线（AB）至腰围线复描纸样，标记旋转点并移走纸样。
- 从 A 至 B 画育克线。
- 从 B 点向下作与 EB 等量的点（图 4）并修剪。

内翻折裥

- 将后衣片纸样加宽 7.6cm。
- 在后中线和 3.8cm 折裥对折处作刀眼标记。对折剪裁或在后中线加放缝份。

拥有松量 / 抽褶的后衣片育克

款式3

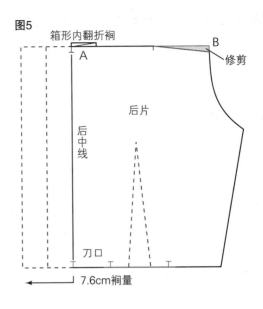

设计分析：款式 3

松量以抽褶形式横跨了款式 3 的后衣片育克，育克线的形成请参见 146 页图 1、3 和 4 的说明。

纸样设计与制作

图 1 育克抽褶

- 复描后衣片下半部分，背中线处加宽 7.6cm 或更多量做抽褶，腰省量（虚线）融入了抽褶中。对本款式，A 至 B 是直线。
- 作后中点和抽褶标记。

注：对于造型育克、尖点育克或弧线育克，作剪切线并展开下半部分的抽褶量（未作图示）。

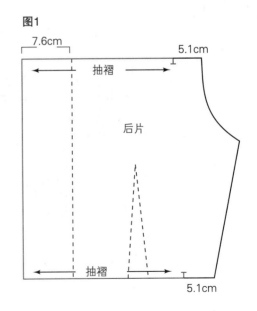

拥有活褶的后衣片育克
纸样设计与制作

图 1

- 距 A 点 6.4cm 处（可变化）十字标记 B 点。
- 距 C 点 7.6cm 处（可变化）作标记 D 点。
- 连线 B 和 D。
- 从 B 点剪至 D 点，但不剪断 D 点，展开 7.6cm 作为褶量（阴影区域）。
- 从省端点两边各 2.5cm 处作活褶控制标记（虚线表示省道）。

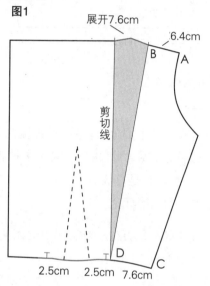

图1

款式4

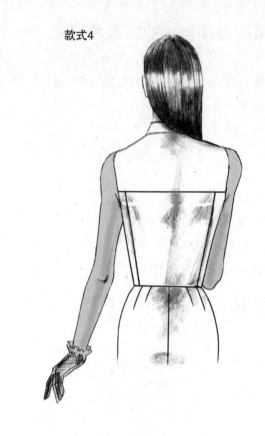

设计分析：款式 4

款式 4 的特征在于折褶位于离袖窿 6.4cm 处的育克线上。育克线的形成，请参见 146 页图 1、2、3 和 4 的说明。

育克款式变化

将育克款式变化作为实战训练题，只要结果能准确传递每款的设计特征，则表明所完成的样板是正确的。

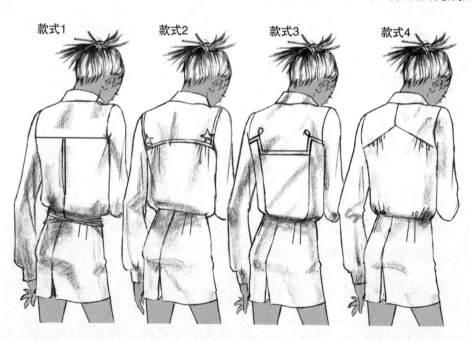

款式1　款式2　款式3　款式4

冒　肩

　　冒肩是服装延续的拓展或其中的一部分。它可以与服装衣片为同一裁片或分离裁片，以设计形态相缝于造型分割线。沿着肩线或在服装的任何部位可以设计冒肩效果，位于肩线的折叠冒肩不会在袖窿弧线范围内有悬垂效果，它会改变袖窿的合体性和服装的外观。

设计分析：款式 1

　　款式 1 的冒肩位于肩端点，利用省道量产生设计效果。在控制肩部松量效果时，可以将冒肩作为折裥折叠（图 1）或作为塔克省部分缝缉（图 2）。

纸样设计与制作

图 1 折裥式冒肩

- 复描前衣片纸样，将省道转入肩端。
- 折叠冒肩，内折部分倒向前中线。
- 在省端点及省中点的对折点作刀眼标记（看图示圆点位置）。

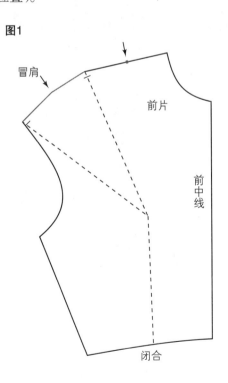

图1

省量冒肩

款式1

图2

塔克式折裥冒肩

- 在省线向内 3.8cm 处修剪余量。
- 为省线和缝份作标记。

缝缉说明

　　折叠省线，将内缝线缝合，沿折叠线缝缉明线 2.5cm，再在服装正面沿省线缝缉 10.2cm。

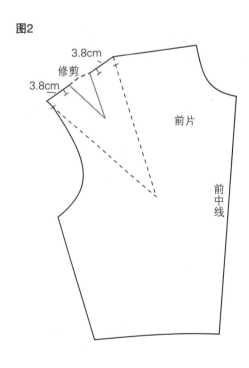

图2

至腰冒肩

通过加放松量（原理 #2）而不是使用省量形成冒肩。

设计分析：款式 2

款式 2 前、后片的冒肩是自身互连的，不与肩缝相连。冒肩从肩端点向外稍作延伸。

纸样设计与制作

图 1 和 2

- 复描前、后衣片纸样，将肩省转入袖窿中。
- 距离前、后片的肩端点 2.5cm 处标记 A 点。
- 从侧腰点向内 7.6cm 处作标记 B 点。
- 从 A 至 B 作剪切线定位冒肩位置。
- 从样板纸上剪下纸样。

款式2

图1

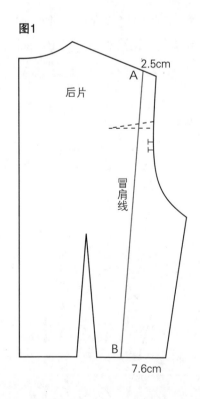

图2

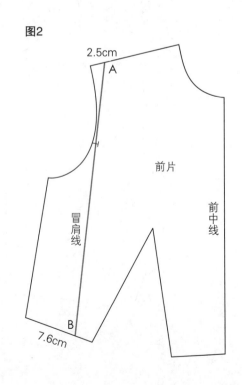

图 3 和 4

- 从 A 至 B 剪开剪切线，但不剪断 B 点。
- 放于样板纸上，为 3.8cm 的冒肩展开 A 点 7.6cm（阴影区域）。
- 复描纸样。
- 作直线至展开点 A。
- 从展开中心向下 7.6cm 和缝缉线内 0.3cm 处打孔和画圈作缝制指示标记（由于面料上打孔会损伤面料，因此可在服装正面需要打孔的部位用粉笔或铅笔做记号）。
- 在前中线向外延长 2.5cm 处作纽洞和纽扣的叠门线，详见第 16 章。
- 作布纹线，完成纸样并试样。

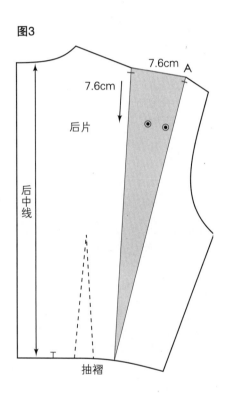

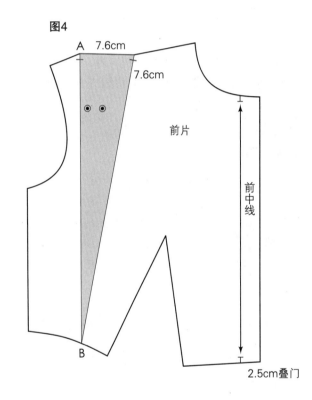

嵌片式冒肩
设计分析：款式 3

嵌片式冒肩是通过嵌入一片造型插片于衣身分割线中形成的。

纸样设计与制作

图 1 和 2

- 复描前、后衣片。
- 在腰围线上距离省线 2.5cm 处标记 A 点。
- 距离前、后片肩端点 1.3cm 处标记 B 点。
- 连接 A 和 B 点作剪切线。
- 为前、后片的冒肩测量 A 至 B 的长度，并记录 _____。
- 圆顺至剪切线 B 并重新描画袖窿线。
- 在前、后片的腰线处，相距中心线 5.1cm 处作控制抽褶的刀眼标记。
- 从后中线向外作 2.5cm 的叠门线。
- 修剪袖窿的阴影部分。

款式3

图1

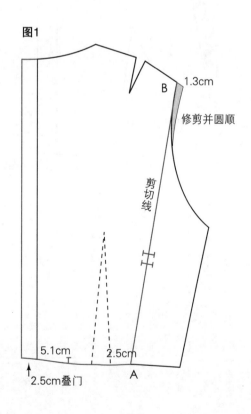

图2

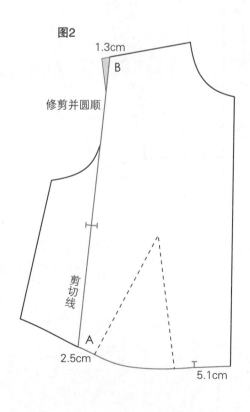

图 3 和 4

- 剪裁和分离衣片纸样。
- 如图画布纹线。

图3

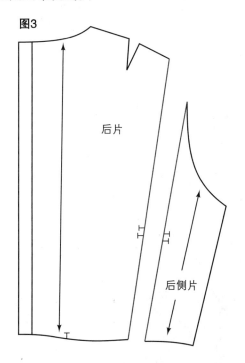

图4

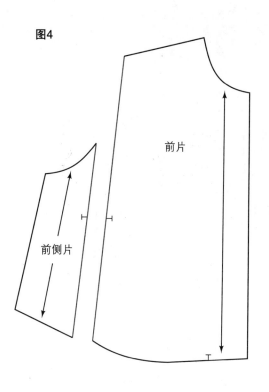

图 5 冒肩

- 在样板纸上作一条垂线,长度等于前、后片冒肩所需长度。
- 量取前衣片 AB 长度,十字标出肩端点位置(标写 B),将纸对折。
- 过 B 点作对折线的垂线,其长度为冒肩宽(例如 7.6cm),如图连接由前、后片确定的 AB 量点 A。并作前、后片的刀眼标记。
- 完成纸样并试样。

图5

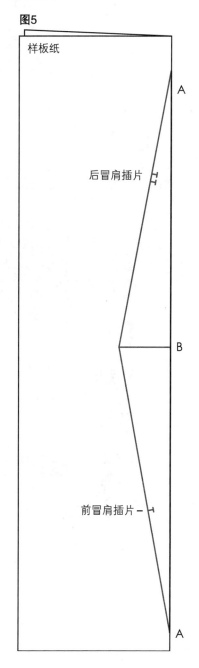

冒肩款式变化

将冒肩款式变化作为实战训练题，只要结果能准确传递每款服装的设计特征，则表明所完成的样板是正确的。否则，寻找原因并再试一次。

款式1

款式2

款式3

折裥塔克和塔克

　　塔克是将面料的正面折叠并缝缉而形成像折裥的一种在服装上的装饰，在任何服装（如上衣、裙子、连衣裙、袖子、裤子等）上作为设计细节都可以使用。塔克可以以任何方向（垂直、水平和倾斜）呈现，为了不同的变化效果，塔克可以根据需要设计任何宽度（完成宽度从 0.16 至 2.5cm 或更大）和间距。在专业缝制店制作塔克比在工厂缝制成本低，有两种制作塔克的方法：其一是将整块面料先折叠缝缉成塔克，再剪裁成个性化的样片，或先剪裁成样片，然后再送专业缝制店缝制个性化塔克。然而，正式生产前，塔克所放位置和设计外观的测试或个性化服装的制作，可采用以下阐述的方法。关于纽扣、纽孔和贴边的操作，请参见第 16 章。

折裥塔克
款式1

设计分析：款式 1

　　款式 1 的特征是从领口至腰线缝缉塔克，塔克缝缉线与前一个塔克的折叠线重合，叠门增量是为纽扣和纽孔提供的空间。款式 2 是另一款式设计。

纸样设计与制作

　　下面制作塔克的图示方法不包含剪切和展开纸样。确定所需塔克和塔克量时，在样板纸上用定位线画出塔克位置，作为衣片样板或面料的基准。

图 1 折裥塔克引导线

- 复描前衣片。
- 从前中线向外作 1.9cm 宽的平行线。
- 从前中线向内 1.9cm 处作塔克定位线。
- 距离第一条塔克引导线 2.5cm 处作第二条定位线。

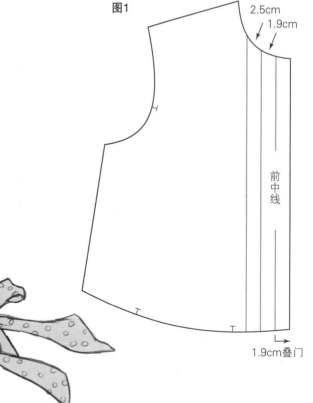

款式2

图 2 设计 1.3cm 宽的塔克

　　工业化制作：在样板纸上作塔克定位和塔克量值设计。

- 距离样板纸边缘 7.6cm 处作一条直线。
- 作第一条塔克线标记，宽 2.5cm。
- 作间隔标记，间隔宽 1.3cm。
- 作第二条塔克线标记，宽 2.5cm。
- 重复上述步骤依次标记塔克增量。

图 3

- 将纸正面向上折叠塔克。
- 将衣片模板放于纸上，将塔克与塔克定位线对齐。
- 复描纸样。

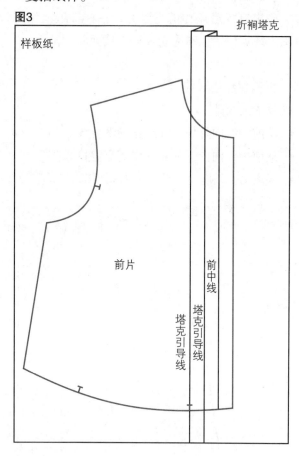

图 5a、b

　　个性化设计：宁愿在面料上直接作塔克标记，也不要在纸上作标记。

- 对塔克的每条线用大头针或手针绗缝做标记。
- 折叠面料，缝缉塔克。

图2

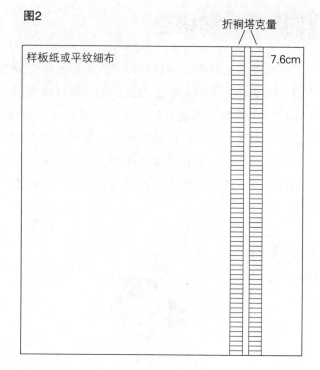

图 4

- 剪裁纸样并展开。
- 对每条塔克和前中线作刀眼标记。

图4

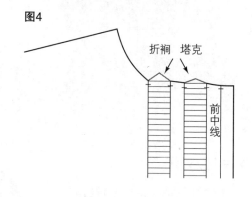

图5

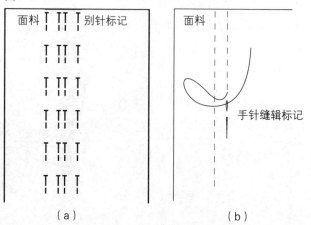

（a）　　　　　　　　（b）

塔 克

设计分析：款式 2

　　款式 2 特征是在围涎式造型分割片内缝缉有细塔克，细塔克间有间隔。

图 2

- 画四组平行线，塔克折叠量 0.3cm，塔克间距 0.6cm。相距纸边约 15.2cm 处作第一条塔克线，为对折裁剪预留空间（具体量值取决于设计所需塔克的数量和塔克折叠量值）。

图2

```
        塔克量
                        15.2cm
```

纸样设计与制作

图 1 设计塔克位置和塔克量

- 复描纸样并设计围涎式造型分割线。
- 从样板纸上剪下并分离样板。
- 从前中线内 0.2cm 处作第一条线（留 0.3cm 空间折叠），间隔 0.6cm 画另一条平行线。

图1

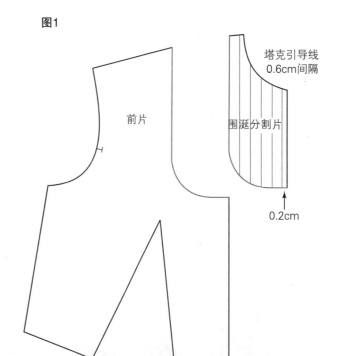

```
                        塔克引导线
                        0.6cm间隔
    前片          围涎分割片

                        0.2cm
```

图 3 和 4

- 用纸折叠每个塔克，将有塔克标线的围涎式分割片放于塔克折叠纸上，并使标线与折叠线对齐，描画轮廓（图 3）。
- 剪裁并展开纸样，折叠纸样并描画另一半，图 4 所示为完成的围涎式分割片。

图3

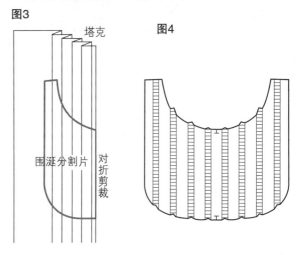

```
        塔克            图4

围涎分割片  对折剪裁
```

第9章

合体廓型
（原理#3）

合体廓型：原理 #3

原理　为了使上体躯干的紧身服装比基本服装更合体，基本样板必须在它的框架内进行修剪，使其吻合人体胸围及上下周边和肩胛骨的人体造型。

推论　为了使上肢躯干紧身服装比基本服装更合体，基本纸样轮廓必须修剪以吻合肩斜度，并消除侧缝余量。

合体廓型设计

合体廓型服装设计完全遵循人体的外形，而不会在胸围和肩胛骨周边产生空隙区域。合体廓型的款式囊括了帝国分割线（胸下廓型），无吊带胸衣（涉及胸部上、下及中间区域的廓型），斜襟衣（胸上、胸下部位的廓型）及无袖、无领造型的设计（胸部

以上廓型）。为了避免不合体，需要利用原理 #3、合体廓型理论及其推论来设计样板，如果纸样与人体三维尺寸间的差异得不到调整并吻合，就会产生不合体性。以下案例涉及的是通过运用出色的合体廓型模板纸样解决廓型周边不合体的方法。

人体与基本服装

　　如图所示，基本服装（可将服装想象为是透明的）穿在起伏不平的三维人体上，服装仅仅与人体最外围的有限部分相接触，还与人体的凹陷部分产生空隙。研究人体廓型（阴影区域）与基本服装间的关系表明，人体的胸部及上部和下部的空隙区域与基本服装是不相接触的，在这些区域，人体的三维尺寸小于服装或纸样的尺寸。运用廓型模板纸样，可以测量这些空隙尺寸并可得到调整补偿。

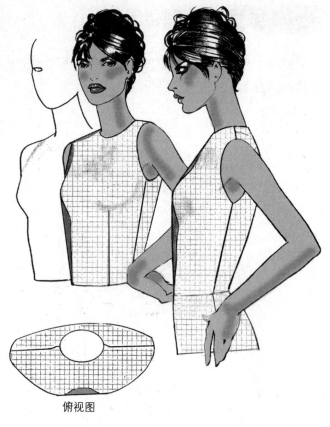

俯视图

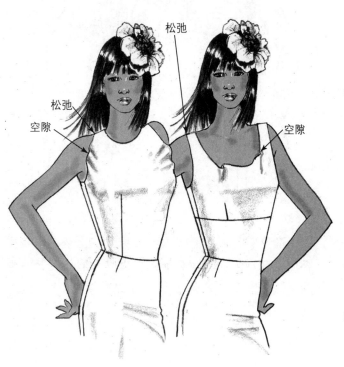

合体性问题

　　在设计紧身服装时，如果纸样没有得到修正，将会产生如下合体性问题：

- 当造型所需，基本服装的部分领口或袖窿被剪裁，服装会失去肩部的支撑，陷入上胸凹陷区域并产生空隙。
- 帝国式造型公主线、无吊带胸衣和文胸等款式几乎无法显示胸部精确的廓型形态（即款式不会紧贴上下胸部，而是松弛地覆盖于人体上）。

　　上述情况出现时，则改变了设计风格，破坏了好的设计理念。

合体廓型模板纸样

　　合体廓型模板纸样是帮助纸样师处理解决合体问题的工具。模板纸样上标有基准线，标示了对于紧身服装需从造型分割线或省道中将被转移出的余量。根据设计类型标注了基准线，并呈现了服装与人体（胸部上方和下方及胸部区域）空隙间的距离，其量分别至胸点和至样板外轮廓边线的两个方向递减。后衣片上也为设计低领口和无吊带服装的款式作了图示说明。下例插图是标有基准线的前、后片廓型模板纸样，这些纸样的变化和应用在随后的案例中将加以阐述。

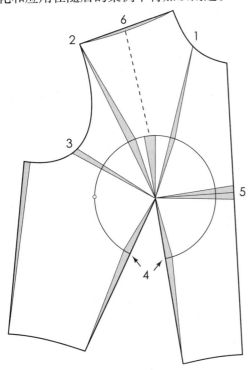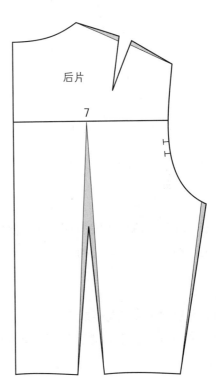

准备合体廓型模板纸样

所需尺寸

- （9）胸杯半径——
  如果有需要，请参见第2章的尺寸。

图1和2

- 复描前、后衣片及所有标注。
- 将圆规放于胸点，用胸杯尺寸画圆。
- 圆示意了人体和基本服装间的空隙区域。
- 用锥子钻个孔，以便当需要将圆转移至复描的纸样上时铅笔能插入画圆。

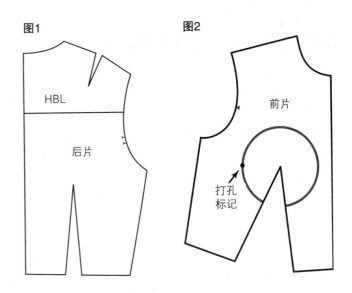

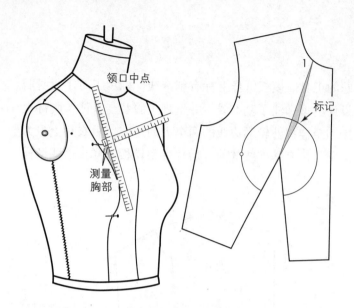

基准线 1——剪裁式领口线

从领口线上消除多余量（空隙量）。

胸架

- 将尺子一端放于胸架领围中点,并指向胸点。
- 另一把尺在大头针标记处测量深度。

纸样

- 从胸点至领围中点画基准线 1。
- 在圆周线上标记出测量值,并连接领口点与胸点。

标准量 =0.6cm

基准线 2——剪裁式袖窿线

为保证合体需从袖窿处消除多余量（空隙量）。

胸架

- 将尺子一端放于胸架胸点,并指向肩端点。
- 另一把尺在大头针标记处测量深度,增加 0.6cm 以补偿斜边的拉伸量。

纸样

- 从胸点至肩端点画基准线 2。
- 在圆周线上标记出测量值,并连接肩端点与胸点。

标准量 =1.3cm

测量空隙区域深度和标注纸样

如果胸架的胸腰差是 28cm,纸样师应该使用所给的标准尺寸。否则,如图示测量胸架。

- 测量空隙深度时,按胸杯尺寸在胸部的上方和下方用大头针作标记。
- 测量需要两把尺,一把用于横跨指定的空隙区域,另一把用于测量深度,尺寸表示了为使服装更合体而需转移出的多余量(空隙或松量)。

注意:当在真人上测量时,不要将尺用力压向人体。

建议:用色彩强调基准线范围内的空间。

清晰图示标记每条基准线,并将所有标记都做在同一个纸样上,正如 161 页案例所示。下面测量、标注和图示每个位置。

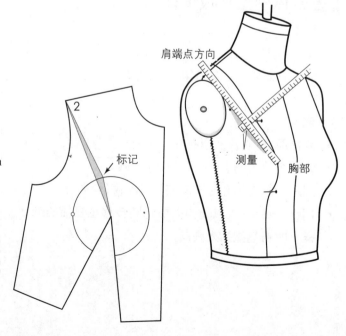

基准线 3——袖窿松量

对于无吊带式和袖窿剪裁式服装应消除袖窿松量以保证合体。

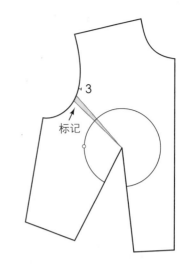

纸样

- 从袖窿弧线至胸点画基准线 3。
- 标记 0.6cm（标准量），并与胸点连接（包含剪裁式袖窿款式）。

基准线 4——帝国式分割线

帝国式分割线的处理方法是任何穿越胸下分割线的服装款式样板设计的参照。为了清晰显露下胸造型，必须消除多余量。

胸架

- 将尺子一端放于腰线，并指向胸点。
- 另一把尺在大头针标记处测量深度。

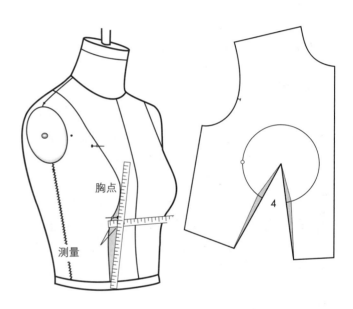

纸样

- 在圆弧周线上将测量值平分至两条省线中。
- 标记出测量值，作基准线 4 并与腰线和胸点连接。

标准量 =1.9cm（每条省线上各约 1cm）

较合体款式设计

将基准线 4 所标注的一半量值（0.5cm）标注在胸部下方，这可用于塑造省道形态和公主分割线造型，根据图示塑造省道形态。

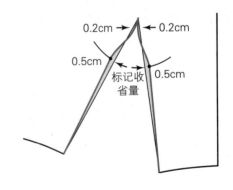

基准线 5——胸点间的廓型

处理方法用于显露两胸间乳槽形态（消除两胸间的多余量）。

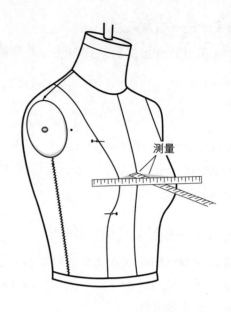

胸架

- 将尺子横跨于两胸点上。
- 另一把尺在两胸的前中线处测量深度。

纸样

- 过胸点与前中线垂直作基准线 5。
- 在垂线的两边各标记出一半的测量值，并与胸点连接。

标准量 =1.9cm（每条省线上各约 1cm）

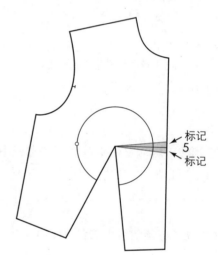

基准线 6——无吊带款式

无吊带式服装需消除胸部上方的多余量以保证合体。

纸样

为了简化制作过程，基准线 6 是基准线 1、2 和 3 的组合。

- 过胸点至肩线中点连线作基准线 6（公主分割线）。
- 累加基准线 1、2 和 3 所测的深度值。
- 减去 0.3cm 抵消服装内部结构的厚度。
- 连线至胸点。

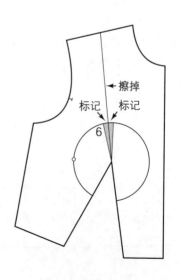

肩斜线和侧缝的松量

在肩线为了剪裁式领口和袖窿款式，必须消除不必要的多余面料。对于无吊带式和文胸款式，需要消除侧缝松量。

胸架

- 将尺子一端放于颈侧点，方向于肩端点。另一把尺在肩线中点测量深度。

纸样

- 在肩线中点标记深度测量值，并与颈侧点和肩端点相连。

标准量 =0.3cm

- 标记侧缝松量，从标记点至腰侧点画基准线。

标准量 =1.3cm

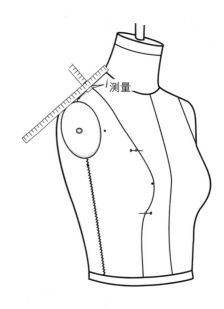

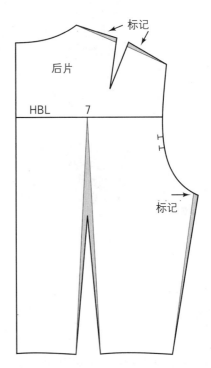

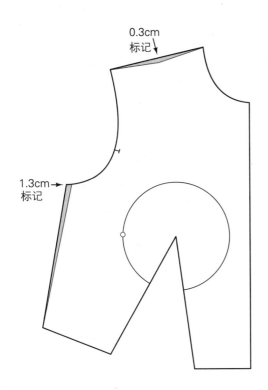

基准线 7——后片

对于无吊带式和剪裁式领口款式应该消除不需要的松量。

纸样

- 在背宽线上标记腰省延长点。
- 从腰省线至标记点作基准线 7。
- 肩线与侧缝线的松量与前片相同。

如何使用合体廓型模板纸样

合体廓型模板纸样适用于所有比基本样板更贴体的服装款式。

在样板修正前，造型分割线必须交于基准线。

为了使服装更合体，必须转移或消化的多余总量在造型分割线和基准线的交点处注明，造型分割线越接近纸样的周边线，其多余量就越大。

在基准线间（纸样上的阴影区域）标注的余量可以转移至现有省道处，也可以在设计细节中吸收消化（折裥、松量或造型分割线），如在胸部上下位的造型分割线（公主分割线）中可将余量修剪掉。应根据设计需求选择具体方法。

款式 1、2 和 3 的特征是，在距离合体廓型模板纸样胸部周边线的不同距离，剪裁不同的领口造型。纸样设计前需通过设计分析决策哪些基准线是必须的，例如，款式 1、2 和 3 需要运用基准线 1（剪裁领口线），前、后片的肩斜基准线（总是与领口与袖窿的剪裁有关）。款式 3 的露背特征需要运用基准线 7。

款式1   款式2   款式3

应用合体廓型模板纸样设计样板步骤

图 1 和 2

- 复描前、后衣片合体廓型模板纸样。利用图钉将所需基准线转移至下层样板纸上（如前衣片基准线 1 和后衣片基准线 7 及前、后衣片肩斜基准线）

提示：在确定造型分割线位置时，可以用铅笔以胸点为圆心作罩杯圆。

- 移开样板并连接基准线，基准直线就是剪切线。

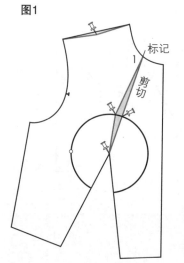

图1

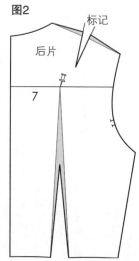

图2

转移余量至造型分割线

- 款式 1、2 和 3 的剪裁式领圈表现了每种领圈与罩杯周线和肩线之间的关系，记住，将需要消除的余量标记在造型分割线和基准线的交点上，为了更清晰，如图在造型分割线上标写 A 和 B。
- 剪裁纸样，剪去领口线和肩部不需要的部分。
- 剪开展切线 A 至胸点，但不超过胸点。
- 在转移余量时，将剪切线 A 与 B 重合，粘合后再勾画轮廓并圆顺领圈线。

图 3——款式 1
- 当造型线交于基准线显示余量小于 0.3cm 时，如图款式 1，就不需要修正。

图 4 和 5——款式 2
- 款式 2 的领口线位于罩杯周线上方，领口线需要紧贴人体，然而在胸部上方凹陷处却有松量（如图虚线所示）。

图 6 和 7——前衣片款式 3
- 剪裁的领口正好切于罩杯周线上，余量经转移后，领口线将紧贴胸上凹陷区域。

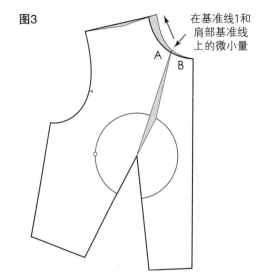

图3

在基准线1和肩部基准线上的微小量

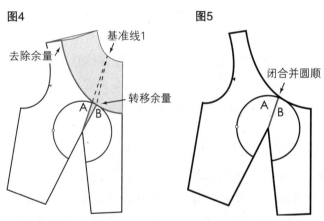

图4 去除余量 基准线1 转移余量

图5 闭合并圆顺

图 8 和 9
后衣片
- 露背领圈线与基准线 7 相交，修剪领圈线与肩线后，剪开基准线的一条边并与另一条边重合，粘合后勾画轮廓并圆顺。

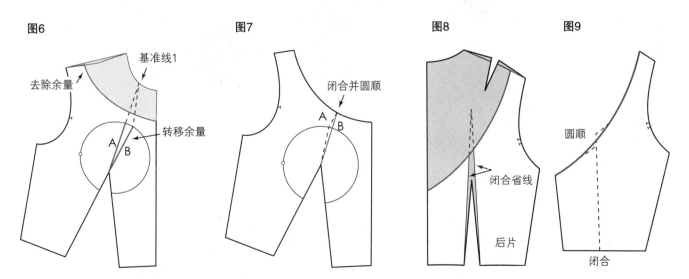

图6 去除余量 基准线1 转移余量

图7 闭合并圆顺

图8 闭合省线 后片

图9 圆顺 闭合

图 10 和 11 修正领圈贴边

- 剪裁式领圈（圆弧领口、方领口、V 字领口）和袖窿的贴边应得到修正以紧贴人体,将基准线复描至贴边纸样上并重叠余量,在衣身和贴边的领口线上打刀眼作松量控制标记。当几条基准线处的余量都需要被转移时,修正贴边是较佳的选择方法,在这种情况下,如图将部分余量转入至贴边。

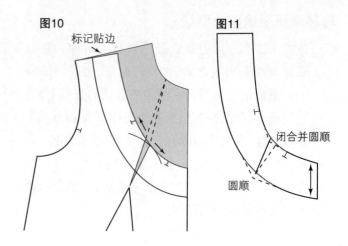

图10

标记贴边

图11

闭合并圆顺

圆顺

图 12 空隙量的调整

- 当纸样修正后,剪裁式领口或袖窿的服装还出现空隙或松弛现象时,可在服装上用大头针别去多余量并测量,再一次修正纸样。
- 剪切相交的领口线至肩线,重叠所需量,圆顺袖窿和领圈线,重叠量不会使袖窿感觉偏紧,因为袖窿修剪后面料会伸展至袖窿的原有尺寸,在样板上可写明,因面料的伸展而修剪袖窿。

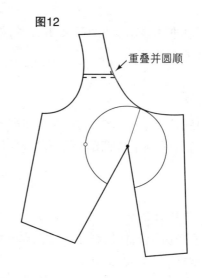

图12

重叠并圆顺

剪裁式袖窿款式设计

请用上述阐述和图示的方法为指导,练习以下变形款式的结构设计。对于剪裁式袖窿款式服装,需在侧缝标记收紧量,后面将阐述使用合体廓型模板纸样的其他款式。

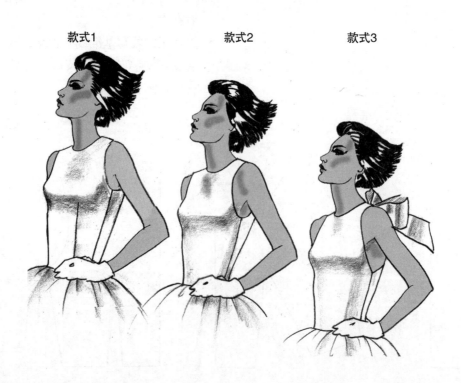

款式1   款式2   款式3

经典帝国式分割造型

　　经典帝国式分割造型是一种流行的分割线，在许多类型服装中可以看到。作为高雅的分割线穿越乳房下部，将纸样分成两部分，下半部称为腰腹育克，为了强调胸下廓型，腰腹育克紧贴人体，并控制着上半部服装的合体度。帝国式造型分割线可以延续至后衣片，也可以不延续。

　　对于变化款式，在与下胸围相交后，造型分割线可以设计成许多不同方向。

设计分析

　　经典帝国式腰腹育克分割线交于下胸围并塑造下胸围廓型，造型分割线平缓向下延续至后中线，比基本服装更贴合人体，省道（或抽褶）由下胸围的腰腹育克所控制。

纸样设计与制作

　　运用合体廓型模板纸样或遵循以下所给设计方法和尺寸进行设计。

图 1

* 复描前后相连的衣片样板，并标注基准线 7（后衣片）和基准线 4（前衣片）。
* 画罩杯圆，移去纸样并连接基准线。
* 作前中线垂线与下胸围省线相交，标写 A 和 B。
* 侧缝短于 AB 值 1.9cm 并标注。
* 后中线短于 AB 值 3.2cm，标注并作一条小垂线。
* 从省线至后中线画一条曲线造型分割线，垂线圆顺。
* 勾画合体廓型胸省，修剪虚线区域。
* 修剪后衣片省道的虚线区域至造型分割线。
* 在侧缝处分离纸样，通过帝国式造型分割线剪开样板。

图1

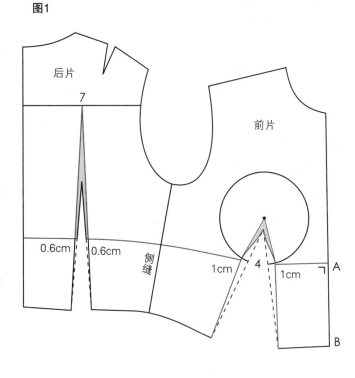

图 2 前片

- 重新复描上衣样板及所有廓型基准线,可为今后应用作参考(阴影区域)。
- 延长省线 0.5~0.6cm,并加长前中线 0.3cm(加长量是为了更好地贴合胸下部形态的需求)。
- 画顺底边弧线,圆顺省线。
- 画经向布纹线。

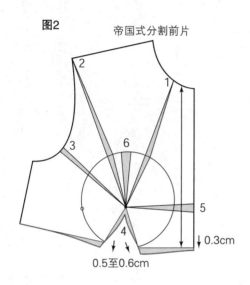

图2

帝国式分割前片

0.3cm

0.5至0.6cm

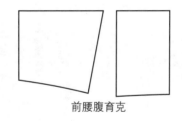

前腰腹育克

图 4 前腹育克

- 闭合省线并粘合。
- 对折复描轮廓并画顺。
- 画经向布纹线。
- 从样板纸上剪下纸样。

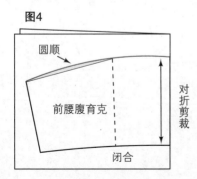

图4

圆顺

前腰腹育克

对折剪裁

闭合

图 3 后片

- 复描后衣片,包括背宽线和基准线 7。
- 后中线处加宽 2.5cm 叠门。
- 利用原有省量,将基准线 7 处的多余量从侧缝消除(虚线),以便与腰腹育克弧线匹配。
- 画出经向布纹线。

图3

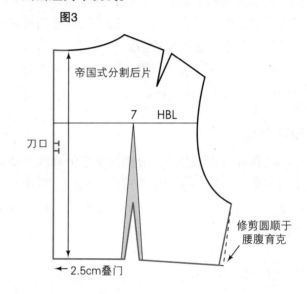

帝国式分割后片

7   HBL

刀口

修剪圆顺于腰腹育克

← 2.5cm叠门

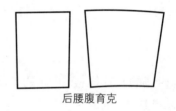

后腰腹育克

图 5 后腹育克

- 闭合省线并粘合。
- 重新复描并画顺。
- 后中线处加宽 2.5cm。
- 修正纸样并画出经向布纹线。

图5

← 2.5cm

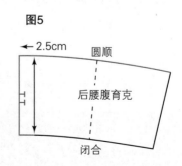

圆顺

后腰腹育克

闭合

抽褶腰腹育克帝国式分割造型

款式1　　　　款式2

纸样设计与制作

运用廓型模板纸样或遵循以下所给的设计方法和尺寸进行设计。

图 1 和 2

- 复描前、后帝国式造型衣片纸样(如果没有现有纸样,请参见 168 页)。
- 转移基准线 1 和 5,向下标记肩斜 0.6cm。
- 移去样板,连接基准线。

前衣片

- 从前中线延长帝国式造型线 6.4cm,标写 A。
- 距肩端点 3.8cm 标写 B。
- 连接 A 和 B。
- 延长基准线 5 至造型线。

后衣片

- 距肩端点 3.8cm 标写 B,再向下 0.6cm。
- 从后颈中点向下 7.6cm 标写 C 点,作直角短线。
- 作领圈弧线 C 至 B 点。

设计分析: 款式 1 和 2

款式 1 特征是左右前片中线处相互重叠形成 V 领效果,下胸抽褶与腰腹育克连接。抽褶腰带位于腰腹育克处,并由腰腹育克外形构成,纸样基于经典帝国式造型样板变化。款式 2 为实战练习题,设计其他变化款式可作为附加练习。

V 领造型因斜料会变形,故延长基准线以抵消伸长变形。

图1

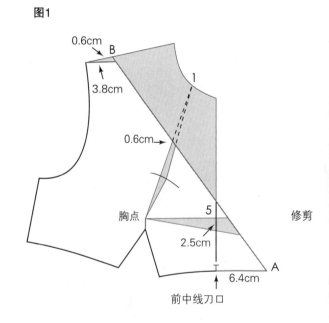

图2

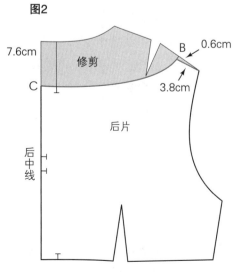

图 3 和 4

前衣片

- 剪切基准线和省尖点至胸点,但不剪过。重叠基准线 1 和基准线 5。
- 重新复描纸样(虚线表示原有纸样)。
- 圆顺 A 至 B 和下胸围弧线。
- 从省线两边向外 3.8cm 作控制抽褶刀眼标记(展开的空间等于省线长短)。
- 作前中心布纹线和刀眼。

后衣片

- 圆顺省道,在 3.2cm 处作抽褶标记,作经向布纹线。

图 5 和 6

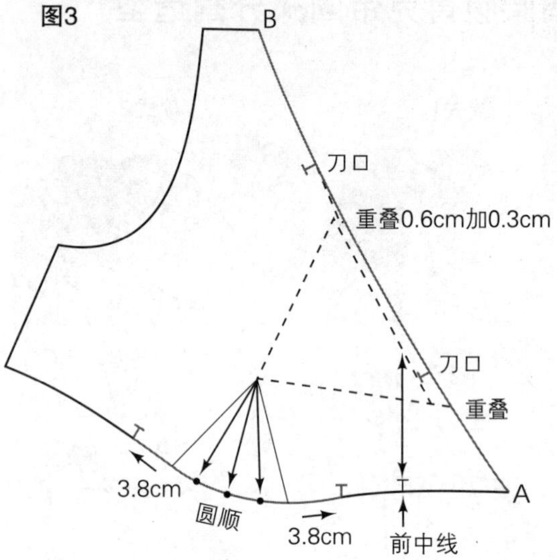

利用原有腰腹育克纸样作为抽褶腰腹育克样板的基础。

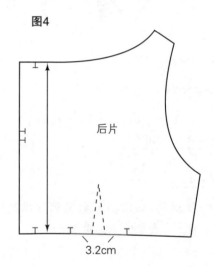

图3

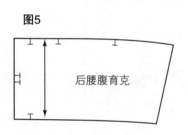

图5

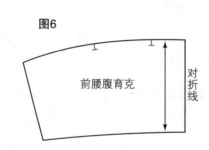

图6

图 7 和 8 腰腹育克(腰带)

- 将腰腹育克前中线放于纸张对折线上并复描,标写 A 和 B(虚线表示腰腹育克的腰围线)。
- 向下移动腰腹育克直至上端与 B 点重合,复描腰腹育克底线和侧缝。
- 利用裙片弧线画侧缝。
- 重复上述步骤作后片腰腹育克;在拉链安装处追加 2.5cm。
- 校对前后侧缝(它们必须是等长线)。
- 作平行或斜向布纹线。如果是斜纹,从侧缝处修剪 1.3cm 抵消面料的延伸(未作图示)。
- 校对样板,完成并试穿。

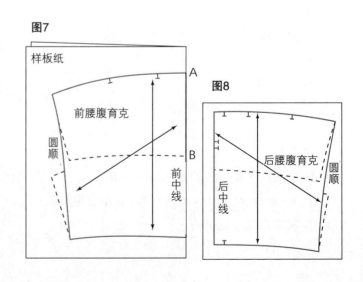

图7

图8

斜襟(或缠绕)款式

款式1　款式2

　　斜襟款式具有左右前衣片门襟相互交叉重叠的特征。重叠片的下层可以是相同形态的纸样,也可以下层衣片由省道控制形态,上层衣片可以设计成抽褶、塔克或折裥。此类造型需要左右片完整的纸样和特殊标注说明(正面向上)。款式1具有一片可控的重叠片结构,款式2是实战练习题。连身领口线的构造请参见第11章。

纸样设计与制作

　　运用廓型模板纸样或遵循以下所给设计方法和尺寸进行设计。

图1

- 对折复描前衣片纸样。
- 转印基准线1(收取的增量抵消斜纹的伸展)和肩线及侧缝指示。
- 移去样板并连接基准线。
- 从纸上剪下样板并展开。
- 距肩端点3.8cm并向下0.6cm标写A。
- 从侧腰点向上5.1cm标写B。
- 过右片省尖,从A至B作弧线。
- 从胸点至袖窿中点作剪切线。
- 修剪阴影区域,从纸上剪下样板。

图2 后衣片

- 复描后衣片样板及转印肩线和侧缝。
- 距肩端点3.8cm并向下0.64cm标写C,消除肩省余量。
- 从领圈背中点向下3.8cm标写D,垂直背中线作线并弧线连顺至C点。
- 背中线向外延伸2.5cm作叠门。
- 修剪阴影区域,从纸上剪下样板。

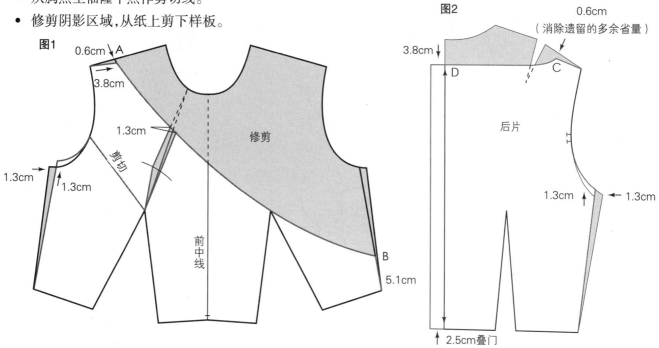

图1

0.6cm ↓ A
3.8cm →
1.3cm ←
1.3cm ↑
剪切
1.3cm ←
修剪
前中线
B
5.1cm

图2

3.8cm ↓
0.6cm
(消除遗留的多余省量)
D　　C
后片
1.3cm ↑　← 1.3cm
↑ 2.5cm叠门

左襟样板

图 3

- 展切基准线 1 至胸点但不剪过,重叠 1.3cm 并粘合。
- 闭合腰省并粘合。
- 翻转样板,复描后移开纸样。
- 从 B 点向里 1.3cm 作标记,画线至腰侧点,并修剪。
- 从 B 至 A 作直线。
- 勾画省线符合胸廓形态。
- 复描的纸样上标写正面向上。

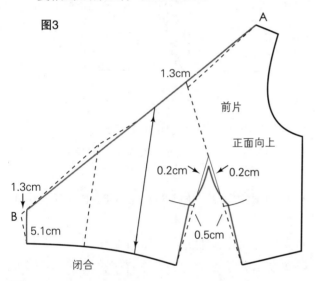

图3

图 5

- 剪切展切线至胸点,但不剪过。
- 闭合袖窿省及追加 0.6cm 的量,并复描。
- 圆顺省线间展开的部分。
- 标写正面向上。

右襟样板

图 4

- 从袖窿中点剪切展开线至胸点,但不剪过。
- 闭合腰省并粘合。
- 从胸点至低于 B 点 2.5cm 处作剪切线。
- 画顺 AB 线,并修剪纸样(阴影区域)。

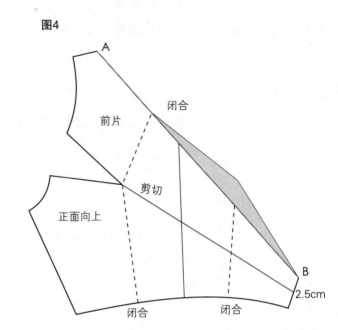

图4

图 6

- 试穿后,如果需要消除部分松量或减短 AB 线长度,根据所建议的尺寸叠去多余量,重新勾画造型线。

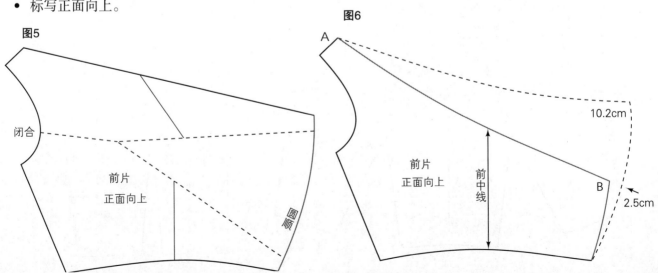

图5

图6

露肩款式

抽褶肩

设计分析：款式 1 和 2

　　款式 1 的特征是单肩抽褶,另一边露肩,并在袖窿下面合体。部分多余省道转换为抽褶量,剩余的多余量在腰省中控制。款式 2 为实战训练题,设计其他变化款式作为附加训练题。

款式1　　款式2

纸样设计与制作

　　运用廓型模板纸样或遵循以下所给设计方法和尺寸进行设计。

图 1

- 对折复描前衣片,用图钉转印基准线 6,侧缝和肩线,移开样板。
- 从样板纸上剪下样板并展开。
- 连接基准线,在纸样的露肩边标出基准线 6。
- 距离肩端点 5.1cm 及向下 0.6cm 处标写 X 点。
- 在侧缝基准线上袖窿下方 2.5cm 处标写 Y 和 Z 点。
- 从 X 至 Z 点作弧线。
- 圆顺袖窿至 Y 点。
- 从胸点至肩线作剪切线。
- 从纸上剪下样板。

图1

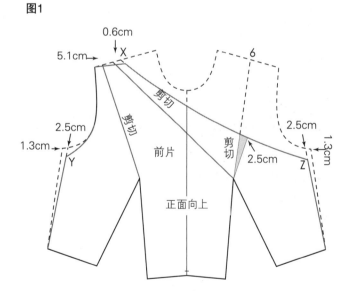

图 2

- 剪切展切线至胸点,但不剪过。
- 将样板放于纸上。
- 从 A 至 B 闭合省线 3.8cm（虚线示意原省位置）。
- CD 等于 AB。
- 闭合基准线 6（虚线所示）并粘合。
- 复描纸样。
- 圆顺造型分割线和抽褶肩线。
- 作经向布纹线,标写正面向上。

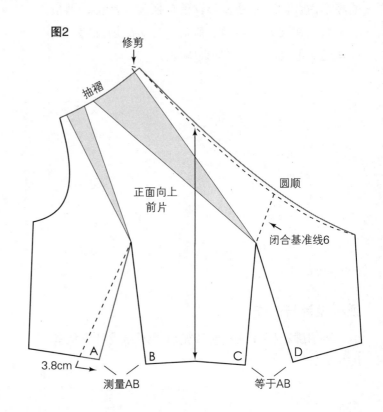

图 3 后衣片

- 重复前衣片所给造型分割线和袖窿形态所示的作图过程（图 1）,并标写正面向上。
- 剪去阴影区域纸样。
- 完成纸样,以备试穿。

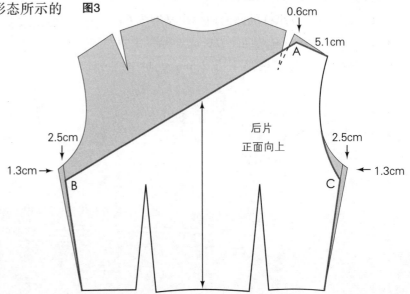

露背围脖系带衫

围脖系带衫是由肩线深挖剪裁袖窿而形成的露肩款式。款式 1 的剪裁围绕颈部使之露背，款式 1 有图解说明，款式 2 是实战训练题。

V 领围脖系带衫

纸样设计与制作

运用廓型模板纸样或遵循以下所给设计方法和尺寸进行设计。

图 1

- 复描前衣片,用图钉转印基准线 2、4 (用于修正合体度)和 5 及侧缝。随后移去纸样,连接基准线。

领圈

- 标注颈侧点 A 并连接至基准线 5 (在胸围线上)。
- 距 A 点 3.8cm 标注 B 点。
- 过 A 点向上 20.3cm 作前中线的平行线,作垂线连接 B 点。
- 从 B 点至袖窿下 1.3cm 和侧缝进 1.3cm 处作内凹弧线。
- 从纸上剪下样板。

款式1　　款式2

图 2

- 剪切基准线 2 和 5 至胸点,但不剪过、重叠、粘合、复描并圆顺。
- 作经向布纹线。
- 对于露背结构,请参考提高篇第 2 章 24 页的图 2 和 25 页的图 4 进行设计。

图1

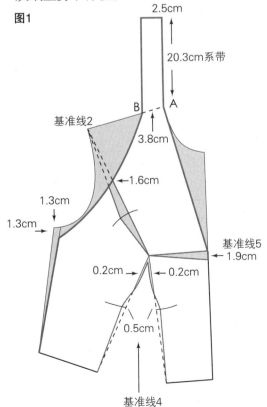

2.5cm

20.3cm系带

B　A

基准线2

3.8cm

1.6cm

1.3cm

1.3cm

基准线5

1.9cm

0.2cm　　0.2cm

0.5cm

基准线4

图2

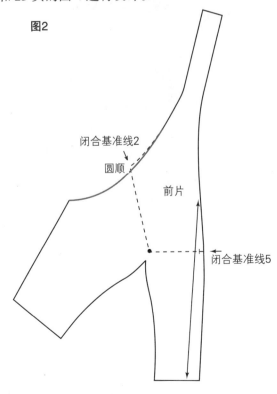

闭合基准线2

圆顺

前片

闭合基准线5

第 10 章

衣 领

概 论

衣领围绕颈部衬托脸型，为时装变化提供了诸多可能性。衣领可以设计为关门领或开门领，可以是宽的、窄的、扁平的或有底领的、有领座或无领座等。领外口线可以有各种设计造型或是基本型——圆的、弧线的、月牙形的、方形或任意方向的尖角形（长的或短的）。

确认领子造型设计是表达服装设计风格，强调完善服装整体设计的过程。其他领型如青果领和翻领，将在第22章中与茄克和大衣结构一起讨论，帽子将在提高篇第7章中阐述。

衣领术语

装领线 领子与衣服领圈相缝合的一边。

领外口线 领的外口边缘线或领的外观设计形态。

领座 使领子翻折而竖立的部分。

翻折线 在领座线上翻折领子形成的折线。

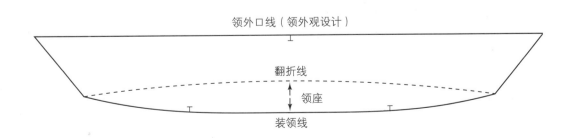

领座和翻领类型

图 1、2 和 3 展示了三种领的翻折线并表明了底领高度和翻折线的起始位置。

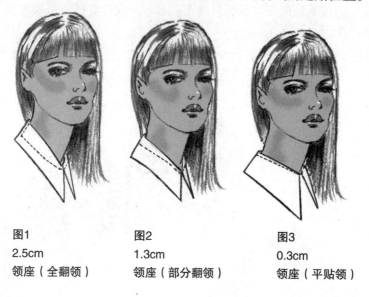

图1
2.5cm
领座（全翻领）

图2
1.3cm
领座（部分翻领）

图3
0.3cm
领座（平贴领）

领型分类

不管领型如何设计，装领线一般为以下两种基本形态中的一种：

1. 装领线与服装领圈弧线的弧度相反，这种领型解开扣子时呈开门领——是可变换的两用领（如图 4 和 5；原型——基本衬衫领）。

2. 装领线与服装领圈弧线形态相似，这种领型解开扣子时领子保持在原位——不呈现敞开形态，是不可变换的（如图 6；原型——铜盆领）。

图4　　　图5　　　图6

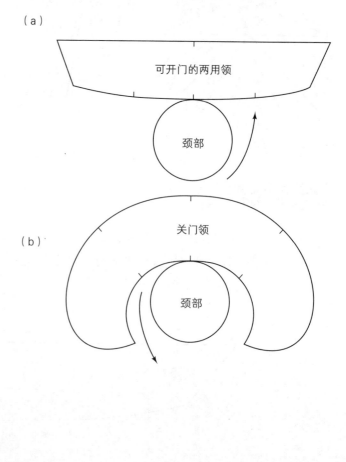

（a）

可开门的两用领

颈部

（b）

关门领

颈部

基本衬衣领基础纸样

　　所谓基本两用领指在穿用中既可以敞开也可以关闭的领子。领在后背中心有 2.5cm 高的领座，其宽度从 6.4cm 至 7.6cm 间变化。可将衣领的结构设计沿领外口线成为分缝型或对折型，一片型或背中有分割线的两片型；当剪裁用条纹、小方格或方格呢布料时，布纹线可以为直料、横料或斜料，取决于所期望的设计效果。基本领是其他款式设计的基础。

所需尺寸

后领弧长：_____

前领弧长：_____

领围弧总长：_____

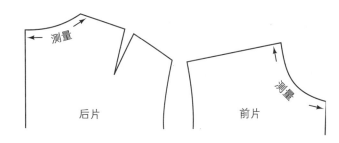

图 1

- 在纸中间作直角线，标记和标写如下内容：

  A 至 B=7.6cm（领宽）。

  B 至 C= 领围弧总长，标写 C 点。

  B 至 D= 后领弧长，作刀口标记。

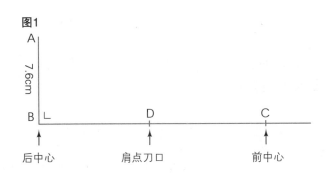

图 2

- 从 C 点向上作垂线。
- 从 C 点向上 1.3cm 标记 E 点。
- 从 E 至 D 作光滑弧线。
- 从 A 点作垂线，过 C 引导线顺延 2.5cm 或更多至 F 点。
- 连接 EF。
- 作布纹线并从纸上剪裁领样板。

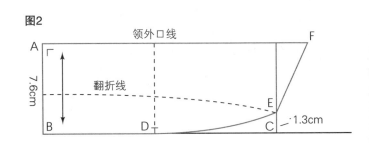

直线形衣领

图 3

- 除了装领线是直线外，可以用图 1 和 2 所给步骤设计一个领外口线为直线形的衣领，领宽可增加到 7.6cm 至 10.2cm。

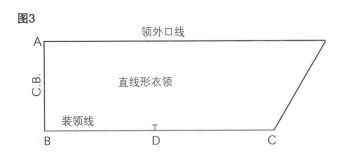

领里

　　领里纸样在宽度上要比领面纸样小。为了防止领翻折后领里外露，有两种解决方法。根据领面样板制作领里样板，（图示虚线为领面样板。）在领里装领线上，距后背中心 0.6cm 处两边作刀口，以下案例的说明可应用于所有领里制作。

图 4

- 复描领面。
- 对于厚实面料，修剪 0.3cm 或更多。在后中线作一小短垂线，再渐渐画顺至领尖点。

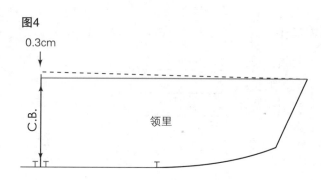

图 5

- 对于波纹造型领，必须从装领线这边修剪多余量。
- 重复图 4 所给指令修正。

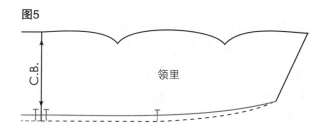

图 6

- 图示为有后中缝的领子。
- 布纹线可以设置成直料、横料或斜料。

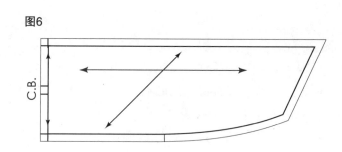

图 7

- 对折样板纸剪裁领样。

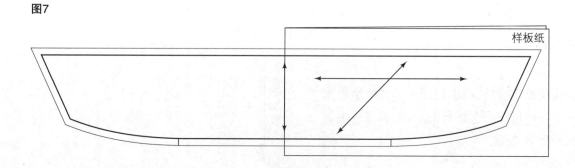

对折型基本领

图 1

- 在长度方向对折样板纸。
- 在纸的中间从对折线向下作基准线。

- 将领子放于纸上,后中线对准基准线,领外口线沿对折线。
- 复描领子,剪裁领子至中心基准线。

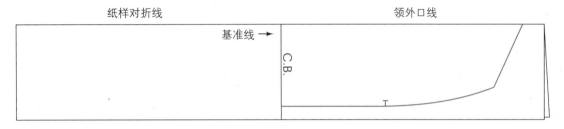

图1

纸样对折线　　　　　　　　　　　领外口线

基准线 →

C.B.

图 2

- 展开纸样,沿基准线重新对折领子和样板纸。

- 复描领子(图示为完成的领子。)
- 从纸上剪下,作刀口和布纹线。

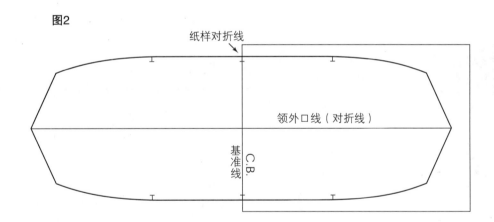

图2

纸样对折线

领外口线（对折线）

基准线

C.B.

变化领

图 3

- 不同领款可从基础领变化得到,领的变化一般从肩线刀口开始并圆顺。

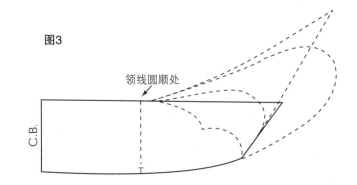

图3

领线圆顺处

C.B.

衣领合体性问题

图 1

- 问题：领外口线处于后领装领线上方。
- 解决方案：增加领外口弧长。在肩线和后中线间，剪开三条展切线至装领线。

图 2

- 让领子翻折，使领外口线低于后领中心装领线0.6cm。
- 用胶带固定展切区域，测量展开量。

纸样修正

图 3

- 从肩线至后领中线剪开三条展切线。
- 等量展开所测展开量，复描并剪裁纸样。
- 试穿。

图1

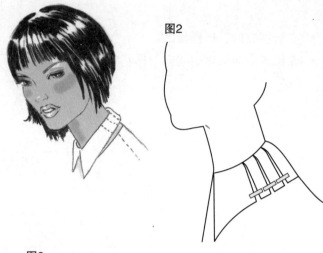

图2

图3

领外口线

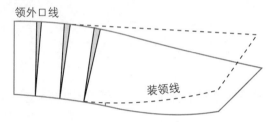

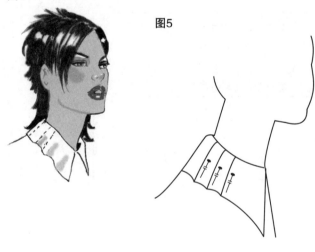

装领线

图4

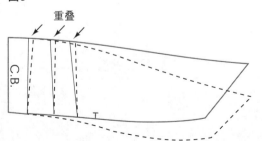

图5

图 4

- 问题：领子翻落松弛于服装上。
- 解决方案：减短领外口线弧长。
- 在肩线与后领中线间，剪开三条展切线至装领线。

图 5

- 重叠展切部分余量，用大头针固定。
- 将领子从服装上取下。

图6

重叠

C.B.

纸样修正

图 6

- 剪切纸样，等量重叠并固定。
- 复描并剪裁纸样。
- 试穿。

铜盆领

铜盆领系列包含了全翻领、部分翻领和平贴领的结构设计原理。这一原理可以应用于所有领不系扣时又不易敞开的关门领款。

原理

非两用领的装领线与衣身领圈弧线形态很相似,形态越相似,领子底领越低;越不相似,底领越高。

衣领领座、领宽和装领线领圈关系

底领高度受控于前、后纸样在肩端点的重叠量。这种纸样技术称为 4 对 1 原则,在铜盆领的结构设计中将图示说明。

比较各种领的装领线和基本领圈关系,比较各种领宽与底领高度关系。

A——全翻领:2.5cm 底领;7cm 领宽

B——部分翻领:1.3cm 底领;8.9cm 领宽

C——平贴领:0.3cm 底领;任意领宽(最接近基本领圈形态)

领宽受制于所期望的底领高度。

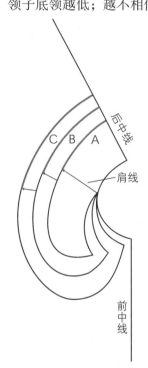

三种基本铜盆领

铜盆领一般设计成圆形。图 1、2 和 3 图示了底领高和领宽关系,领的前部可以设计成任意长和宽,但在肩线必须与后领顺接。

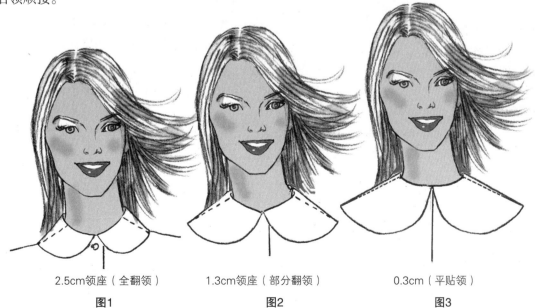

2.5cm领座(全翻领)	1.3cm领座(部分翻领)	0.3cm(平贴领)
图1	图2	图3

2.5cm 领座的铜盆领（全翻领）
纸样设计与制作
图 1

- 复描后衣片纸样，将前衣片纸样放于复描件上，颈侧点相对，肩端点重叠 10.2cm。
- 复描领圈和部分前后中心线。
- 在肩线 / 颈侧点处标记点。

图1

图 2

- 延长后中领线 0.3cm，过此点作领口弧线，结束于前中点下方 0.6cm 处。
- 平行领圈作领造型线。
- 剪裁领样。
- 在肩线 / 颈侧点处作刀口，并注释。
- 剪裁纸样，校对服装领圈弧长，允许装领线长 0.2cm。

图2

图 3

- 在对折纸上复描领样。
- 在后中线处作刀口标记。
- 剪裁纸样。

图 4

- 对折复描领子，移开样板。
- 如图修剪 0.3cm（阴影区域）。
- 在装领线上，距后中心 0.6cm 处对称作两个刀口，在领外口边缘作一个刀口。

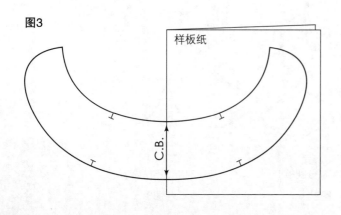

图3

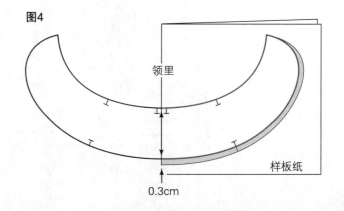

图4

1.3cm 领座的铜盆领（部分翻领）
纸样设计与制作
图 1
- 复描后衣片纸样，将前衣片纸样放于复描件上，
  颈侧点相对，肩端点重叠 5.1cm。
- 复描领圈和部分前后中心线。

图1

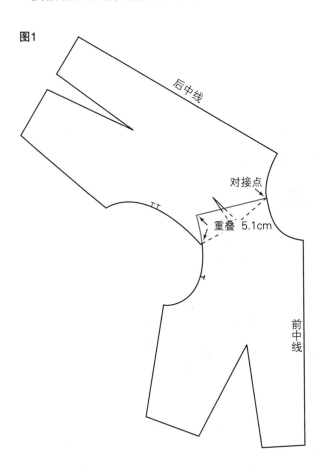

完成领子
图 2
- 如图完成领子作图。

图2

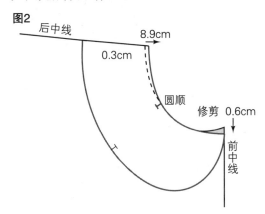

平贴铜盆领
纸样设计与制作
图 1
- 重叠肩端点 1.3cm，并重复操作过程。

图1

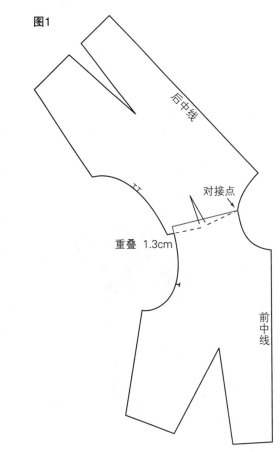

完成领子
图 2
- 如图完成领子作图。

图2

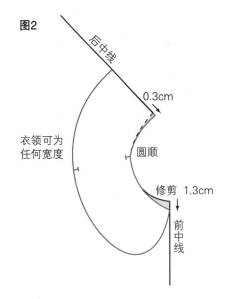

海军领

海军领的灵感来源于海军制服，是基于非两用领即关门领的造型。

基本海军领

款式1

图1

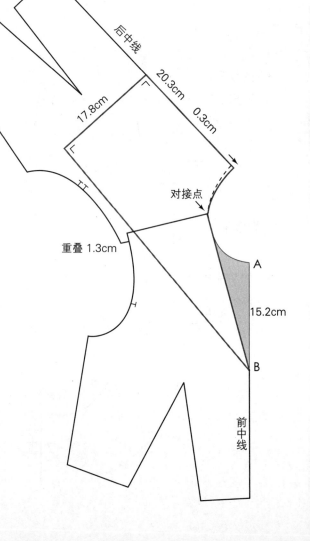

设计分析：款式 1

款式 1 海军领的特征是，后背呈方形，前面与 V 字领口线相连，领带可脱卸。为纽扣和扣眼加放叠门的款式，纸样设计方法请参见 189 页图 4。

纸样设计与制作

图 1

- 前、后颈侧点对接，肩端点重叠 1.3cm。
- 复描前、后中心线，领圈线，移开样板。
- A 至 B 是 V 字领口深。
- 如图设计领子。
- 从背中线作直角线至肩线，从肩线连接 B 点，在肩部圆顺。
- 剪裁领子样板。

图 2 完成的领形

- 对折复描领子,剪裁并打开。
- 作布纹线(虚线 = 领里)。如果前中线是对折剪裁,领的后中线就必须剪开,并加放缝份。

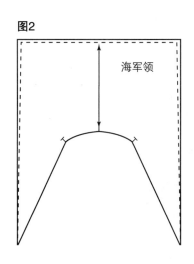

图2

海军领

图 3 完成的对折衣片

- 在衣片上建立海军领领口线。
- 剪裁纸样(领带未作图示)。
- 复描后中心线,追加叠门量,标记扣眼位置(参见第 16 章)。

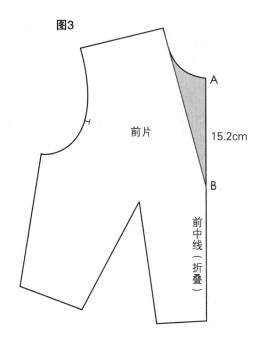

图3

前片

A

15.2cm

B

前中线(折叠)

有叠门的海军领

图 4

根据款式 1 的方法及下述步骤作图:

- 相距前中线 2.5cm 作平行线,从颈侧点过 B 点至叠门作直线完成领线。
- 标记扣眼位置(参见第 16 章)。

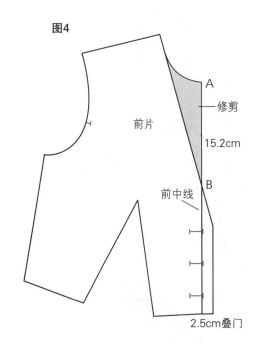

图4

前片

A

修剪

15.2cm

B

前中线

2.5cm叠门

含嵌入片的海军领
设计分析：款式 2

款式 2 是海军领的变化款，在前衣身的嵌入片控制着领口线的深度。领带是领子的组成部分。

款式2

图 2 嵌入片

- 折叠复描楔形嵌入片（剖面线区域）。
- 在展开的一边追加 2.5cm 作纽扣或按扣叠门。折叠剪裁，加 0.6cm 缝份。

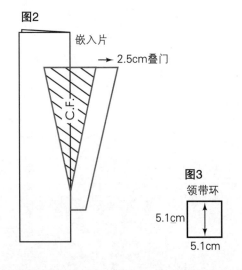

图2

嵌入片
→ 2.5cm叠门
C.F.

图3
领带环
5.1cm
5.1cm

纸样设计与制作
图 1 领子

- 过 A、B、C、D 设计领口线，嵌入片用斜线表示。
- 过 B 点延长 C 线 15.2cm（领带）。
- 分别过 E 点、F 点作垂线至肩线，并延长至领带长度，使 B 点宽为 5.1cm。
- 绘出领带头端造型。
- 剪裁样板，保存楔形嵌入片。

图1

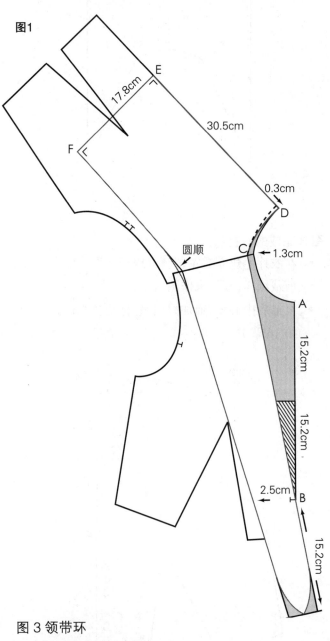

17.8cm
E
30.5cm
F
0.3cm
D
圆顺
C ← 1.3cm
A
15.2cm
15.2cm
2.5cm ← B
15.2cm

图 3 领带环

- 作 5.1cm 正方形。
- 领带环可以缝在服装下层的领带上，将领带套入领带环。

低领口领子

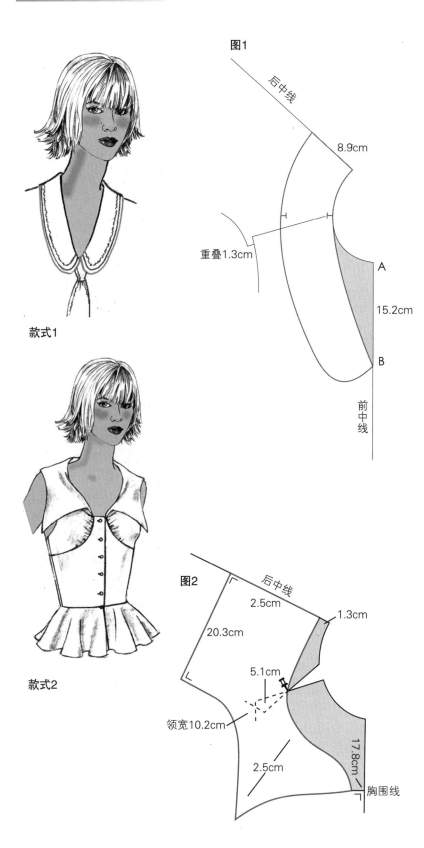

款式1

图1

后中线

8.9cm

重叠1.3cm

A

15.2cm

B

前中线

款式2

图2

后中线

2.5cm

1.3cm

20.3cm

5.1cm

领宽10.2cm

2.5cm

17.8cm

胸围线

设计分析：款式 1 和 2

款式 1 和 2 示例的都是低领口的领子。款式 1 中，领子平翻于服装的肩线颈侧点处，款式 2 中，拥有 1.3cm 领座的领子处于肩线中点。

V 领口领子

图 1

- 将前、后衣片颈侧点相对一起放于纸上。
- 肩端点重叠 1.3cm。
- 如图设计领形。
- 从衣身上剪下领子。
- 为了完成衣身纸样，复描和修剪 A-B 部分。
- 复描领子，参见 187 页图 2 修正成为领里样板。

造型领口领子

图 2

- 肩线重叠前，用所给尺寸在前、后衣片纸样上设计领口造型，修剪领口线（阴影区域）。
- 将前、后片样板放于纸上，在新领口线处肩线相交，重叠肩端点 5.1cm，复描领口线、前、后中心线。移开样板。
- 如图完成领子。
- 从纸样上剪下领子。
- 为了完成样板，用领口修剪过的前、后片纸样。
- 复描领子，参见 187 页图 2 修正成为领里样板。

立领

立领（也称军服领、尼赫鲁领和中式领）是一种紧贴颈部并竖立的领子。立领一般前面分开,宽度在 3.2cm 至 3.8cm 间变化,它是其他领形、领座及领和领座相连组合领的基础。领的前部可能相接、重叠、可能设纽扣,或沿领口线延长至任何点。立领既可以设计成贴合颈部的领,也可以是较为宽松的领。立领领角可以是圆角、钝角、尖角或延长成部分翻折领效果, 制作这些领时, 需要已知领口线尺寸。

款式1   款式2   款式3

基本立领——款式 1

所需尺寸

后领口弧长:＿＿＿＿＿＿＿＿＿

前领口弧长:＿＿＿＿＿＿＿＿＿

领口弧总长:＿＿＿＿＿＿＿＿＿

纸样设计与制作

图 1

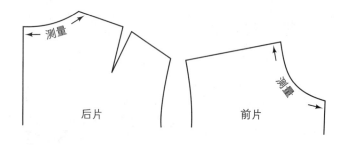

后片   前片

- 根据下面尺寸,在纸中间作直角线:

  AB=3.8cm（领座高）

  BC= 前、后领口弧线总长,标写 C 点。

  BD= 后领口弧长

- 作肩颈点标记。

图1

后中点   肩颈刀口   前中点

图 2

- 从 C 点向上作垂线 1.3cm 并标写 E 点。
- 从 E 至 D 作弧线，完成装领线。
- 作 ED 垂线 3.8cm，标写 F 点。
- 从 A 至 F 作 BDE 的平行线。

图 3

- 从纸上剪下领样。
- 为了完成纸样，对折复描。作布纹线和背中刀口。
- 完成纸样，复描样板形成领里纸样。

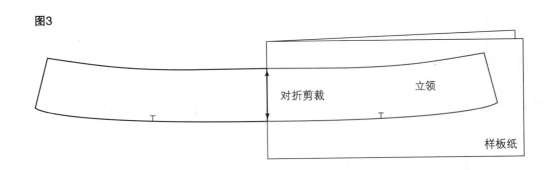

图2

领外口线

变化立领

以下案例是立领基本型的变化款。复描纸样，如图修正：

圆型领（款式 1）

- 如图作圆角。

翼型领（款式 3）

- 在前中线延长 3.2cm。
- 如图圆顺领边。

款式2

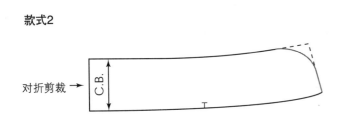

款式3

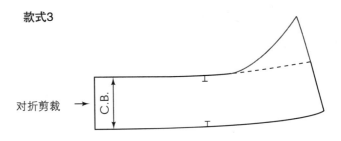

有领座的领子

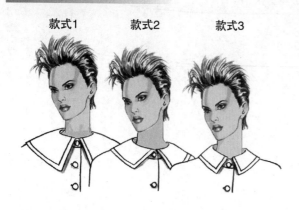

款式1　　款式2　　款式3

设计分析

　　领的特征是在立领的上口再装有领子，并在立领的两端延长用于钉纽扣和锁纽孔（可参照衬衫领）。立领基本型请参见 192 和 193 页，款式 3 的纸样做了图解说明。

纸样设计与分析

图 1

- 复描立领。
- 从 A 和 B 垂直向外延长 2.5cm 并连接。
- 作圆弧线。
- 如图标注纽孔位置。

图1

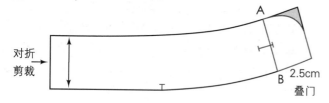

图 2

- 复描立领（虚线表示为翻领不需要的部分）。
- 用所给尺寸作领样板。
- 在领的上口线中点作刀口。

图2

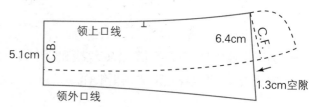

图 3

- 作剪切线。
- 从纸上剪下样板。

图3

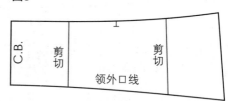

图 4

- 剪开剪切线至领的上口线，但不剪断。
- 将后中线对折安放，展切处为 0.3cm，复描轮廓线（展切量使领子服帖于服装上，而不会出现背中部上爬现象）。
- 从纸上剪下样板。

图4

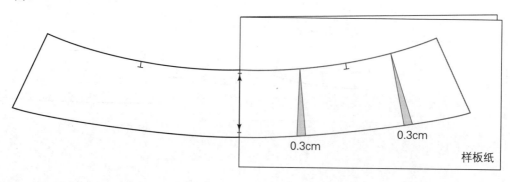

有领座的宽领

款式特征在于可以是如图在基本领圈线上的或领圈开大过的有领座的宽领。两者领和领座都基于关门领的作图原理。

图 2
- 对折复描领子。
- 从纸上剪下样板,并为领里重新复描(参见 186 页图 4)。

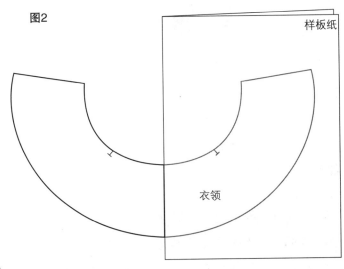

纸样设计与制作

图 1
- 前、后领圈的颈侧点相对,肩端点重叠 5.1cm。
- 复描前、后中线和领圈线。
- 在前领中心下 1.3cm 处作领口线。
- 作领线平行于领口线,终止于距前中线 3.8cm 处(领宽可按需设计,前领可以任意形态)。

图 3
- 用新领的装领线尺寸作领座,参见 193 和 194 页。
- 校对领和领座(允许 0.3cm 吃势松量)。

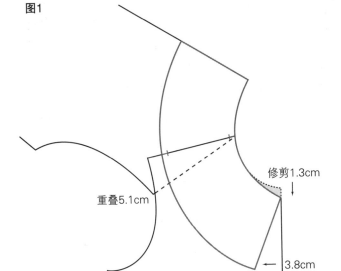

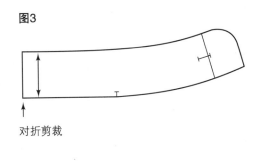

相离基本领线的领和领座

设计分析

设计的领口线相距基本领圈一定量，衣领造型可随不同的创意设计而变化。

纸样设计与制作

图 1

- 在前、后纸样上设计领口线。
- 复描后衣片纸样，如图转移新领口线。
- 将前片纸样放于后片上，使新领口线相对（标写 X 点）。
- 肩端点重叠 5.1cm。
- 复描前片纸样和新领口线。
- 移开样板，用铅笔画新领口线。

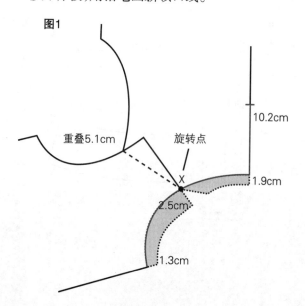

图 2

- 在前中降落 2.5cm 领口线。
- 距前中线约 5.1cm 平行新领口线作领线（领宽可根据需求随意设计）。

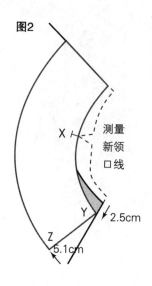

图 3

- 对折复描领子。
- 从纸上剪下领样板，再为领里复描一次纸样（具体参见 186 页图 4）。

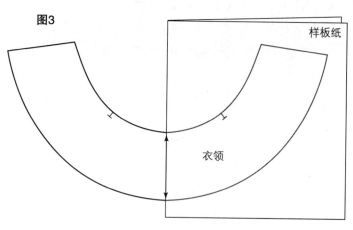

图 4

- 设计领座的说明，请参见 190 和 191 页。

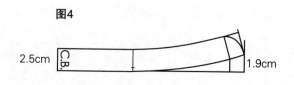

翻领与领座连体一片领

图 1

- 复描有叠门的立领(参见 194 页图 1)。
- 从前、后中线向上延长领宽并加 0.6cm。
- 作立领装领线的平行线,过前中线延长 1.9cm 以形成领尖,连接领座前中点。
- 作剪切线。

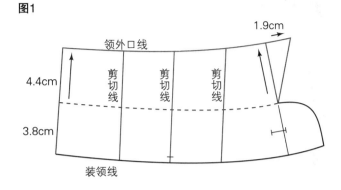

图1

图 2

- 剪开展切线至装领线,但不剪断。
- 将样板后中线于对折线上,切口均展开 0.3cm 以增加领外口边长(避免领在后中心处上爬)。
- 复描并圆顺领外口造型线。

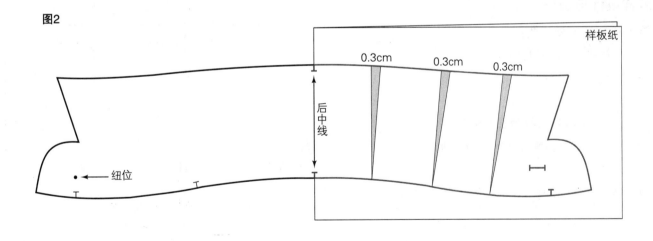

图2

翻卷领

正斜对折领适用于任何领口线的设计（基本的或较宽的领口线）。然而，领子长度应略小于领口线长度以抵消正斜面料的伸长，领宽既可以按折叠式的正斜领设计摆放，也可以是翻折于自身后领而设计。剪裁领片，其长度等于前、后领弧总长，当与服装衣身领圈缝合时，装领线稍拉紧些，可以根据相同的量，或根据下例说明所给的方法修剪延伸量或修正纸样。

翻卷龟领

款式1

纸样设计与制作

图 1 和 2 调整领口线：

- 复描纸样，如图调整领圈。
- 圆顺新领口线。

立领：（抵消面料伸长而缩短）

- 测量 AB，再减 0.6cm（为前领口弧长），记录_____。
- 测量 BC，再减 0.6cm（为后领口弧长），记录_____。

图 3 翻卷龟领

- 对折纸张。
- 作对折线的垂线，其长度等于前、后领弧长（A、B、C）。在肩线处标写 B 点为刀口位置。
- 在相距 7.6cm 处作平行线（领子完成宽度为3.8cm），或在相距 16.5cm 处作平行线（领子完成宽度为 8.3cm，如虚线所示）。
- 连接两端。
- 作正斜布纹线，完成纸样并试穿。

图3

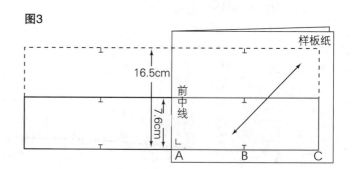

图 4

- 后中线处可用扣环和纽扣关闭衣领。

图4

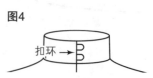

图 5

- 后中线处也可以将翻折的外层领子自由敞开。

图5

图1 **图2**

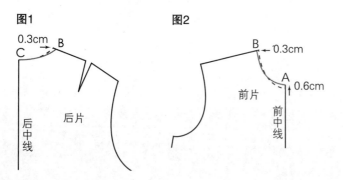

露背翻卷领

设计分析: 款式 2

　　款式 2 中，将正斜领围绕至后中线设计成深开领圈的翻领。

图 1

* 颈侧点相对，将肩线重合，画领口线。从纸上剪裁样板。
* 从 A 至 B 至 C 点，测量总的领圈弧长。
* 完成前、后衣片纸样，加放缝份、作布纹线和其他纸样信息。

图1

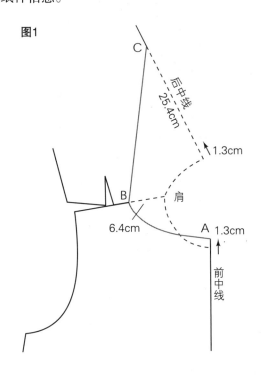

准备样板纸

图 2

* 以 45° 折叠纸张。
* 根据 A、B、C 尺寸，从折线处，向上 15.2cm 作平行线（含缝份量和折叠量）。
* 根据尺寸剪裁纸样至（前中心）。

图2

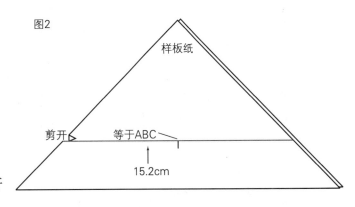

图 3a、b

* 折叠并复描翻折领的另一边（图 3a）。
* 在前中心作刀口，从折叠线作 45° 布纹线，使翻折领处于正斜状态（图 3b）。

图3a

图3b

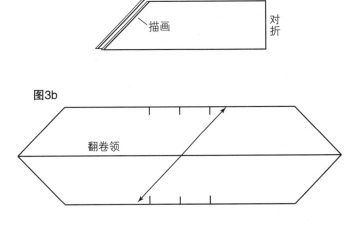

　　缝制指导：用大头针或疏缝正斜翻卷领装领线，稍拉紧以抵消拉伸。修剪后领中心的延伸量，留 1.3cm 缝份。修剪领子纸样余量，标记肩线和前中线刀口。

衣领变化设计

自评测试

从栏目 2 中选择正确答案与栏目 1 匹配，复习本章内容。

栏目 1

1. 领外口造型
2. 装领线
3. 翻折线
4. 领座
5. 领里
6. 月牙领边
7. 松弛的领边
8. 领外口线上爬
9. 铜盆领
10. 肩端点重叠 0.3cm
11. 领口线尺寸
12. 立领
13. 两用领
14. 关门领

栏目 2

 12 领和领座基础

  7 缩短领边

 11 绘制衣领所需尺寸

  5 比领面略小的领

  2 与服装领圈相缝合

 14 与装领弧线方向一致

 10 平贴领

  8 增大领边

  9 关门领

  1 衣领造型

  6 修饰过的领外口线

  3 领座上口翻折线

 13 与装领弧线方向不一致

  4 后领高

第11章

连身立领

连身立领

连身立领是一种在基本领口线上向上延伸的领，它必须满足颈部前倾的需求（图 1）。有两类基本连身立领：其一是与衣片完全连成一体的连身立领（图 2），其二是嵌片式连身立领（图 3）。无论哪一种都可以沿着肩线任何一点向上到所需高度，沿连身立领的外口线提供了增加领高的空间，使领口线增高并远离颈部和服装肩线，防止颈部前倾时的压迫感，这种领型的设计，是对原理 #1，即省道处理（当转移省量至领口线处时）或原理 #2，即增加松量（当增大纸样轮廓线时）的运用。由于这种领型的特殊性，解说中包含有贴边的处理方法（有关更多贴边的内容请见第 16 章）。

图2

图3

图1

烟囱型领口连身立领
设计分析: 款式 1 和 2

款式 1 的领型特征是，在前、后衣片的自然领口线上延伸立领，并且在前、后中心线有分割缝。款式 2 作为练习题。

款式1   款式2

纸样设计与制作

图 1 前片

- 复描并剪裁前衣片纸样。
- 从中心线向下 5.1cm 标写 A 点。
- 在肩线上距颈侧点 1.3cm 处标写 B 点。
- 从 A 至 B 画弧线剪切线。

图 2

- 从 A 至 B 点剪开展切线,但不剪断 B 点。
- 放在纸上拉展 5.1cm 并固定。
- 复描并标注领的前中点 C。

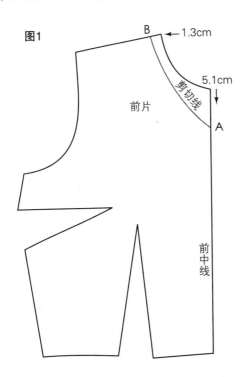

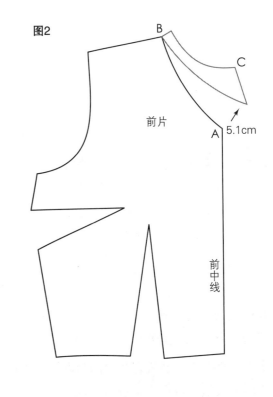

图 3a、b

- 从 B 点向上作延长线 3.8cm 后再直角短线。
- 作弧线至 C 点和 A 点。
- 圆顺 A 点和 B 点,并作刀口记号(图 3b)。
- 从纸上剪下。

图 4 贴边

- 将纸样前中线放于纸的对折线上。
- 从前中心至肩线 B 点向下 2.5cm 处,复描领口线。
- 移开纸样,作贴边底线,使其与领口线平行。在前颈中点作刀口标记。

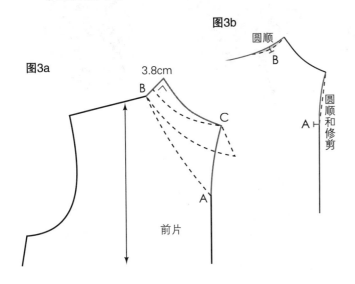

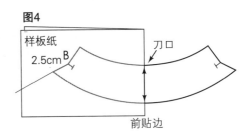

图 5 后片

- 复描后衣片,在颈侧点标记 A 点,并平行于背中线作引导线。
- 延长背中线 2.5cm,标写 B 点,并作直角短线。
- 距 A 点 1.3cm 处标记 C 点。
- 从 C 点作一条 3.8cm 的线交于引导线,标记 D 点。
- 从 D 至 B 点作弧线平行于领口线,再从 D 点至肩线作弧线圆顺。
- 在背中线加 2.5cm 叠门量,作刀口标记。

图 6 贴边

- 复描后衣片纸样,从原有后中线开始至 C 点下 2.5cm 处描画贴边纸样,移开样板,画贴边底边线平行于领口线。在 C 点和后中线处作刀口标记。
- 画布纹线,完成纸样作试穿。

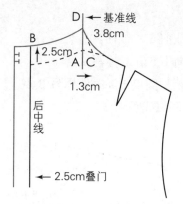

图5

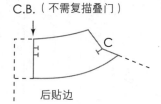

图6
C.B.(不需复描叠门)

后贴边

船型领口连身立领
设计分析: 款式 1 和 2

款式 1 的领口线是从肩线中部和领口前中线向上延长而形成的。将省道余量转入领口线,预留颈部前倾空间。款式 2 为实战训练题,设计其他变化款作为附加练习。

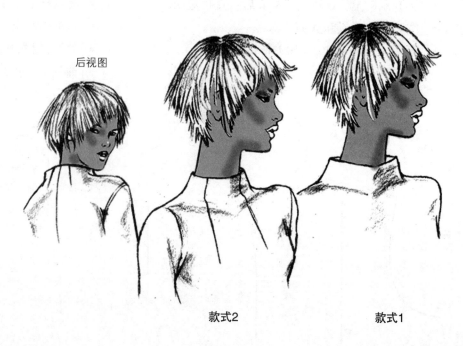

后视图

款式2   款式1

纸样设计与制作

图 1 前片

- 复描纸样,将 1.3cm 省量转入领口中点。
- 延长前中线 1.9cm,作直角短线,标写 A 点,在肩线中点标写 B 点。
- 从 B 点向上 3.8cm,距肩线 1.9cm 处作直角,标写 C 点。

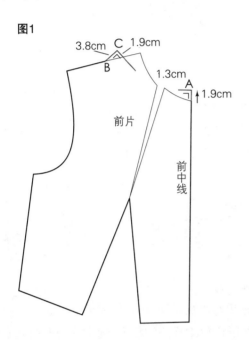

图1

图 2

- 作领口线,使 A 和 C 直角间的弧线圆顺,在 B 点作刀口记号(虚线表示原有纸样)。
- 从纸上剪裁样板。

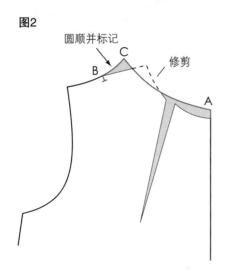

图2

图 3 贴边

- 对折复描领口区域至相距 B 点 2.5cm 处。移开纸样,作贴边底线平行于领口线。

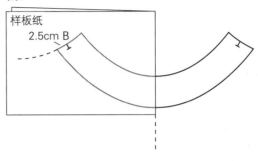

图3

图 4 后片

- 复描后片纸样,转移全部或一半省量至领口处,余留省量沿肩线作为松量处理,或使用多方位分散平衡的后衣片纸样——见 85 页。
- 作 2.5cm 叠门,标记刀口记号。

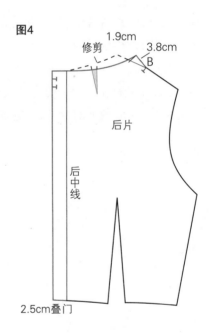

图4

图 5

- 作贴边(与前片同宽)至后中线。
- 作布纹线,完成纸样,进行试穿。

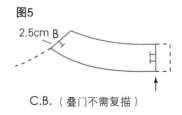

图5

嵌片式立领

　　嵌片式立领是基于部分前衣片和后衣片并沿肩线或领口线的任何位置变化而来的，经过修正的嵌入领片不会平贴于人体颈部。以下操作步骤可应用于任何嵌片式领，肩省可沿肩线转移至任意位置，或转移至领口线，使其成为立领的一部分，也可以使用多方位分散平衡的后衣片纸样（见 205 页的说明）。

环形嵌片式立领
设计分析：款式 1

　　这类嵌片式立领是由围绕服装的嵌片形成的，领上口远离颈部和肩线中点。

纸样设计与制作

图 1

- 复描后衣片，转移肩省至领口(省道完全闭合)。
- 放置前衣片，使得前、后片肩线对合，如图作领口线和嵌片(虚线为原有纸样)。
- 从前、后衣片纸样上剪裁带装嵌入领片，修剪不需要的部分,完成剩下前、后衣片的设计。

款式1

图 2

- 闭合领省。
- 在每个嵌入片上作三条剪切线,距前、后中线起始位置为 3.8cm 至 5.1cm。

图2

图 3、4

- 剪开剪切线至领口边,但不剪断。
- 将纸样放于折叠的纸上,前中线与对折边重合。
- 每个剪切线展开 0.6cm,在肩线端口位于领口边追加 1.3cm。
- 在后中线处追加 2.5cm 叠门量。
- 作布纹线,加放缝份,完成纸样,进行试穿。

图3

后立领嵌片

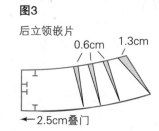

0.6cm　1.3cm

←2.5cm叠门

图4

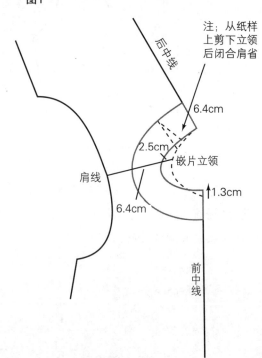

图1

注：从纸样上剪下立领后闭合肩省

后中线

6.4cm

2.5cm

嵌片立领

肩线

6.4cm

↑1.3cm

前中线

图4

前立领嵌片

样板纸

1.3cm

0.6cm

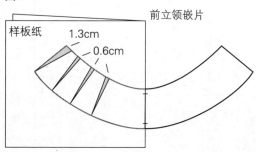

嵌片式立领变化设计
设计分析：款式 2 和 3

款式 2 是嵌入片立领，在前中心形成尖角，圆弧线画顺至后中线。款式 3 为实战练习题。

纸样设计与制作

- 根据款式 1 的说明，如图设计纸样。

款式2　　　款式3

图 1 绘制样板

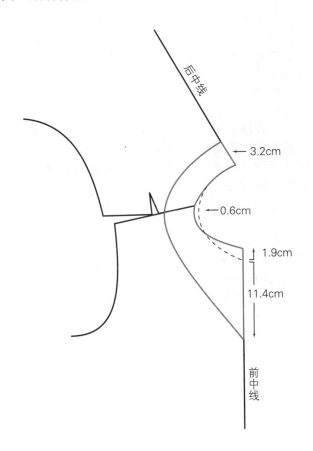

图 2 嵌片式立领

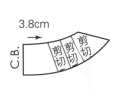
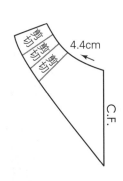

图 3

- 剪切和展开前、后立领。
- 折叠复描前片。
- 作布纹线，加放缝份并作刀眼剪口。完成纸样，进行试穿。

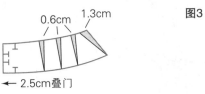

图3

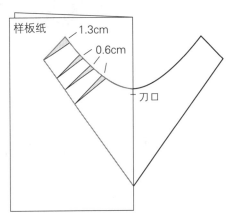

第12章

垂褶领

垂褶领

垂褶领是将斜裁三角形面料从固定端点下垂至设计所需程度而形成。为使悬垂效果最佳，剪裁时应运用正斜、柔软、松弛的机织面料——如绉纱、丝绸、薄纱、人造丝、缎子、雪纺绸和薄型针织面料等。通过基本省量的变化，设计不同的衣身垂褶效果——垂褶深度越低，所需多余省量越大——这也是省道处理方法的一种应用。

垂褶领分类

垂褶领可以设计成垂量多或垂量少、有或没有折裥或抽褶的各种形态，通过变化下垂深度可以塑造服装的柔和感。垂褶可以从肩线开始，在领口或袖窿处形成垂褶，也可以应用于连身衣的腰部、礼服（长外衣）、衬衫、裤子、茄克和大衣上及袖山区域，垂褶可以与服装连成一体构成，也可以嵌入分片构成以节省面料。借助别针固定等手法，垂褶可以被拉动，塑造成任意方向趣味生动的效果。

法式省比腰省表达效果更完美。

斜裁特性

图 1

当从肩线（或服装的任何部位）悬挂形成垂褶时，布纹直料和横料以相反方向下垂，垂褶一边紧贴布纹直丝，另一边紧贴布纹横丝，由于布纹直丝缕的粘度大于横丝缕，常常会引起垂褶浪的不同波动效果。关于其他斜裁特征信息，请参见第 20 章。

垂褶扭曲度调整

图 2

将手指放入垂褶中，并轻轻向下压，如果垂褶的褶浪有扭曲现象，在扭曲的一边重新折叠修正垂浪直至垂浪圆顺，再修正纸样（纸样两边可能不同）。

图1

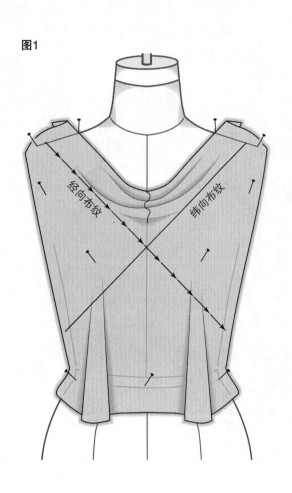

图2

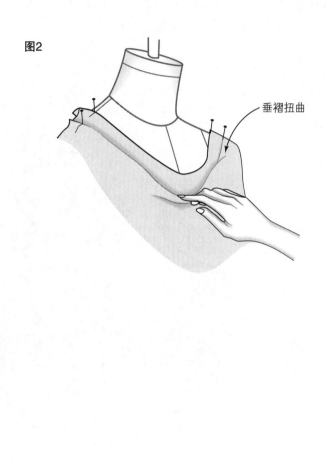

垂褶扭曲

斜裁垂褶领的样板制作

通常服装的基本纸样是按机织面料的直丝缕剪裁的，而不太会用斜裁。然而，如果要使垂褶领服装服帖，纸样需要修正并正斜剪裁，让垂褶领在胸架上自然下垂，以确定斜纹的拉伸量，当垂褶领服帖于胸架时，要标记并修剪衣片伸展量，或对原有纸样加放调整，校正会引起纸样在尺寸上的减少，以平衡拉伸的总量。如果重新剪裁过，则应该进行最后试穿测试。

判断正斜方法

图3

为了找到正斜方向，将布料横纹与直纹或其平行线对折，展平面料并在布边用大头针固定，用划粉或疏缝标记对折线标明正斜方向，首先将垂褶领纸样复描至样板纸上，然后固定至对折的面料上，在剪裁时，为了防滑，在面料下面垫上薄纸。

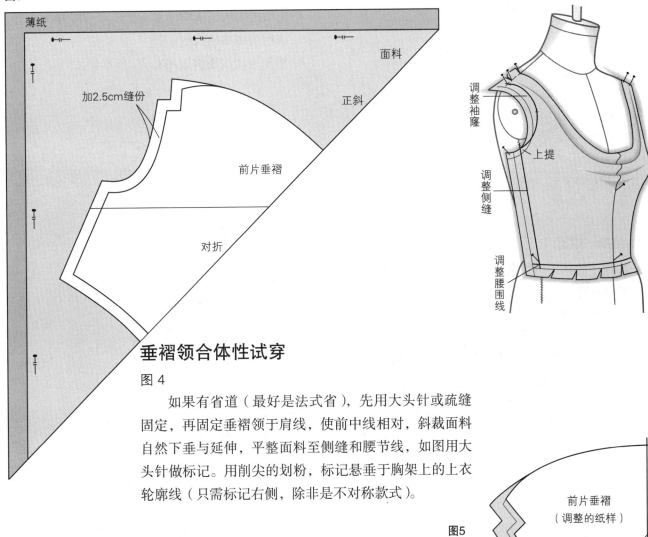

图3

薄纸

面料

加2.5cm缝份

正斜

前片垂褶

对折

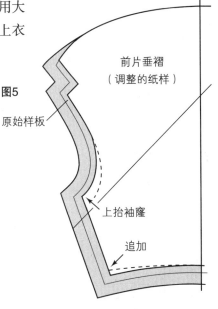

图4

调整袖窿

上提

调整侧缝

调整腰围线

垂褶领合体性试穿

图4

如果有省道（最好是法式省），先用大头针或疏缝固定，再固定垂褶领于肩线，使前中线相对，斜裁面料自然下垂与延伸，平整面料至侧缝和腰节线，如图用大头针做标记。用削尖的划粉，标记悬垂于胸架上的上衣轮廓线（只需标记右侧，除非是不对称款式）。

修正纸样

图5

- 从胸架上取下垂褶衣片。
- 比对原有样板和标记轮廓线间的差异。
- 在有粉印轮廓线上标记原始样板，圆顺弧线，调整修正纸样（如图袖窿下方）。重新剪裁并检测合体度。

图5

前片垂褶
（调整的纸样）

原始样板

上抬袖窿

追加

高位休闲垂褶领

款式1

设计分析：款式 1

款式 1 的休闲垂褶领特征在于，部分省道余量转入领口垂褶。

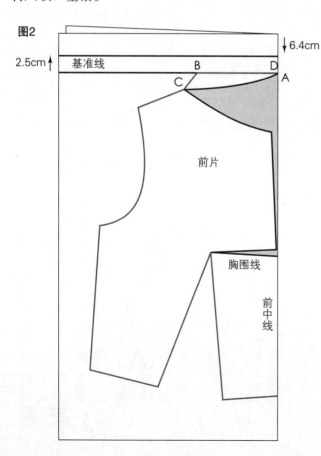

图2

纸样设计与制作

图 1

- 复描前衣片纸样，标写前领中点 A。
- 在肩线距颈侧点 1.9cm 处标记 B 点。
- 距 B 点 1.9cm 标写 C 点。
- 作剪切线 AB 和 AC。
- 过胸点作前中线垂直剪切线。
- 沿 AB 线从纸上剪下样板，剪去不需要的部分，虚线为原来领口线。
- 剪开展切线至胸点和 C 点，但不剪过。

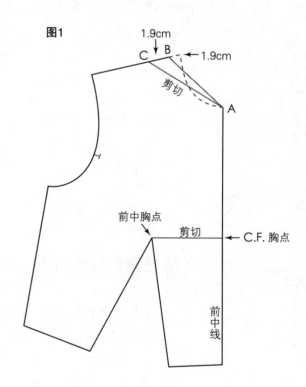

图 2

- 对折样板纸，从纸边下降 6.4cm 作与对折线垂直的引导线，标写 D 点。
- 从 D 点上去 2.5cm 作平行线（内折贴边）。
- 将样板放于纸上，使 B 点交于引导线，A 点对齐 D 点。
- 胸围线以下前中线对齐样板纸的对折线（转移部分省量至前中线）。
- 从 B 点复描纸样至前中线腰节线，移开样板。

图 3

- 对折 AB 线。
- 复描肩线并圆顺(虚线为原有肩线)。

图 4

- 从纸上剪下样板并展开。
- 画 45° 斜向布纹线。
- 根据第 211 页图 3、4 和 5 所给步骤进行初步合体度试样。

图3

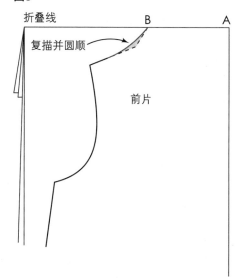

折叠线
复描并圆顺
B　A
前片

图4

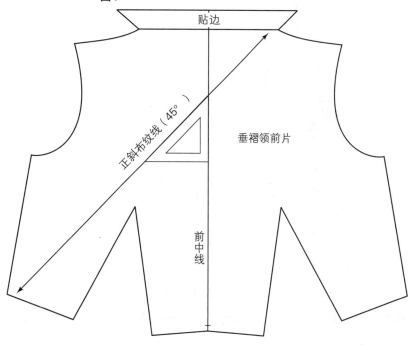

贴边
正斜布纹线(45°)
垂褶领前片
前中线

图 5

- 复描基本后衣片。
- 距颈侧点 1.9cm 标记 B 点。
- 从背中点至 B 点作领口弧线。
- 背中线处追加 2.5cm 叠门。
- 经初步合体度试样后,作剪裁布纹线,并与前片垂褶领缝合。
- 关于贴边,请参见第 16 章说明。

图5

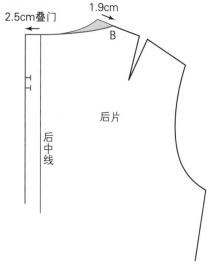

2.5cm叠门　1.9cm
B
后片
后中线

中位垂褶领

款式2

设计分析: 款式 2

垂褶领从肩线中点下垂至领口线和胸围线之间。垂褶领中含有一半腰省量,折叠内层贴边为弧形。

图2

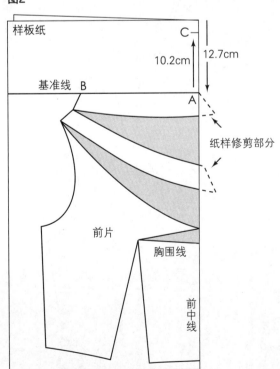

纸样设计与制作

图1 前片

- 复描前衣片纸样,过胸点作垂直前中线的剪切线(胸围线)。
- 在领围前中点与胸围线间标记 A 点。
- 在肩线中点标记 B 点,并画线连接 A 点。
- 从肩端点至胸围线前中点做剪切线,在二者间再作一条剪切线。
- 从纸上剪下样板。
- 剪开展切线至肩线和胸点,但不剪过。

图1

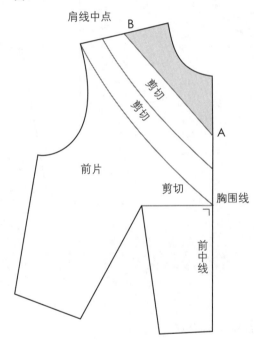

图 2

- 对折纸张,从纸边下降 12.7cm 作与对折线垂直的引导线。
- 将样板放于纸上,使 AB 线对齐引导线,A 点对齐样板纸的对折线。
- 胸围线以下前中线对齐样板纸对折线。
- 从 B 点复描纸样至前中线腰节线。
- 从 A 点向上 10.2cm 标记 C 点以形成对折内层贴边。

图 3

- 对折 AB 线,复描肩线。
- 圆顺肩线(虚线是原有肩线)。
- 勾画贴边(在肩线上宽 3.2cm)。

图3

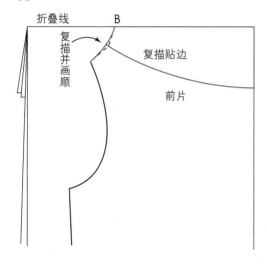

折叠线   B
复描并画顺
复描贴边
前片

图 4

- 展开并描画贴边。
- 画 45° 斜向布纹线,从纸上剪裁样板。根据第211页图3、4和5所给指示进行初步合体度试样。

图4

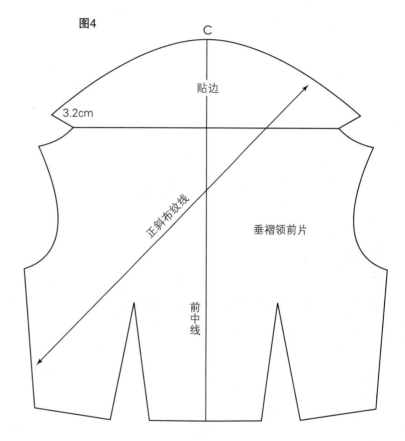

C
贴边
3.2cm
正斜布纹线
垂褶领前片
前中线

图 5

- 复描后衣片。
- 背中点下降 3.8cm 标记 A 点。
- 从 A 至 B 作领弧线。
- 从背中线追加 2.5cm 平行线。
- 作布纹线。
- 关于贴边,请参见第 16 章说明。
- 经初步合体度试样后,剪裁并与前片垂褶领缝合。

图5

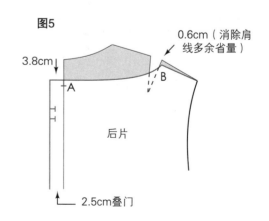

0.6cm(消除肩线多余省量)
3.8cm
A
B
后片
2.5cm叠门

低位垂褶领

款式3

设计分析：款式 3

　　低位垂褶领正好位于胸围线或略低于胸围线。整个腰省量全部转入领口线以实现深位垂褶效果。

图2

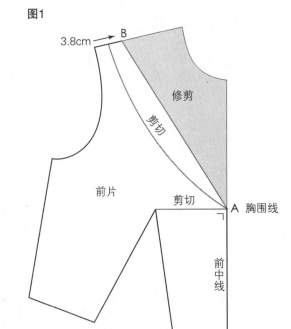

纸样设计与制作

图 1

- 复描前衣片。
- 过胸点作前中线垂线，标写 A 点（胸围线）。
- 相距肩端点 3.8cm 标记 B 点，连接 A 至 B 作线。
- 在肩端点和 B 点间连接 A 点作一条剪切线。
- 从纸上剪裁样板。
- 剪开展切线至肩线和胸点，但不剪过。
- 闭合省道并固定。

图1

图 2

- 对折样板纸，从纸边下降 12.7cm 作与对折线垂直的引导线。
- 将样板放于纸上，使前中线与对折线对齐，B 点在引导线上，展开剪切部分，直至 A 点对齐前中线对折线。
- 固定并从 B 点复描纸样至前中线腰节线。
- 参见第 218 页图 3 说明，画对折内层贴边。
- 完成纸样并试穿。

深位垂褶领

款式4

设计分析：款式 4

　　深位垂褶领常与无肩带胸衣搭配设计，它们在垂褶领衣身的侧缝处相缝合（如图所示）或连至后背。下垂至胸围线以下的垂褶领，需要在前中线处加放松量。

图2

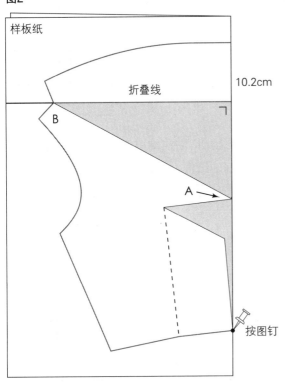

纸样设计与制作

　　如果不采用合体廓型基准样板进行制图，可以用所提供的尺寸进行。

图 1 垂褶领纸样

* 从胸围线向下 5.1cm 标记垂褶深度 A 点。
* 相距肩端 3.8cm 标记 B 点，连接 AB 和 A 至胸点。
* 修剪领口线（阴影区域）。
* 剪开剪切线 A 至胸点，但不剪过。
* 闭合省道。

图1

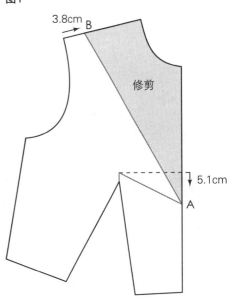

图 2

* 对折样板纸。
* 将腰线中点位于对折线，并用图钉按住，旋转纸样直至 A 点对齐对折线。
* 复描纸样从 B 点至腰围线前中点。
* 过 B 点作对折线垂线。
* 如图画贴边。
* 根据第 211 页图 3、4 和 5 所给步骤进行初步合体度试样。

图 3

- 展开纸样,作刀口标记,画斜向布纹线,加放缝份,从样板纸上剪下。

图3

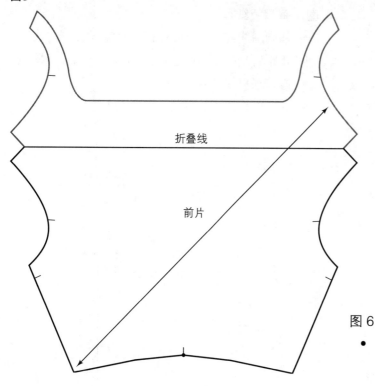

折叠线

前片

图 4 后片纸样

- 复描后片纸样,用所给尺寸画领口线。
- 画贴边(点划虚线所示)。
- 加放缝份,追加叠门量。从纸上剪裁样板。标注刀口记号和布纹线。
- 复描贴边。

图4

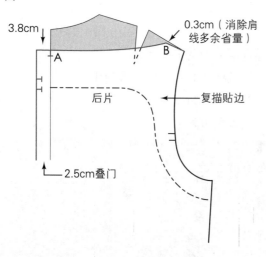

3.8cm

0.3cm(消除肩线多余省量)

A   B

后片 ——— 复描贴边

2.5cm叠门

无肩带胸衣

图 5

- 在复描的衣片纸样上,用合体廓型模板基准线 #6 和 #4 或用所给尺寸设计无肩带胸衣。

图5

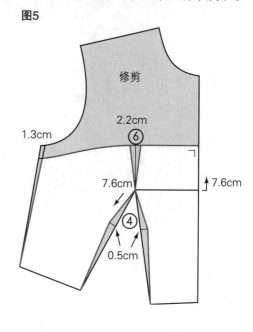

修剪

1.3cm

2.2cm

⑥

7.6cm   ↑7.6cm

④

0.5cm

图 6

- 圆顺公主分割线并作刀口记号。

图6

前侧片   前中片

对折剪裁

图 7

- 如果插入羽骨,需在胸点加放 0.6cm,分离被公主弧线分割的纸样,加放缝份。
- 剪裁两片自身纸样和两片里布纸样。

图7

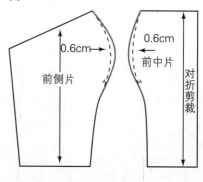

0.6cm

0.6cm

前中片

前侧片

对折剪裁

后背垂褶领

后背垂褶领需用直角尺进行设计，款式 1、2 和 3 分别示例了高、中和低位背部垂褶领效果。

款式1　　　　　款式2　　　　　款式3

高位后背垂褶领
纸样设计与制作
图 1

所需样板纸
- 剪裁一张 91.4cm 的正方形样板纸并对折。

后片
- 从后背颈中点下降 10.2cm 标记 A 点。
- 在肩线中点省位处标记 B 点。
- 测量 A 至 B（包含省量）并记录。
- 相距腰节线背中点并等于腰省量处标记 C 点。

图1

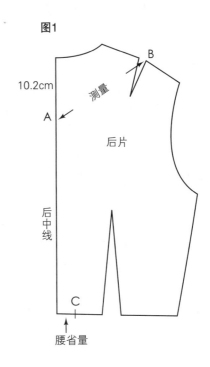

图 2

- 从对折的纸边下 10.2cm 作对折线的垂线 AB,并标写。
- 将样板放于纸上,使样板上的 B 点与纸上 B 点重合,C 点对齐对折边。
- 固定并复描蓝线所示纸样,略去虚线所示部分,然后移开样板。
- 从 B 点至肩端点略带弧线画顺。

图2

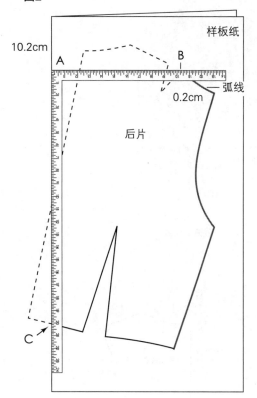

图 3

- 作对折线垂线使其与省端相交,并如图画顺底边。

图 3

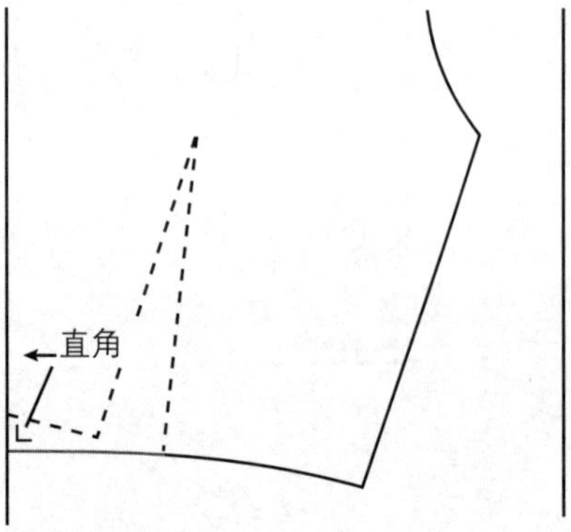

图 4

- 沿 A–B 线折叠纸,复描肩线。
- 从前中对折线下降 7.6cm 处开始画弧线,至距离 B 点 3.2cm 的肩线,复描纸样。

图4

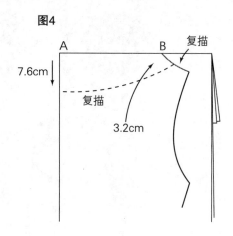

图 5

- 展开纸样,用铅笔刺孔作标记。
- 作 45° 斜向布纹线。
- 加放缝份,作刀口标记,根据第 211 页图 3、4 和 5 所给步骤剪裁并初步合体度试样。将前片垂褶修正后,调整基本后片的肩线,完成服装样板。通常基本纸样沿布纹经向剪裁。

图5

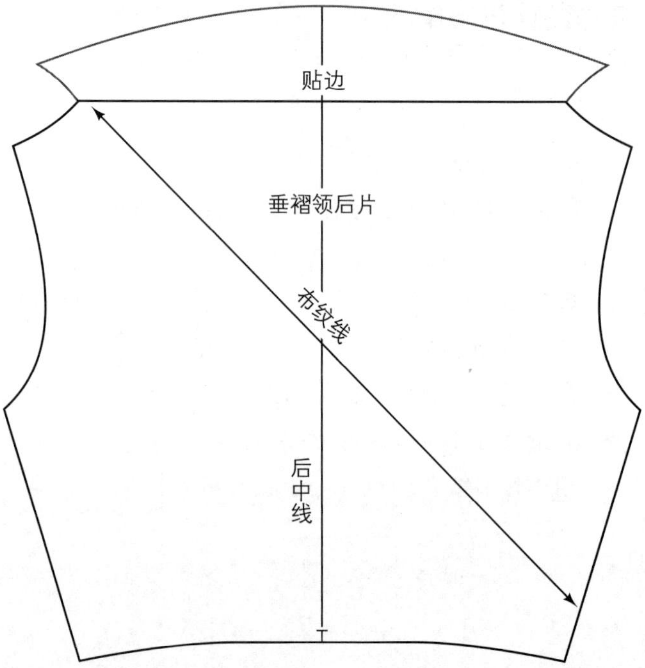

中位后背垂褶领

图 1 和 2

- 在背中线领和腰线中点标记 A 点。
- 距离肩端点 5.1cm 处标记 B 点。
- 测量 AB 距离并记录。
- 标记 C 点使与中线距离等于省量。
- 根据第 210~211 页图 2、3、4 和 5 所给步骤进行操作。

图2

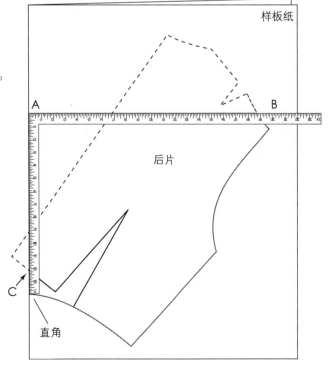

图1

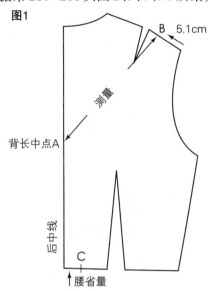

低位后背垂褶领

图 1 和 2

- 从后中腰节线向上 10.2cm 标记 A 点。
- 距离肩端点 2.5cm 处标记 B 点。
- 测量 AB 距离并记录。
- 标记 C 点使与中线距离等于省量。
- 根据第 210~211 页图 2、3、4 和 5 所给步骤进行操作。

图2

图1

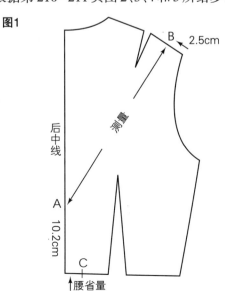

一片式袖窿垂褶

款式1

款式3

款式2

款式4

设计分析: 款式 1、2、3 和 4

形成于袖窿下方的垂褶替代了侧缝。

腋下垂褶的四个变化款式

款式 1——冒肩式垂褶，如图 1

款式 2——背心式垂褶，如图 1

款式 3——袖窿式垂褶，如图 2

款式 4——长袖式垂褶，如图 2

图 1

- 使用前、后两省基本衣片，将肩省转入袖窿。
- 在样板纸上画直角线，并标写 A，B 和 C。
- 将前衣片放在 AB 线上，将后衣片放于距 BC 线 2.5cm 处（为了预留叠门），前、后侧腰处留 2.5cm 松量。
- 固定并复描前、后片纸样。
- 省略虚线所示部分，移开样板。
- 圆顺前后腰线间的弧线。

款式 1：冒肩式垂褶

- 缝合肩线延长至 7.6cm 或更多量。

款式 2：背心式垂褶

- 从前片肩线中点至后片肩线中点连直线。

图 2

款式 3：袖窿式垂褶

- 连接前、后肩端点画直线，标写 DE。

款式 4：长袖式垂褶

- 连接前后肩端点作直线，标写 DE。
- 标记 DE 线中点，并与腰侧点相连，从腰侧点延长此线至所需袖长（如果需要抽褶，再追加长度）。
- 袖口作直角线，两边均等于腕围加 3.8cm 的一半。
- 由袖口分别连接 D 点和 E 点（手臂外侧缝）。

图1

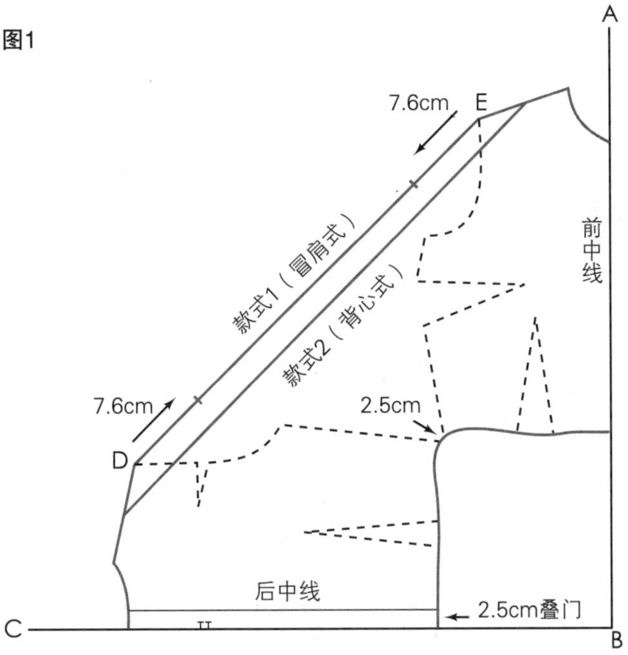

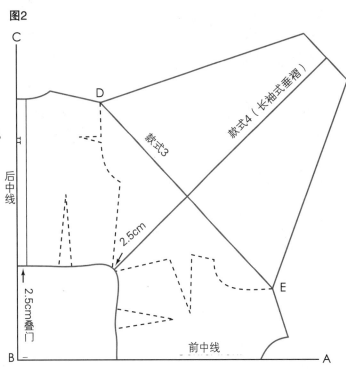

折裥式垂褶领

　　折裥控制着垂褶领的垂浪,增加了垂褶领的蓬松效果。以下讲述的是沿肩线做折裥而形成垂褶领的方法,其设计过程也适用于折裥式垂褶袖窿和折裥式垂褶侧缝。下列垂褶款式展示了折裥式可能的垂褶变化款式,款式 1 的设计过程做了图示说明,款式 2 和 3 为纸样设计的实战训练题。

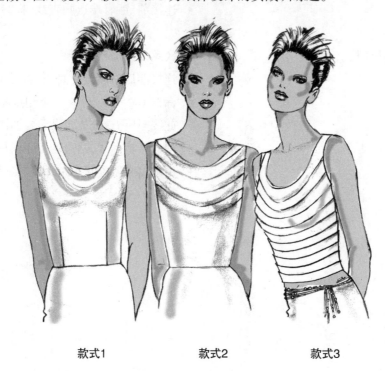

款式1　　　　　款式2　　　　　款式3

肩部折裥式垂褶领
设计分析

　　款式 1 在肩线处有两个折裥,形成胸围线上方的垂褶。

纸样设计与制作

图 1 前片

- 复描前片纸样,过胸点作前中线垂直的剪切线(胸围线)。
- 在前领中点至胸围线间标记 A 点。
- 在肩线中点标记 B 点。
- 连接 AB 线。
- 在 B 点与肩端点间及 A 点与胸围线间画两条剪切线。
- 从纸上剪裁纸样。

图1

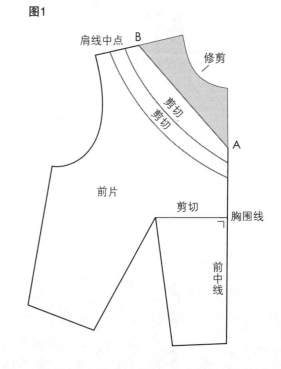

图 2

- 对折样板纸,相距纸边 10.2cm 处作与对折线垂直的基准线。
- 剪开展切线至肩线,但不剪断。
- 将剪切线 AB 平齐基准线,纸样前中线对齐对折线(部分腰省闭合,剪切部分展开)。
- 固定纸样展切部分。
- 相距前中线 5.1cm 作平行基准线,穿越纸样展切部分。

图2

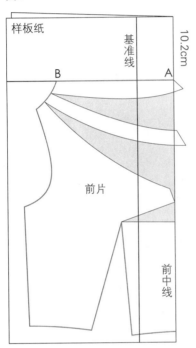

图 3

- 展开肩线。
- 在肩线展开每个切片 3.2cm 或更多(所需折裥量),每个切片保持在基准线上并固定。
- 复描纸样外轮廓线和肩线折裥展开的每个折角。
- 移开样板。
- 对每个折裥作中心标记,将下列箭头拐角与中心标记连接,对每个折裥作刀口。
- 在 AB 线上方 2.5cm 处作平行线形成内层贴边。

图3

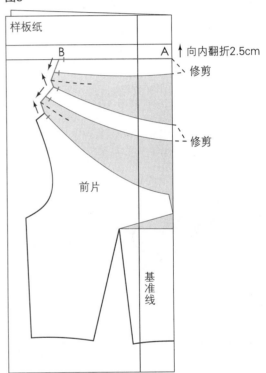

图4

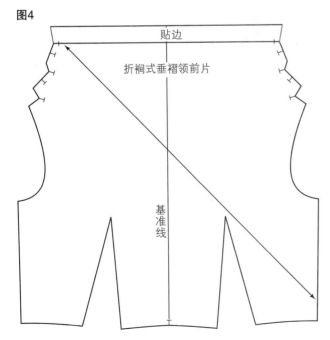

图 4

- 从纸上剪下样板并展开。
- 作斜向布纹线。
- 完成纸样做试穿。
- 根据第 211 页图 3、4 和 5 所给步骤剪裁并初步合体度试样。
- 根据 215 页图 5 的说明完成后片纸样。

夸张垂褶领

这类垂褶领指在无折裥情况下，通过展开与前中线成直角线的纸样而形成。这种款式在前中线需要有分割，图示是基于帝国式造型纸样设计的款式，也可以使用其他任何纸样。

高位夸张的垂褶领

款式1

设计分析：款式 1

款式 1 的特征在于前中线有分割，且有深的垂褶浪。

纸样设计与制作

所需尺寸

（12）＿＿＿＿＿＿（1/4 领大）。

图 1 前片

- 复描帝国式造型衣身的基本前衣片和腰腹育克（嵌腰片）（参见第 9 章）。
- 从前颈中点向上延长前中线，颈侧点垂直向上2.5cm，作垂线其长度等于 1/4 领大加 0.6cm。
- 向下作垂线至肩线，用弧线圆顺肩线，标写 A 点和 B 点。
- 作剪切线，其中一条垂直通过胸点。
- 从纸上剪下样板。

图1

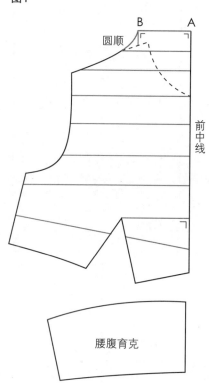

图 2

- 从前中线剪开剪切线至侧缝线和胸点。
- 闭合省道并固定。
- 放于纸上,如图均匀或不均匀展开切线,控制蓬松量。
- 复描纸样轮廓线。

图2

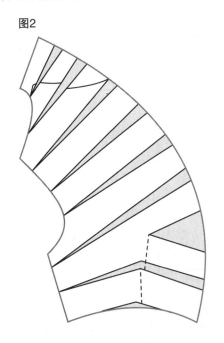

图 4 后片

- 复描基本帝国式造型后衣片和腰腹育克。
- 从颈侧点向上 2.5cm 处作标记。
- 过标记点作背中线的垂线,使其等于 1/4 领大加 0.6cm。
- 校对需匹配的前、后肩线。
- 作布纹线,完成纸样并进行试穿。

　　锁定抽褶:衣片前中线的抽褶需用斜纹牵带控制所需长度,或用橡筋控制固定抽褶。

图 3

- 对夸张的纸样形态需作标记以辨认。
- 作斜向布纹线。

图3

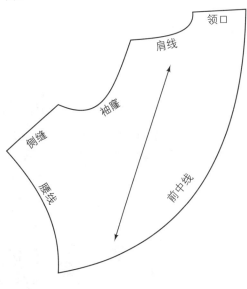

领口

肩线

袖窿

侧缝

腰线

前中线

图4

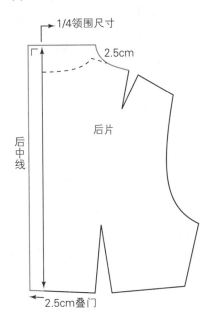

1/4领围尺寸

2.5cm

后中线

后片

2.5cm叠门

腰腹育克

嵌片式垂褶领

　　嵌片式垂褶领可以设计在任何上装、连身衣或类似的服装上，可以设计任何造型线的垂褶领嵌片。垂褶领嵌片的设计如图示说明，但没有描绘出完整纸样，后片纸样也没有做示例。款式 2 和 3 为实战训练题，连身衣基本型的运用请参见提高篇第 1 章。

V 型嵌片式垂褶领

款式1　　　　　款式2　　　　　款式3

纸样设计与制作

图 1

- 复描双省前衣片纸样，从前中线至胸点作基准线的垂线（胸围线），如图设计纸样。
- 在肩线 B 和 C 间下凹 0.2cm，并作弧线（当与后肩线缝合时控制垂褶领的褶浪）。
- 在 C 和 D 间作十字刀口标记。
- 从纸上剪下样板。
- 再从样板上剪下嵌片（A、B、C 和 D 区域）（下部纸样用于完成款式结构设计）。

图1

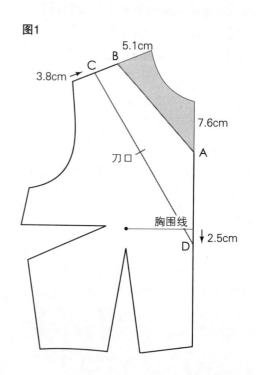

5.1cm

3.8cm → C　B

7.6cm

刀口

A

胸围线

↓2.5cm

D

图 2
- 在纸的中央复描嵌片式垂褶领部分。
- 直角尺的一边确认 AB 尺寸，B 点与直角尺的另一边 D 点对齐。
- 如图沿直角尺画线，从 B 至 A 至 D。

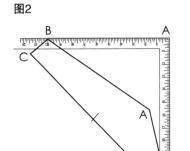

图2

图 3
- 对折 AB 线，复描纸样。
- 距离 2.5cm 处作 AB 平行线，折叠 AB 线，复描肩线。
- 展开并完成纸样。
- 完成后片纸样和贴边。

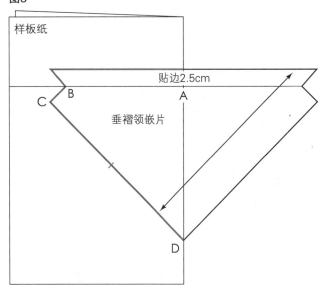

图3

自评测试

垂褶领最佳垂褶状态	1. 斜纹状态剪裁	
	2. 正斜纹状态剪裁	√
	3. 任意斜纹状态剪裁	
控制垂褶深度	4. 省量	√
	5. 折裥	
	6. 在肩部的固定量	
基本省道	7. 前中腰省	
	8. 腰省	√
	9. 在侧缝的法式省	
垂褶布纹	10. 以相对方向下垂	√
	11. 以相同方向下垂	
	12. 以任意方向下垂	
经纬向的拉伸性	13. 具有相同拉伸性	
	14. 具有不同拉伸性	√
	15. 没区别	
垂褶浪	16. 从肩线均匀下垂	
	17. 扭向一边	√
	18. 自由下垂	
基本纸样	19. 斜裁时不必修正	
	20. 当斜裁时需要修正	√
	21. 用另一个纸样	
首次试穿剪裁	22. 忽略弹性	
	23. 为第二次试穿提供新标记	√
	24. 不需要	
修正过的斜裁纸样	25. 变得较小	√
	26. 变得稍大	
	27. 不需要变化	
垂褶领贴边	28. 与垂褶领缝合	
	29. 任意形态的折叠里层	√
	30. 不需要	

第13章

裙/圆裙和瀑布裙

概　论

　　改变裙的廓型（仅指外观形态，而不顾及设计细节）是设计师改变时装外貌和设计思路必须思考的焦点之一。从臀围线至裙摆线直线下垂的造型是裙的基本形态特征，通过增加或减少裙摆量，提高或降低腰节线可彻底改变裙装风格，使裙装远离人体产生飘逸感或紧贴人体。

裙　长

超短裙　　　短裙　　　　及膝裙　　　半长裙　　　芭蕾舞裙　　及踝长裙　　及地长裙
　　　　（长至中大腿）　　　　　　（长及腿肚）

四种基本廓型裙装

　　每种基本裙根据廓型都有其特殊命名，决定新裙款廓型的依据是其与基本裙的差异。

直身裙或矩形裙（基本裙）

　　其定义为从臀围线至裙摆垂直悬垂的裙装。

A 形裙或三角形裙

　　裙装下垂远离臀围，裙摆向外产生喇叭，增加了裙摆的飘逸感（这类裙中包含圆裙和喇叭裙）。

楔形或倒三角形裙

　　裙装从臀围线至裙摆向内渐收。楔形裙通过增加腰围和臀围蓬松量或从臀围至裙摆渐收形成。

钟形裙

　　钟形裙特点是裙装在臀围线上下部位紧贴人体，再顺裙摆向外扩张，形成流动飘逸的裙摆。

裙装特征

　　裙装特征可用以下三个术语来表达：
- 裙摆：裙边的宽度。
- 飘逸：相对人体动态的裙装丰满蓬松度。
- 飘逸拐点：裙装远离人体随风飘动的起点。

直身裙（矩形裙）　　A形裙（三角形裙）　　楔形裙（倒三角形裙）　　钟形裙（喇叭裙）

裙省的灵活多变性

　　在运用纸样设计原理时,三组款式图揭示了腰省的灵活多变性(第二组和第三组示意了完成的纸样形态)。这些设计变形将激励人们进一步深入探索。

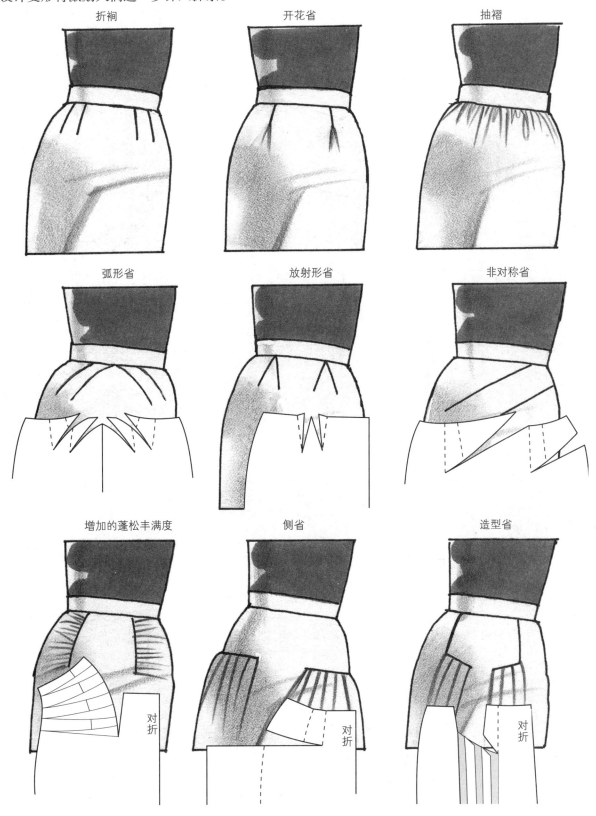

低腰裙

款式1　　款式2

设计分析

　　低腰裙是基于基本裙纸样而产生的。低腰可以低于自然腰节 7.6cm，也可以降低至任意深度。基于此样板，创建你自己的款式。

纸样设计与制作

图 1

- 复描前、后裙片纸样至裙长。后中线处加宽 1.9cm。
- 腰线下 6.4~7.6cm 作腰线平行线。
- 修剪侧缝 0.6cm，并圆顺（修剪虚线区域，侧缝和腰线加放缝份）。

图1

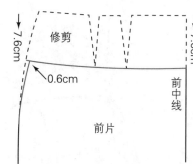

图 2a、b

- 缝份：加放 1.3cm 缝份，新腰线加放 0.6cm，裙摆加放 2.5cm。
- 从纸上剪下裙样片。
- 贴边：在新腰线下 6.4cm 处作腰口平行线，将样板纸放于裙片下面，描画贴边（阴影部分）。移开样板纸，剪下贴边纸样。

图 2c

- 闭合后片省道，粘合并圆顺。

图 2d

- 前片贴边（展开）。
- 完成纸样。
- 剪裁并试穿。

图2a

图2b

图2c

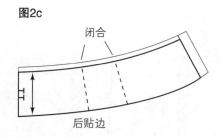

图2d

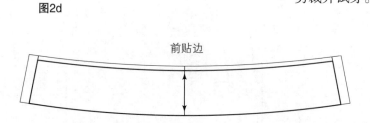

高腰裙

　　裙款设计可将腰线延伸至自然腰线上。高腰裙基本纸样很实用，可以用于设计带有折裥裙、喇叭裙或三角嵌片喇叭裙的半胸衣，也可以作为提高腰部以上塑体效果、穿在服装外面的收腹带的设计基础。

裙片制作准备

图 1

- 复描纸样，延长中心线 6.4cm，标写 A 点。
- 移动纸样，向上对齐中心线，侧缝重合。沿侧缝腰点向上画 5.1cm，标记 B 点。
- 连接 A 至 B 线。
- 在省线中间作垂线，平行前、后中心线。

图1

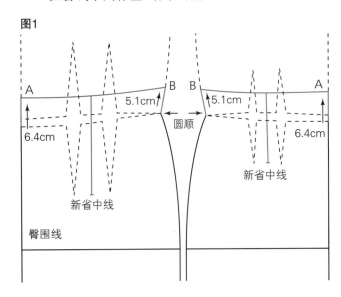

图 2 省道

- 根据尺寸取省量。
- 画省线至腰线和省尖点。
- 修剪侧缝 0.6cm。

图2

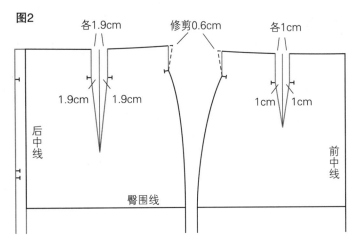

图 3a、b 贴边
- 样板纸放于裙样片下,腰节线下 1.3cm 处作标记并复描(如图 3a 阴影区域)。

图3a

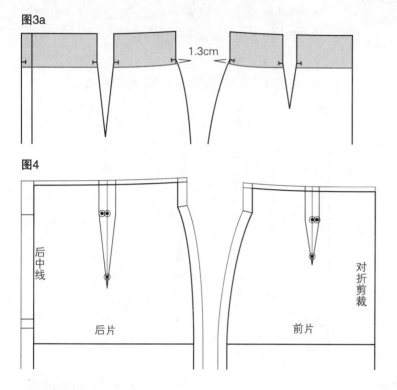

图4

- 剪裁贴边,闭合省道,粘合固定。
- 描画贴边纸样,加放缝份,具体参见图 4 说明,剪下贴边纸样(如图 3b)。

图3b

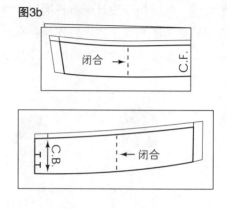

图 4 完成纸样
- 除了腰口加放 0.6cm,底边加放 2.5cm 外,其余缝边加放 1.3cm 缝份。
- 在省位处作打孔和画圈标记。
- 完成纸样信息标注。

准备拉链和裙腰

包边或曲折线迹缝毛边,为了避免缝过拉链头,缝纫前先打开拉链,缝缉一小段距离,然后闭合拉链继续缝制,可以先用大头针或疏缝固定拉链位置,如果有必要,装好拉链再缝制裙片,然后再装裙腰。

图 1 搭接拉链缝
- 从底边至拉链刀口位置缝缉后中线,并倒回针加固。
- 分开缝烫开。
- 在面料正面腰口线下 1.6cm 处按放拉链并对齐拉链"上止口",拉链齿位于中心剪口处。
- 距齿边 0.2cm 直线缝缉,使拉链能自如活动。

图 2 清止口缝
- 将拉链翻于正面,沿止口边缝缉。

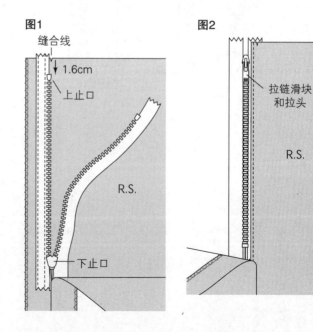

图 3 搭接叠门边

- 面料的正面缝份展开,低于腰节线 1.6cm 处用大头针固定拉链的"上止口",拉链齿距中心线刀口 0.6cm,相距齿边 0.2cm 处沿边直缝,缝合时手持固定位置。

图 4 缝缉门襟边

- 翻转裙子于正面,闭合拉链。
- 将折叠的叠门与左裙片中心刀口对齐。
- 用大头针(或假缝)固定,标明拉链止点位置,距折边 1.6cm 至 1.9cm 处缝缉平行线,在低于拉链止点 0.6cm 处转直角缝缉,倒针加固。

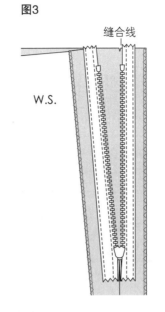

图3

缝合线

W.S.

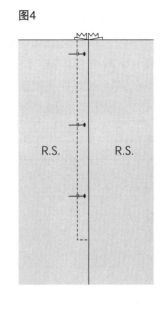

图4

R.S.　　R.S.

基本裙腰

　　裙腰长——小于裙腰围 1.3cm,记录_____。

　　叠门量——加放 2.5cm 裙腰长,用于纽扣或纽眼量。

　　裙腰宽——6.4cm(完成净样宽度为 3.2cm)。

图 1

- 经向对折样板纸。
- AB=3.2cm
- BC= 裙腰长
- CD=2.5cm
- BE= 侧面缝线长

图1

对折样板纸

A　　　　　　　　　　　　　　　　　　　　　　　2.5cm

3.2cm

B　　　　　　　　　　　　E　　　　　　　　　　C　D

图 2

- 缝份——1.3cm。
- 在 E 和 C 点作刀口标记。
- 从缝缉线向上 1.9cm 作纽扣 / 纽眼标记。

图2

对折样板纸

E　　　　　　　　　　C
(纽扣和扣眼位置可互换)

图 3

- 完成裙腰纸样。
- 作布纹线。

图3

缝制指南

对齐裙腰折叠线，粘合腰衬。

图 1a、b 准备裙腰

- 正面相对折叠裙腰,缝合 / 回针加固缝合叠门量,另一端加固缝合于距腰围边 1.3cm 处(如图 1a)。
- 正面向外翻转并烫平。

图1a

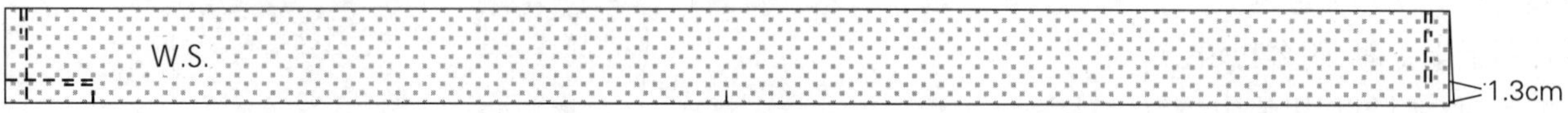

对折

W.S.

1.3cm

图1b

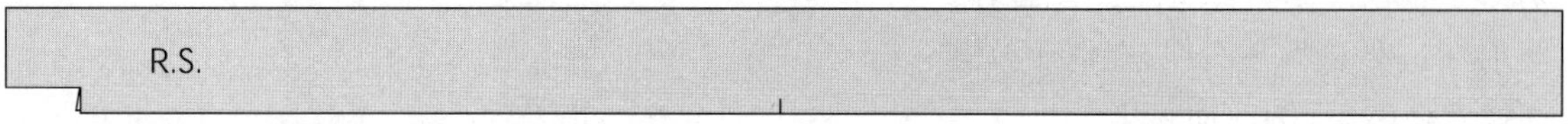

对折

R.S.

图 2a、b 绱腰

- 用大头针将裙腰正面相对固定于裙片腰线上,匹配中心刀口(如图 2a)。
- 缝缉 / 回针加固腰头两端(如图 2b)。

图2a

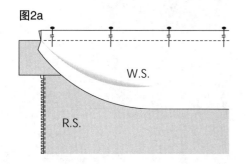

W.S.

R.S.

图2b

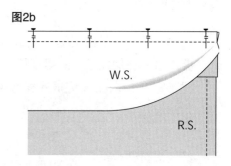

W.S.

R.S.

图 3a、b 漏落缝

- 对折腰头,用大头针固定(如图 3a)。
- 在正面沿线漏落缝与腰头内层一起缝合(如图 3b)。

图 4 纽扣 / 纽眼

- 距离腰头尾部 1.9cm 处,设置纽眼和纽扣位置。

图3a

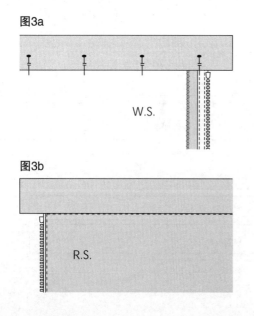

W.S.

图3b

R.S.

图4

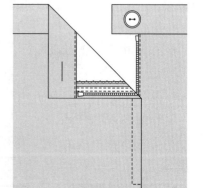

喇叭裙

喇叭裙系列设计运用了原理 #1，即省道处理（省道转移至裙摆）和原理 #2，即加放松量，以加大裙摆飘逸感。喇叭裙具有三角形廓型特征。

A 形喇叭裙
设计分析

A 形喇叭裙特征在于裙摆围度远远大于臀围量。可以将省量转移至裙摆，并在侧缝处增加裙摆宽度来实现，由于裙摆效果更宽圆，提供了更大的步行空间。

纸样设计与制作

图 1、2

- 复描前、后基本裙样板至所需长度。
- 从省尖点（相距侧缝处的）作剪切线至裙摆线，与中心线平行。标写 A、B 和 C、D。
- 从纸上剪下样板。
- 剪开剪切线至省尖点，但不剪断。
- 放于样板纸上。

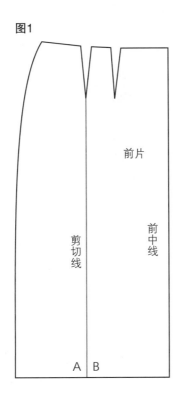

图1

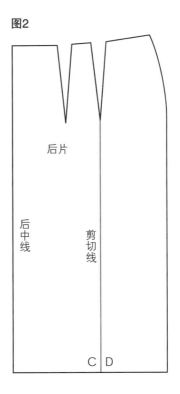

图2

图 3 前片

- 闭合省道,描画纸样。
- 在底边标写展开点 A 和 B。

A 线廓型

- 在底边侧缝标写 X。
- XY=AB 量的一半,并标写。
- 从 Y 顺接连线至臀线最宽点,标写 Z。
- ZY=ZX,从 Y 点作直角连接 X 点。
- 圆顺裙摆线。

图 4 后片

- 转移足够的腰省量至裙摆,使 CD 量等于前片 AB 量,其余省量两边均分并入另一省道(虚线为原省线)。
- 用前片 X、Y、Z 的方法(如图 3),追加侧缝,描画纸样。
- 完成纸样前,制作一套净缝样板用于纸样核对操作,一套有缝份样板用于缝制服装,从图 5 中选择所期望的裙样片类型。

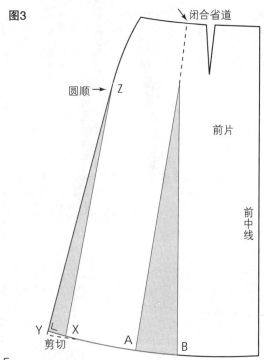

图3

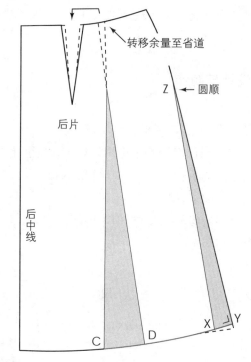

图4

图 5

选择期望的裙子类型

1. 对折剪裁前、后裙片。
2. 前裙片对折剪裁,后裙片分裁。
3. 前、后中线均开裁,形成 4 片裙,见图 5。

　作布纹线,加剪口标记,完成纸样作试穿。

- 参见 294 页关于布纹线处于不同展开位置的影响效果说明。

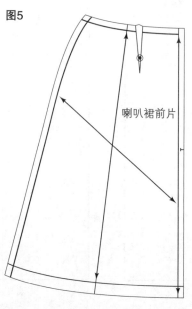

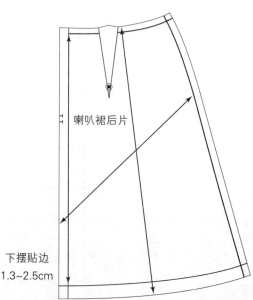

基本喇叭裙
设计分析

　　喇叭裙比基本 A 形裙拥有更大的裙摆量，所有省量全部转入裙摆增加摆幅。由于后裙片省量大于前裙片，会导致前、后裙摆有差异，如果此差异不能均衡，将产生侧缝波浪不平衡，由此操作产生较长的部分，引起缝线卷曲，为了避免这些问题，参见 242 页图 5。有两种处理方法：如下所述的剪切－拉展法和用 243 页单省裙基本纸样实现旋转－转移法。

纸样设计与制作

图 1、2

- 复描前、后片裙样板。
- 平行于中心线从省尖画线至裙摆。

图1

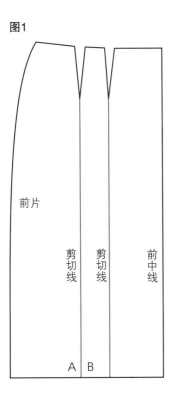

图2

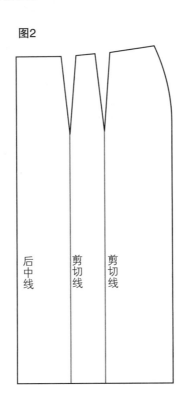

图 3、4

- 剪开展切线至省尖,但不剪断。
- 闭合省道,粘住固定。
- 复描纸样。

- 运用基本 A 形裙摆的圆顺方法(参见 240 页的图 3 和图 4),将前、后片的两侧追加 A-B 展开量的一半使之成 A 形。
- 如图画顺裙摆线。
- 剪下前片,作侧缝调整,追加 1.3cm 至 1.9cm 裙摆贴边,加放其余缝份。

图3

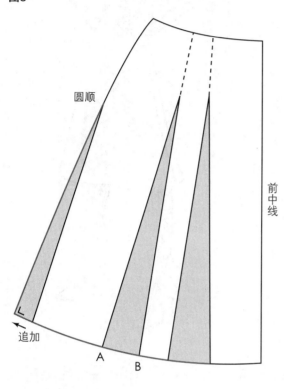

图4

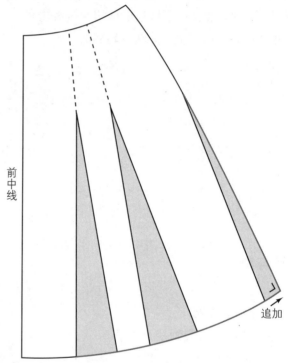

图 5 平衡侧缝

- 将前裙片放于后裙片上,对齐中心线。
- 测量和分配前、后片裙摆在侧缝的差量。
- 将差量的一半加放在前片,另一半加在后片(阴影部分所示)。
- 在臀围处圆顺侧缝。
- 追加 1.3cm 至 1.9cm 裙摆贴边,加放其余缝份。
- 从纸上剪下后裙片,画布纹线,完成纸样制作并试穿。

图5

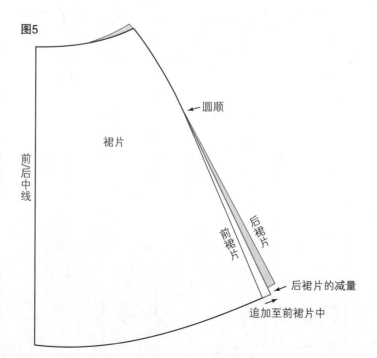

单省裙基本样板

单省裙基本样板具有两种功能：既可以通过转移省量至省尖下方，利用臀线以下几乎为垂线的侧缝，展开成喇叭裙，或使臀部紧贴、裙摆展开的钟形裙。为了形成纸样，必须修改基本裙。

以案例为指南，使用自己的尺寸进行练习：

- 将前、后片的省量合在一起。
  前省 =2.5cm；后省 =5.1cm；总省量 =7.6cm。
- 平分省量 =3.8cm（即每个省量）。

图 1、2

- 复描前、后片纸样，消除省线（虚线）。在腰线上两省线中间作标记，从标记点至裙摆线，作中心线的平行基准线。
- 在基准线上，从前、后腰线下量 11.4cm 作十字标记为省尖。
- 在腰线上，从基准线两侧向外量 1.9cm（个体尺寸可能不同），标记并连接省尖。
- 在基准线上，从省尖向下产生两个系列标记点，间隔 2.5cm，标记点表示之后设计正斜剪裁的紧身柔美裙的旋转点。

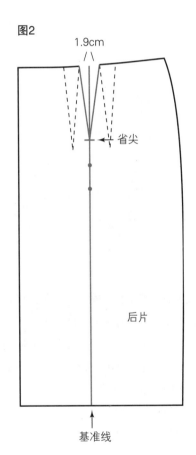

图1

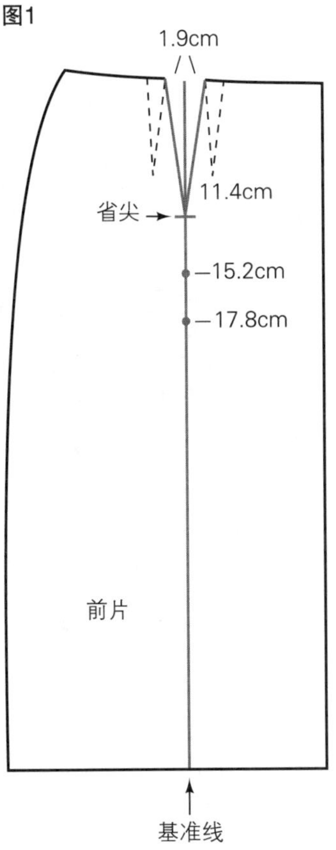

1.9cm

省尖→ 11.4cm

—15.2cm

—17.8cm

前片

基准线

图2

1.9cm

→省尖

后片

基准线

基于单省纸样的喇叭裙
纸样设计与制作

图 1

- 从 A 至 C 复描单省前片纸样。
- 在纸上 A 点作十字标记。

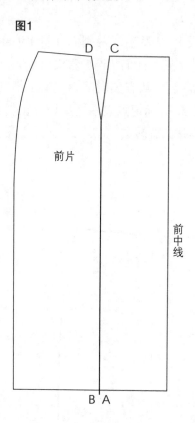

图1

图 2

- 在省尖按图钉,让省线从 D 点转至 C 点。
- 从 D 点至 B 点描画纸样,作十字标记并移开纸样。

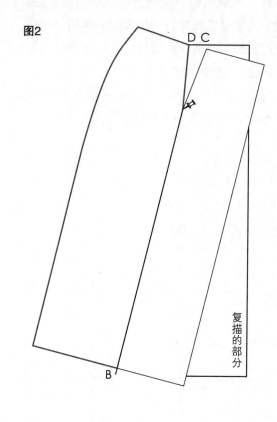

图2

图 3

- 侧缝追加 AB 量的一半,根据基本 A 形裙的方法圆顺裙摆(参见 240 页的图 3 和图 4)。如图标记布纹线的可选方向(布纹线的不同选择对喇叭裙的悬垂有影响,参见 294 页关于布纹线处于不同展开位置的影响效果说明)。
- 重复上述步骤,设计后裙片。
- 根据 240 页的案例,加放缝份。

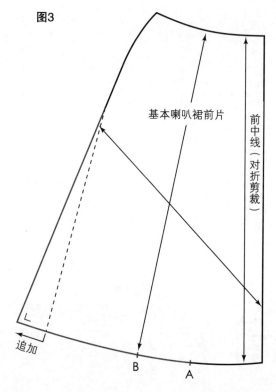

图3

大喇叭裙
设计分析

　　大喇叭裙往往通过剪切纸样造型线和（为了平衡）在侧缝处增加额外的波浪形成，裙摆比基本喇叭裙大得多，长裙的摆量通常比面料幅宽大，要用额外的样片弥补面料宽幅的不足，大喇叭裙可以由单省裙基本样板产生，也可以由双省裙基本样板产生或由圆裙产生（见290页）。下面以单省裙片为例，追加至所需长度，加放1.3cm裙摆贴边。

纸样设计与制作

图1

- 复描裙样片。
- 作剪切线,标写A和B。

图1

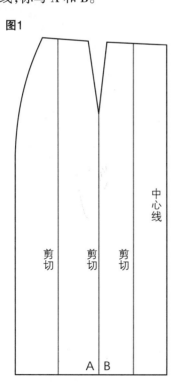

图 2

- 剪开剪切线至腰线,但不剪断。
- 将纸样放于样板纸上,拉展每片展开量 12.7cm 或更多。
- 描画轮廓线。
- 加放侧缝裙摆并圆顺裙摆;从裙摆至腰线用直线连接(当裙装拥有足够松量时,虚线表示的臀部弧线已不再需要)。
- 画布纹线。
- 重复上述步骤制作后裙片。
- 完成纸样作试穿,在确认裙摆线前,需将裙子悬挂过夜(使布纹完全下垂),然后标记新的裙摆线,修正纸样,见 294 页。

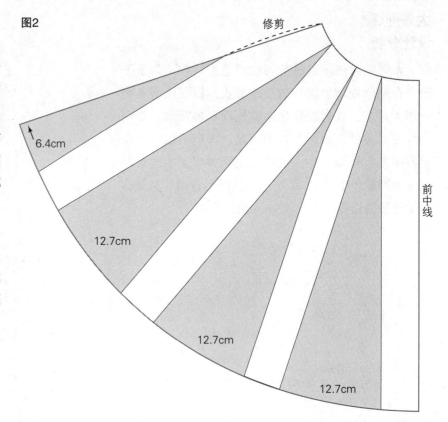

图2

修剪

6.4cm

12.7cm

12.7cm

12.7cm

前中线

图 3、4 宽大裙摆的调整

- 虚线表示裙摆超出面料幅宽的部分。
- 在纸样上画布边线,十字标记 1.3cm 剪口。
- 如图所示(图 4),制作超越布边的裙摆纸样。
- 在某些情况下,中心线可安置在横向布纹线上,以避免追加超越布边的纸样。

图4

追加2.5cm

裙片部件

图3

超出部分

刀口

刀口

刀口

裙片

前中线

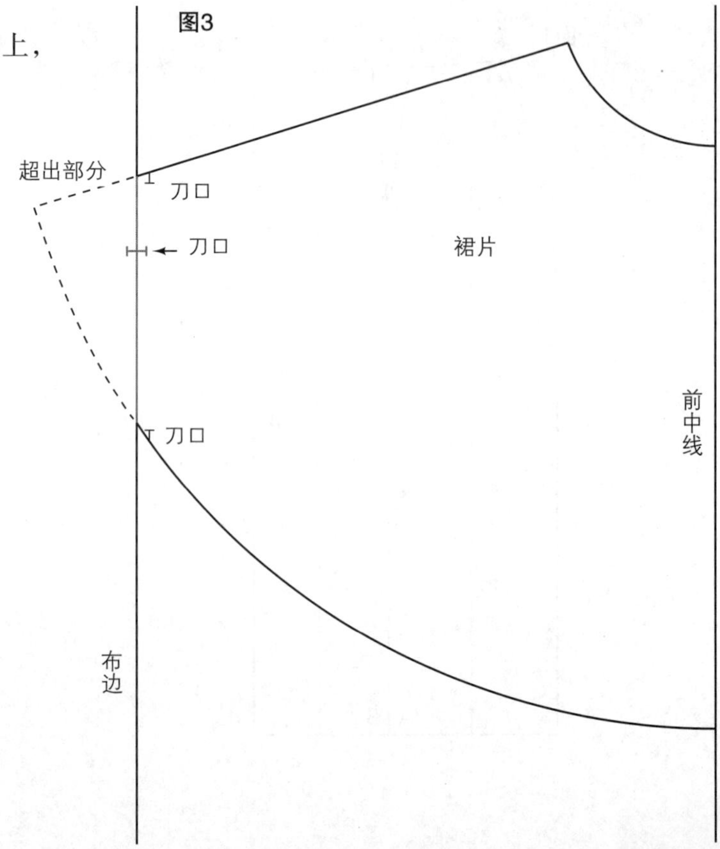

布边

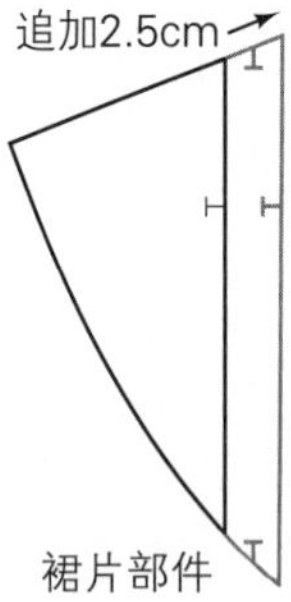

腰部抽褶裙

估算需要的蓬松量前，需考虑两个因素。

1.面料重量：紧密织物会限制抽褶量；轻薄织物则能容纳较多抽褶蓬松量。

2.成本：抽褶会增加面料用量，同时也增加了服装的成本。

抽褶量计算

图1

计算抽褶部分成品长度（可应用于服装的任何部位）。例如，66cm 的腰围，每厘米中含有一定比例的抽褶蓬松量，计算如下：

1.5 ∶ 1=99.1cm 抽褶成 66cm（适用于不昂贵的服装）。

2 ∶ 1=132.1cm 抽褶成 66cm（适用于一般蓬松度的服装）。

2.5 ∶ 1=165.1cm 抽褶成 66cm（适用于中等价位的服装）。

3 ∶ 1=182.9cm 抽褶成 66cm（适用于雪纺等轻薄面料的服装）。

4 ∶ 1=264.2cm 抽褶成 66cm（适用于雪纺等轻薄面料的服装）。

抽褶裙一般为喇叭裙（A 廓型）或旦多尔紧身裙（矩形裙）。

图1

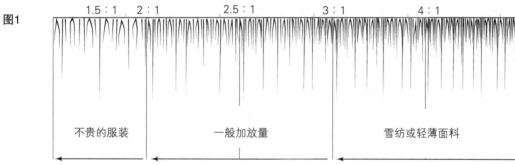

腰部抽褶的喇叭裙

用单省或双省裙基本样板。

图2

- 根据 245 页图 1 和 246 页图 2 的案例准备裙子样板。

- 展开裙摆后,可根据图示或裙摆展量的一半展开腰围。

- 追加侧缝摆量,修剪臀线,直线连接至腰围线,圆顺腰口线。

- 参见 294 页调整裙摆。

图2

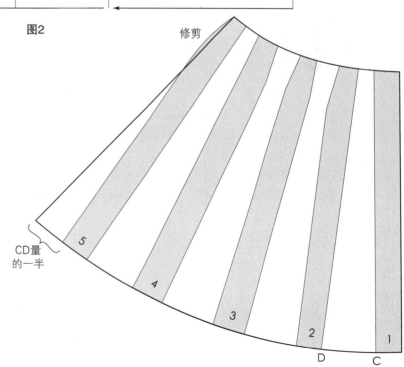

腰部抽褶旦多尔紧身裙

　　抽褶裙是由矩形面料构成（面料的腰围量与臀围量相等）。要估算抽褶蓬松量,需考虑面料的幅宽,通常, 如果面料幅宽为 91.4cm, 可剪裁两幅；如果是 114.3cm, 可剪裁 1.5 幅, 如果需要更大的蓬松量, 请看 247 页的图 1。

纸样设计与制作

图 1

- 在样板纸上作一条竖直线,长度等于裙长加 7.6cm（裙摆贴边和腰口缝份）,例如: 成品裙长为 66cm, 加 5.1cm（腰口缝份 1.3cm, 裙摆贴边 3.8cm）; 总长 71.1cm。
- 在竖直线的上下两端作直角线,长度等于面料幅宽,两点连线完成纸样。
- 91.44cm 幅宽的面料剪裁两片,114.3cm 幅宽的面料剪裁 1.5 片(未作图示),如有需求,可增加裁片。
- 将后片中心降低 0.6cm（虚线所示）,顺接两端。
- 纸样宽度中点即前、后中线处作刀口标记,裙摆贴边和缝份处作刀口标记。
- 为了便于穿脱,裙子可在一侧开口,或将后中线成拼缝做拉链。

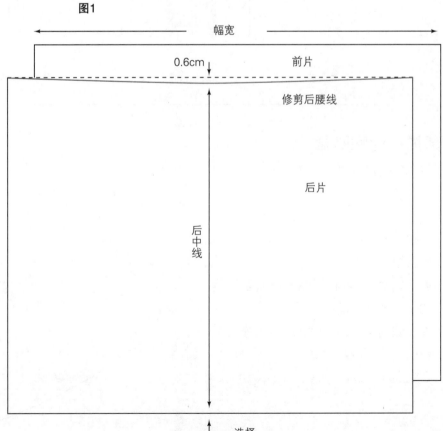

多片裙

多片裙的拼接片向腰围线方向逐渐变小，它由许多裙片组合而成——从 4 片至 12 片或更多——由等量裁片或不等量多组裁片构成，取决于设计视觉效果，裁片可能从臀围线直线向下悬垂，可能向外喇叭扩展或打裥，也可能沿裁片分割线的某点开始向外展开，这样就产生了多种变化廓型，缝合时，每个相邻接裁片间必须做刀口标记，确保能正确匹配,这一点很重要。款式1至9是多片变化裙的案例。

4 片喇叭裙

设计分析

基本 4 片裙是由基本 A 形裙变化而来，配有一片基本腰头（腰带是分开的，不属于腰头部分）。

纸样设计与制作

图 1、2

- 复描前、后基本 A 形裙片（参见 239 ~ 240 页）。
- 对 4 片裙的前、后中线加放缝份。
- 从纸上剪下，作直线、斜线和中心布纹线（便于今后设计选择）。
- 完成纸样作试穿。

图1

图1

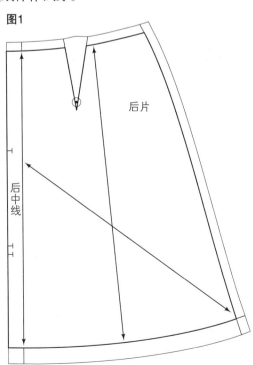

后片

后中线

图2

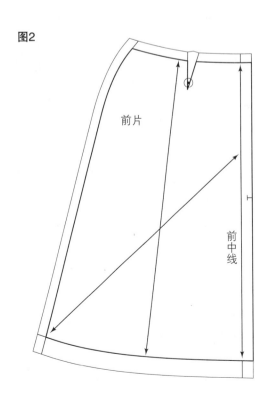

前片

前中线

6 片和 8 片裙

设计分析

6 片裙

基本 6 片裙在前、后裙片中分别占有 3 片, 中心片对折剪裁, 拉链可以缝制在侧缝或后片的拼接片中, 口袋选择可以参考第 17 章。

8 片裙

为了设计 8 片裙纸样, 可以在 6 片裙前、后片纸样上添加分割缝 (未作图示)。

纸样设计与制作

图 1、2

- 复描基本前、后裙片。
- 平行于中心线从省尖点至裙摆线作多片裙基准线, 标写基准线 AB (后裙片) 和 CD (前裙片)。

调整省道

虚线 = 原有省道

后片省

- 减小第二个省量 1.3cm, 长度缩短至 10.2cm。
- 增大第一个省量 1.3cm, 如图画略外弧的新省线 (图 1)。

前片省

- 通过省量移位至第一省, 消除第二省。
- 如图画略外弧的新省线 (图 2)。

图1

增加1.3cm （每边0.6cm）　减1.3cm （每边0.6cm）

10.2cm

A

后片

基准线

B

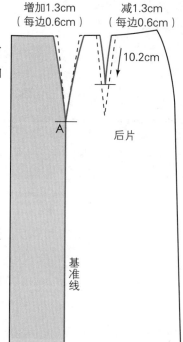

图2

0.6cm　0.6cm

C

前片

基准线

D

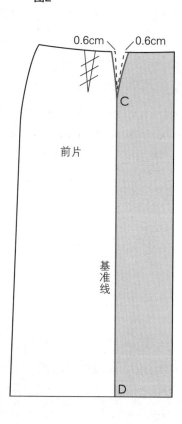

增加拼片裙扩展量

图 3a、b 后裙片

- 从基准线 B 向外 5.1cm 处作标记。
- 从 A 至 5.1cm 的标记处放置一把直尺,从A标记点向上0.3cm处作直线。
- 从标记点弧线顺接裙摆线(如图 3a 阴影区域)。
- 将折叠样板纸放于纸样后面,中心线对齐,描画后中拼片,移开样板纸,放在一边。

后侧拼片

- 在同片纸样上,从 B 点的另一边和侧缝向外 5.1cm 处作标记(图 3b)。
- 根据图 3a 的步骤,画展开线和裙摆弧线(如图 3b 阴影区域)。

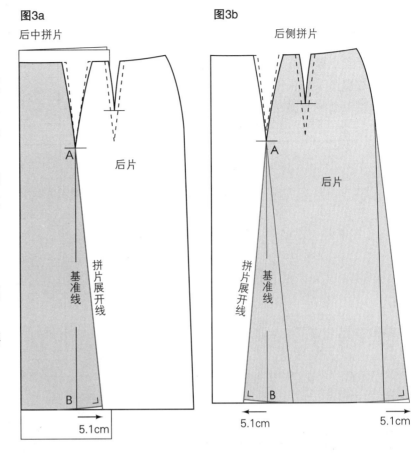

图3a

后中拼片

后片

图3b

后侧拼片

后片

图 4c、d 前中拼片和前侧拼片

- 重复图 3a 和 3b 的说明,从基准线 D 标记展开量。

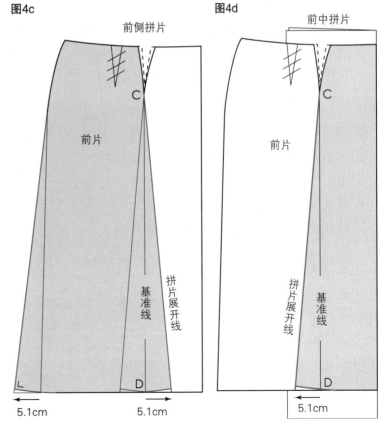

图4c

前侧拼片

前片

图4d

前中拼片

前片

分离拼片

图 5e、f 前 / 后拼片

- 用铅笔点影拼片标记。
- 加放缝份 1.3cm 和裙摆贴边 2.5cm。
- 从纸上剪下并展开。

图 6g、h 前侧拼片 / 后中拼片

- 从样板纸上剪下侧片,描画纸样。
- 加放缝份 1.3cm 和裙摆贴边 2.5cm。
- 从后片省尖向上 1.3cm 打孔 / 画圈 作标记(如图 6h)。

刀口标记

- 对缝份和裙摆贴边作刀口标记。
- 如图所示,在所有相邻接拼片对位 点作刀口标记。
- 在所有纸样上作布纹线,标写纸样 信息,腰头制图请参见 237 页。

绱腰和拉链缝制方法, 请参见第 236 ~ 237 页。

图5e

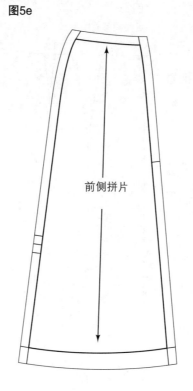

前侧拼片

图5f

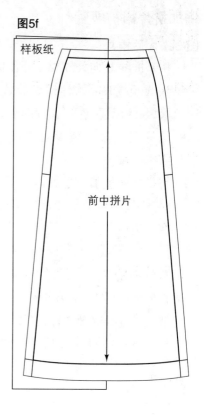

样板纸

前中拼片

图6g

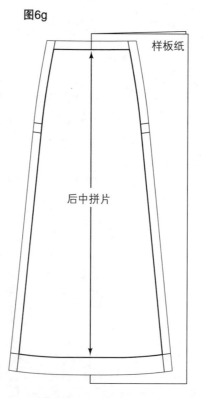

样板纸

后中拼片

图6h

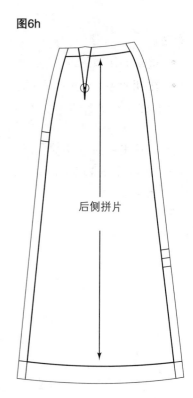

后侧拼片

8 片折裥裙

设计分析

　　这款 8 片折裥裙，前中片较宽于连接片，除侧缝拼片外，其他拼片都有折裥，实例表明，多片裙的设计是灵活多变的。

纸样设计与制作

图 1 前片

* 复描基本前、后片。
* 测量从省尖点至前中心的距离。
* 将上述测量值加 1.3cm,在裙摆线上作标记点 A。
* 连接 A 点与省尖点作拼接分割线,将第二个省移向侧缝 1.9cm（虚线表示原省位）。
* 从新省尖点至裙摆,作第二块拼片分割线,平行于第一条拼片分割线或成一定角度,标写 B 点。
* 在裙摆侧缝处追加 5.1cm。
* 连接至臀围线,根据 A 形裙说明,画顺裙摆线（见第 240 页的图 3 和 4）。

图 2 后片

* 重复上述步骤设计后裙片。
* 在裙摆标记拼片宽度（CD）等于前拼片宽度（AB）,移动省道至拼片基准线中。

款式4

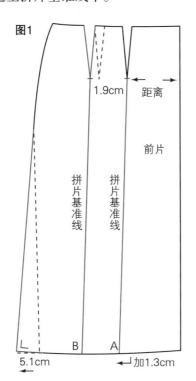

图1

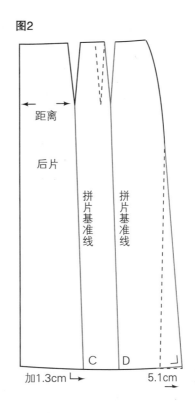

图2

图 3、4、5 前片

- 剪裁并分离各拼片。
- 描画拼片,将前中拼片放于对折纸上(图 5)。
- 从拼片腰线向下测量,确定折裥起始位置(例如: 15.2cm)。
- 从每个标记点,垂直向外 0.3cm 作标记 X 点。
- 用直角尺,从 X 点向外作 3.8cm 垂线作为折裥深度,并做标记。

- 在裙摆上作垂线 6.4cm,标记并圆顺裙摆线,连线完成折裥。
- 从 X 点向上画顺拼片。
- 作刀口标记,画布纹线;加放缝份和 1.3cm 至 1.9cm 的裙摆贴边。

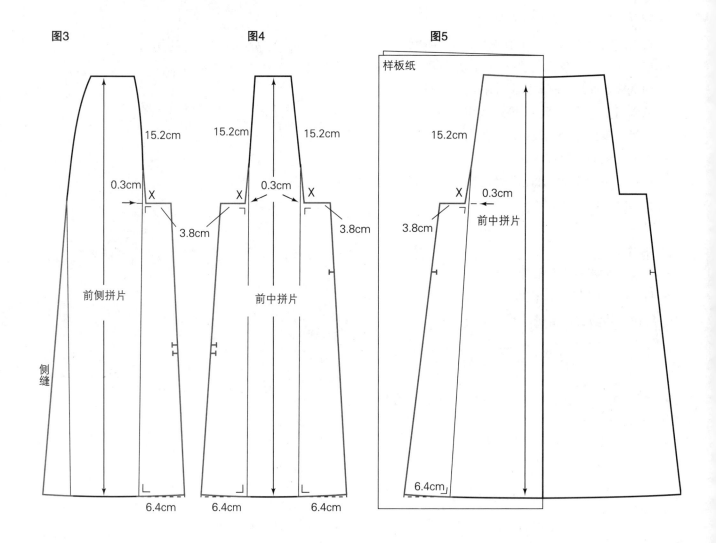

图 6、7、8 后片

- 重复前片说明，设计后片。
- 标注特征标记。

图6

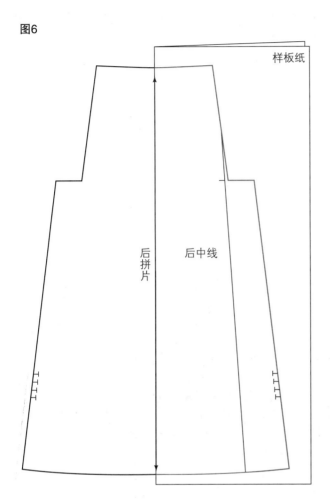

图7　图8

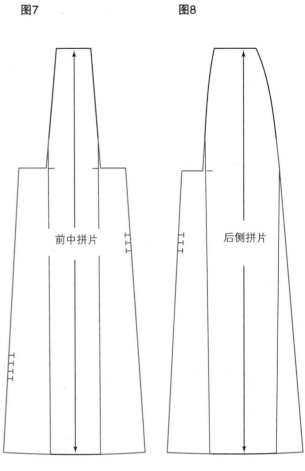

图 9 折裥加固角

- 为了加放缝份（有折裥的拼片部位），从腰线开始画缝份，平行于拼片分割线，用如图弧线连至折裥角端点。
- 离 X 点 0.3cm 处，打孔画圈。

图9

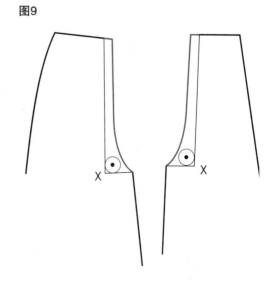

12 片裙

概述

　　通过对基本多片裙作多次剪裁产生 12 片或更多片的裙子。喇叭扩展量可以加在拼片分割造型线上,构造出喇叭、郁金香等廓型裙。

　　拼片基本纸样通过分配腰围和臀围的片数而获得。下面图示案例是 12 片裙,腰省量在每个裁片分割线中处理掉。

　　所需尺寸

- 腰围_____加 2.5cm 松量_____。
- 臀围_____加 5.1cm 松量。
- 前中线臀围高 22.9cm_____。

12 拼片裙作图方法

图 1

- 画直线(AB)为所需裙长。
- 标记前中线臀围高(C)。
- 在 A 和 C 点间 1/3 处标记(D)。
- 将腰围和臀围分成 12 等分,再等分做记录。
  腰围 =_____,臀围 =_____。

图 2

- 用图 1 记录的尺寸,在 A (腰围)和 C (臀围)两边作裙长线的垂线,腹围比臀围小 0.3cm。

图 3

- 连接轮廓线,用微弧线向外顺接臀围至腰围线。

　　用 12 片基本裙样板做如下设计。

图1

图2

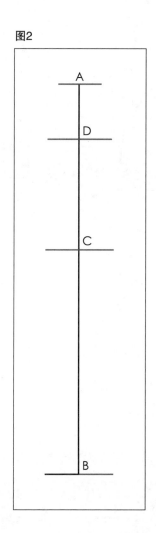

图3

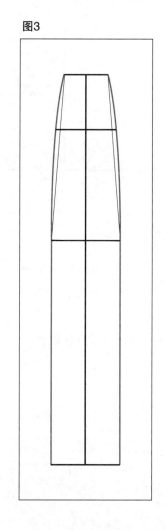

12 片裙的变形设计

款式 1、2 和 3 是运用 12 片基本裙纸样进行创意设计的实例，可以根据下列多片扩展裙所给图示，实现自己的设计。

款式 1

在 12 片裙的两侧，追加相等喇叭扩展量。

款式 2

用斜分割线剪切，两边追加喇叭扩展量。

款式 3

参差不齐的喇叭裙摆，呈尖形或弧形。

款式1

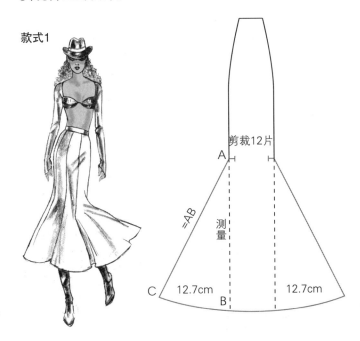

剪裁12片

A

=AB

测量

C　12.7cm　　　12.7cm

B

款式3

款式2

样板纸

剪裁6片
翻转
剪裁6片

D

A

C　　　B　　F　　　E

AC = AB

喇叭展宽量随需所取　　DE = DF

样板纸

A

AB=裙长
AC=展切点裙长
CD=CB
（期望的喇叭展切裙长）
DE=超越长度
剪裁12片

0.3cm

C

折叠

D

E　　突出

B

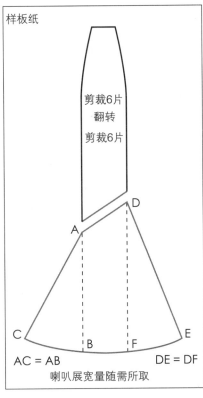

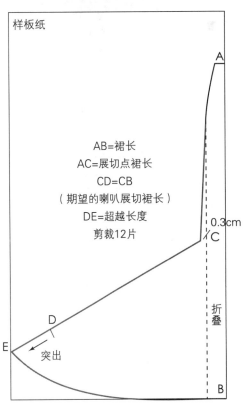

12 片长度渐变喇叭裙
设计分析

　　长度渐变喇叭裙可运用 12 片（或任意片）的基本裙，通过变化每片的裙摆线和扩展点而获得。

纸样设计与制作

图 1

- 在纸上复描基本拼片裙,标写前中线,垂直拼片作出臀围线。
- 重复复描基本拼片裙 5 片,对齐臀围线和侧缝（图示表示了半个围度的裙子）。
- 从 1 至 6 标写裙片编号。
- 在后中线上,从腰线下落 0.6cm,画顺腰线至第三片裙片（侧缝线）并修剪。
- 延长前（第 1 片）、后（第 6 片）中心线至所需长度,标写 A 点、B 点,设计新裙摆线。

喇叭裙摆设计

- 从前中线 A 点向上量至喇叭展开起始点 C（例如：30.5cm）。
- BD=AC,并标写,连接 CD 线。

1 号拼片

- 从 A 点向外量裙摆宽（例如：10 .2cm）,标记并连接 C 点,使之等长于 AC,圆顺裙摆,标写裙片 1。
- 重复上述步骤,设计出其他裙片,使每个裙片相邻侧缝长度相等,宽度等于第一片的宽度（灰线表示第 1、3 和 5 裙片喇叭展开的轮廓,虚线表示第 2、4 和 6 裙片喇叭展开的轮廓）。

分离拼片

- 将样板纸放于纸样下面,拷贝裙片如下：裙片 1 按实线复描分离,裙片 2 按虚线复描分离。继续上述步骤,直至所有裙片复描分离完毕。

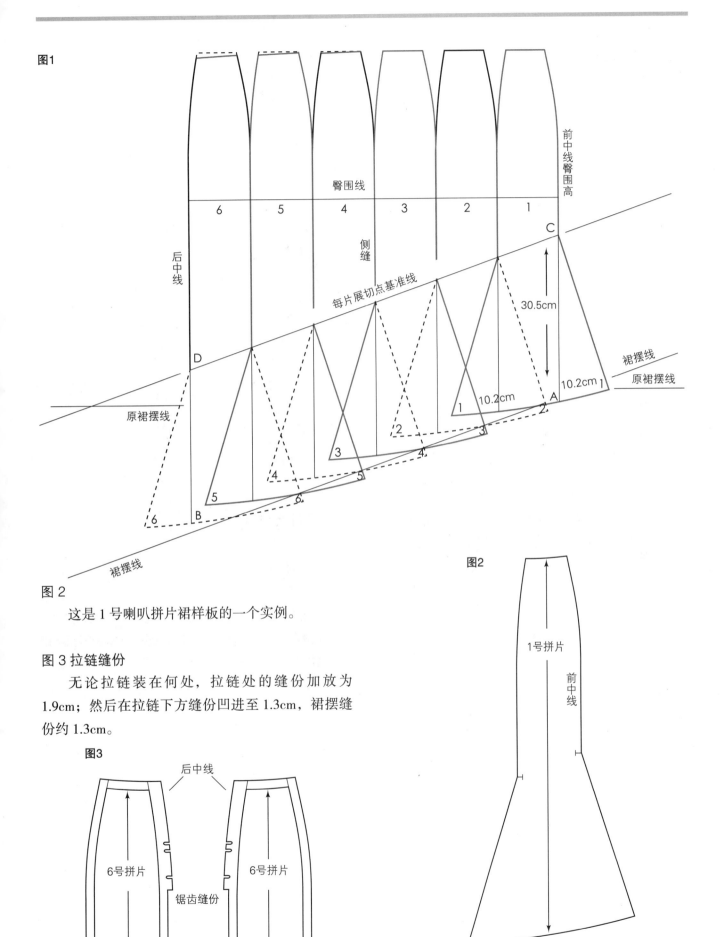

图1

前中线臀围高

臀围线

前中线

后中线

每片展切点基准线

侧缝

| 6 | 5 | 4 | 3 | 2 | 1 |

C

30.5cm

10.2cm

10.2cm

A

裙摆线

原裙摆线

D

原裙摆线

B

裙摆线

图 2

　　这是 1 号喇叭拼片裙样板的一个实例。

图 3 拉链缝份

　　无论拉链装在何处，拉链处的缝份加放为 1.9cm；然后在拉链下方缝份凹进至 1.3cm，裙摆缝份约 1.3cm。

图3

后中线

6号拼片

6号拼片

锯齿缝份

图2

1号拼片

前中线

12 片折线分割拼片裙
设计分析

　　款式 1 多片裙设计成折线分割图形，腰线上提并在前中心构造成 V 型，喇叭展开处低于臀围线。款式 2 为实战训练题，创造自己的设计效果。

款式1　　　　款式2

图1

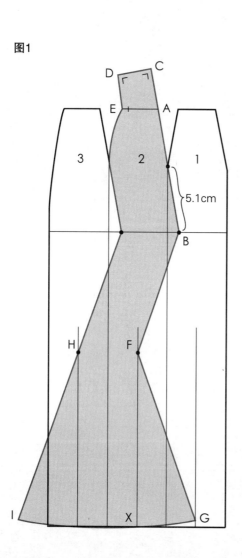

纸样设计与制作

图 1

- 并排相连复描相同的多片基本裙纸样三片，并延长至所需长度。

- 在各片的中心位置向上作垂线，在裙片 2 的裙摆中点标写 X 点。以第 2 裙片为例设计折线拼接纸样。

AB= 省尖点延长 5.1cm（延长线进入裙片 1 区域）。线形顺省线角度延长。

AC=5.1cm（为高腰量），如图所示。

CD=AE，从 C 点作垂线至 D 点，连线至 E。

BF=AB，与裙片 2 的中线基准线相连（X 基准线）。

FG=FX（作为喇叭扩展量），终止于裙片 1 的中心基准线，画顺弧线裙摆线至 X。裙片 2 构建了裙摆宽度。

为了完成多片裙，作 BF 的平行线，继续从 H 向上画线。

HI=FG（喇叭扩展量），画顺弧线裙摆。

图 2a、b

- 复描两片前中心裙片。
- 标写纸样序号：裁片 1——正面朝上。
- 修正前裙片，从裙的高腰部位修剪 0.6cm，形成前中心 V 字造型。

图 3

- 剪裁 10 片裙片，标上纸样序号。

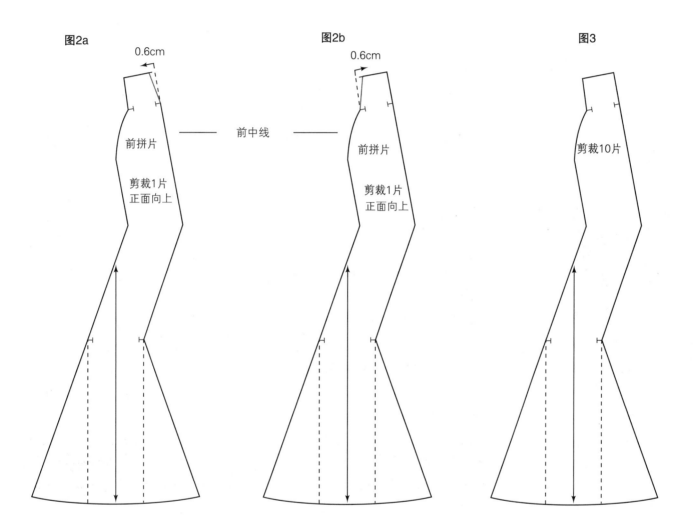

图 4 贴边

- 将 6 块裙片上口并排放置，并复描至腰线下 1.3cm。从图 2a 的裙片开始画至图 3 的裙片 6，如图延长 1.9cm 叠门。

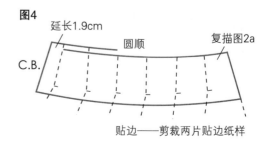

楔形折裥裙

设计分析

　　裙侧缝逐渐内收,构成楔形基本裙,折裥沿腰围线向侧缝成辐射状,造型腰头尖角位于前中线,基本后裙片也逐渐内收,背缝开有裙衩。

纸样设计与制作

图 1

* 复描前裙片。
* 腰围前中线下落 2.5cm 处,与省线直线相连。
* 在底边侧缝进 2.5cm 作标记,与臀围线相连,形成内收楔形效果。
* 如图作折裥剪切线。
* 从纸上剪下样板,修剪虚线区域,为裙腰保存楔形造型。

图 2

* 从腰线至侧缝和裙摆剪开展切线,但不剪断。
* 闭合腰省(虚线所示)。
* 每个展切片展开约 5.1cm,固定。
* 描画样板轮廓,标记折裥展开量。
  裙子折裥
* 在折裥展开量间对折样板纸。
* 用描线轮,沿腰围线压过折叠的折裥,然后展开纸样,用铅笔根据描线轮穿孔记号作腰围线标记。
* 做折裥刀口标记。
* 复描后裙片、内收的侧缝和衩位标记(如:从裙摆向上 17.8cm,未作图示)。

图 3 裙腰结构

* 在折叠纸上复描基本裙腰纸样(如有需要,请参见 237 页的裙腰结构)。
* 将保留的楔形切片放置于前中线裙腰底部,并复描。
* 画布纹线,完成纸样,作试穿。

图3

C.F.　对折线

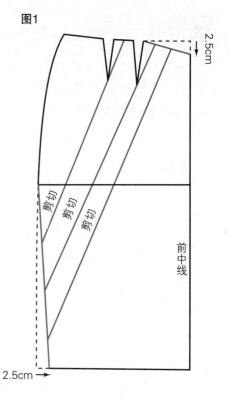

图1

2.5cm

剪切　剪切　剪切

前中线

2.5cm →

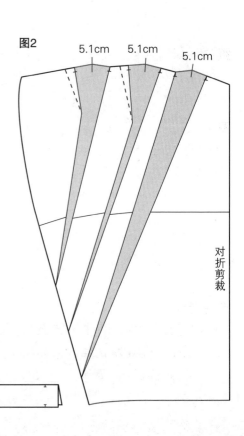

图2

5.1cm　5.1cm　5.1cm

对折剪裁

瀑布垂褶裹裙

设计分析

　　本款裙腰下有 5 个垂褶，瀑布褶是裙纸样的一部分，如图所示，垂褶终止于裙的另一边公主线附近，或终止于侧缝，长短可根据所需增加变形。

　　垂褶和位置根据如下说明可作多种变化，折叠的辐射褶可以通过改变折裥下层的形态而向上或向下折叠。

　　为了完成裹裙纸样，需要一套展开完整的前、后片基本裙纸样，关于裙腰说明，请参见 237 页。

纸样设计与制作

　　复描一套展开完整的前片基本裙纸样。

图 1

- AB=3.8cm，并标记。
- BC= 从 B 点画线，过第一省尖点至侧缝。从第二省尖点画线至剪开线。
- CD= 标记 4 个等距剪切点。如果设计所需，可以改变位置。
- BE= 忽略省道，标记 4 个等距剪切点。
- EE′ = 合并省量。

　　瀑布褶

- 从 E′ 点作延长线，超越侧缝约 12.7cm 作为抽褶量。
- 作弧线至底边。
- 从纸上剪下纸样，修剪掉虚线区域。

图 1

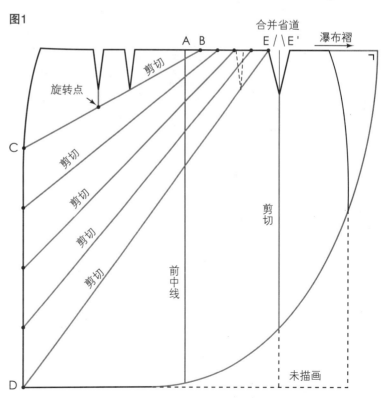

图 2

- 从 B 点剪切至第 2 省的旋转点。
- 闭合两个省道,并粘合固定。
- 过 BF 展开量的中点画一条直线。

图 3

- 过 F 点作一延长线(与腰围线角相等),直至与中心线相交,标记 G 点。
- 连线 G 至 B,使两线相等。

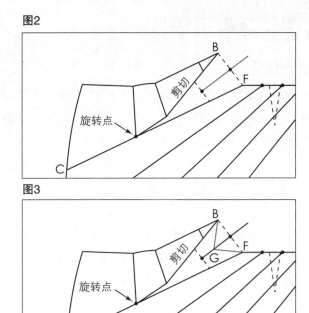

图 4

- 剪开所有剪切线并展开与 BF 相等的量。
- 根据图 3 完成每个垂褶。

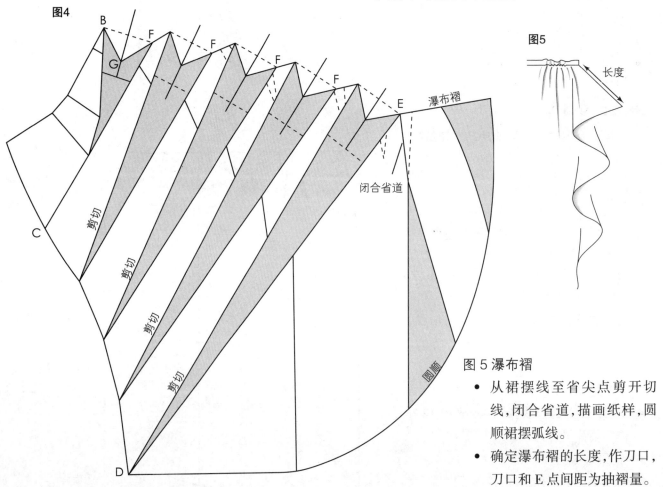

图 5 瀑布褶

- 从裙摆线至省尖点剪开切线,闭合省道,描画纸样,圆顺裙摆弧线。
- 确定瀑布褶的长度,作刀口,刀口和 E 点间距为抽褶量。

非对称辐射抽褶裙
设计分析

　　该款式特征为，抽褶从造型分割弧线向外辐射展开，造型分割线终止于裙腰上端，形成一个暗环。腰省融于造型分割线中，造型分割宽为 3.8cm，超过中心线 2.2cm。

　　裙腰结构说明请参见 237 页，关于拉链请参见 236 页。

　　贴边支撑着造型分割区域，该款式应该使用柔软面料，第二款为实战训练题。

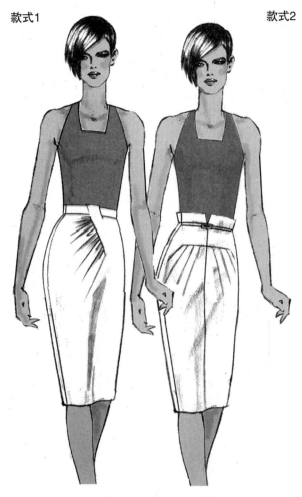

款式1　　　　　款式2

图1

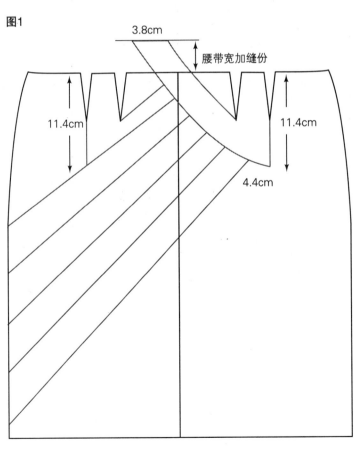

3.8cm

腰带宽加缝份

11.4cm　　　　11.4cm

4.4cm

纸样设计与制作

图 1

- 复描整个前裙片纸样。
- 从腰线向下延长省尖 11.4cm。
- 从省道穿越中线 2.2cm 至另一端，并继续过腰围线 3.8cm，暗环宽 3.8cm。
- 过省尖点作平行于暗环的造型弧线。
- 添加抽褶剪切线。

　　裙腰：参见 237 页。裙腰由两块构成，使暗环缝合于裙腰带上口线。

图 2

- 剪开剪切线,闭合省道。
- 剪开抽褶展切线,以 2 比 2 比例展开(参见 247 页说明)。
- 从抽褶边开始修剪 0.6cm,直至省尖点处为 0,以平衡斜料的延伸。
- 剪裁后中线有缝的基本后裙片纸样,完成结构设计。

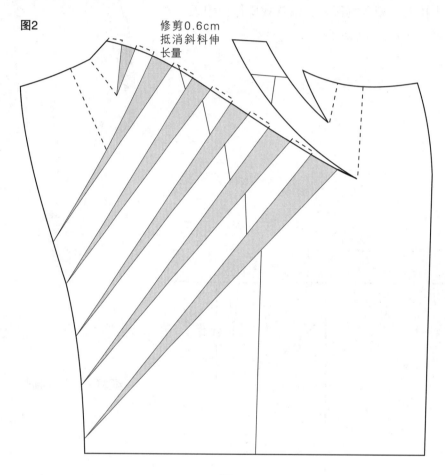

图2　　　　　　　　　　修剪0.6cm
抵消斜料伸
长量

图 3 贴边

- 描画贴边纸样轮廓。
- 完成纸样,剪裁面料进行试穿。

图3

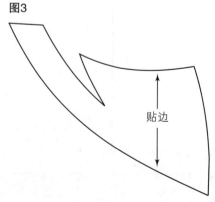

贴边

育克裙

抽褶育克裙
设计分析

　　腰线下 8.9cm 为款式 1 的育克，育克与抽褶紧身裙相连。裙装可由基本直身裙通过展开松量获得。裙腰结构说明请参见 237 页，拉链说明请参见 236 页。款式 2 和 3 作为实战训练题。

款式1　　款式2　　款式3

纸样设计与制作

图 1、2

- 复描前、后裙片基本纸样。
- 绘制育克(例如：腰围线下 8.9cm)。
  育克线平行于腰围线。
- 位于育克线下作剪切辅助线，并标记。
- 剪裁和分离纸样。

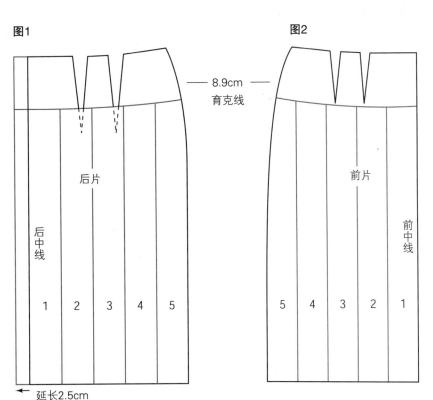

图1　　　　　　　　　图2

后片　　后中线　　1　2　3　4　5

延长2.5cm

8.9cm
育克线

前片　　前中线　　5　4　3　2　1

图 3、4 育克

- 闭合省道,对折描画前片育克(虚线表示闭合的省道)。
- 闭合后片省道并描画纸样,在后中线追加 2.5cm。
- 标记对位刀口和布纹线。
- 剪裁 2 片前育克,一片为面子,一片为里子。
- 剪裁 4 片后育克,两片为面子,两片为里子。

图3

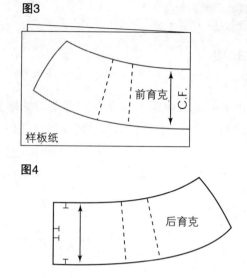

图4

图 5 抽褶裙

- 对折纸张,纸张底边向上 7.6cm 处作一条与对折线垂直的水平基准线。
- 上下剪开展切线,根据基准线按序摆放剪开部件,等量展开(例如:12.7cm 或更多或应用比例表,见 247 页),固定。
- 复描,圆顺育克线和底边。
- 重复后裙片(未作图示)。
- 画基准线,完成纸样进行试穿。

图5

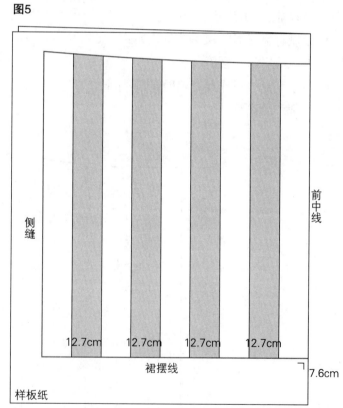

斜线育克喇叭裙

设计分析

　　款式 1 的育克平行于腰围线，中间形成三角缺口，结束点与腰围前中点斜线相连。后育克也平行于腰围线，裙装下部为展开的喇叭裙（侧缝拥有展开松量；喇叭展开基于原理 #1——省道处理和原理 #2——加放松量）。裙腰结构说明请参见 237 页，拉链说明请参见 236 页。款式 2 作为实战训练题。

纸样设计与制作

图 1、2

- 复描前、后裙片基本纸样。
- 设计育克造型分割线（例如：造型线在腰线下 8.9cm，从侧缝至省尖再至前腰围中点）。继续育克造型跨越至后裙片，平行于腰围线。
- 画剪切线，标记 A 和 B。
- 剪裁并分离纸样。

图1

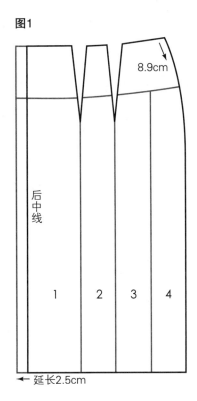

图2

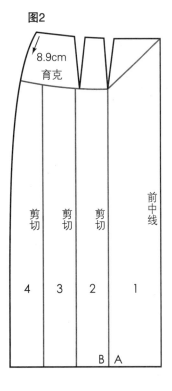

图 3、4

- 剪开展切线至腰线,但不剪断。
- 将纸样放于样板纸上,展开前、后裙片。后裙片:
  如果闭合省道,无需加放类似前裙片的相应松
  量,打开省尖至育克线,可以展开更多裙摆量,如
  约 15.2cm。描画纸样,如图增加侧缝,圆顺底边。

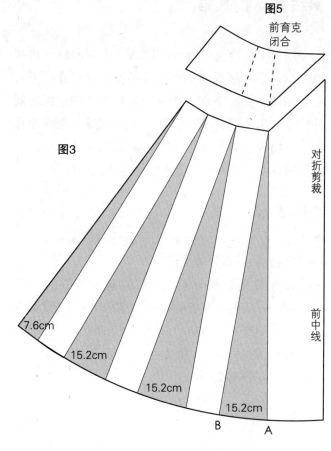

图5

前育克
闭合

图3

对折剪裁

前中线

7.6cm

15.2cm

15.2cm

15.2cm

B　A

图 5、6 育克

- 闭合省道并复描纸样。如果不希望在侧面开口,
  就在后中线处追加 2.5cm 用于装拉链。

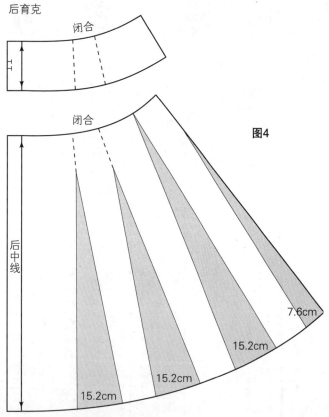

图6

后育克

闭合

闭合

图4

后中线

15.2cm

15.2cm

15.2cm

7.6cm

多层裙

　　多层裙款式是由那些面料层层相互缝合（如款式 1、2 和 3）或分别与里层衬裙相缝合（在 273 页上的 4、5 和 6）的裙构成。多层裙长度可以渐变或均等，每层的宽度可以变化。当设计多层裙时，与腰围线（或育克）缝合的第一层，应该是面料幅宽的 1 至 1.5 倍，随后的每一层可以增加至前一层面料宽度的 1.5 至 2 倍，当然取决于所期望的蓬松度要求。裙腰和拉链的结构请参见 236~237 页。

款式1　　　　款式2　　　　　款式3

术语

　　面料幅宽　面料布边间的距离。

　　半幅宽　布边至面料中心的距离。

　　3/4 宽幅　布边至面料 3/4 宽度的距离。

缝合型层裙

　　款式 2 如图所示，可以作为缝合型层裙纸样设计的指导案例，对于其他实战练习，可以参考本设计款式 1 和 3（拖地长裙）或其他变化款式。当设计层裙时，可以利用本案例裙装纸样比例作参考。

款式 2 的纸样设计与制作

图 1 多层裙

* 如图设计多层裙。

  长度 =73.7cm

  A 层 =15.9cm

  B 层 =17.1cm

  C 层 =18.4cm

  D 层 =22.2cm

图 2 层裙片

* 根据所给层裙的长度和面料幅宽设计每层裙片
  纸样（A、B、C 和 D）。

  A 层 =1 个幅宽，调整裙子后片，后中线向下
  　　　1cm，顺接侧缝。

  B 层 =2 × 幅宽。

  C 层 =4 × 幅宽。

  D 层 =8 × 幅宽。

* 如果需要更多的蓬松量，则在各层片上再加半幅
  或更多量。

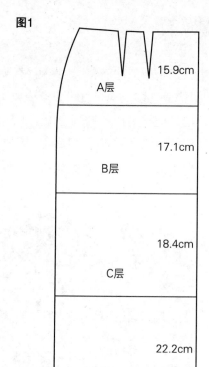

图1

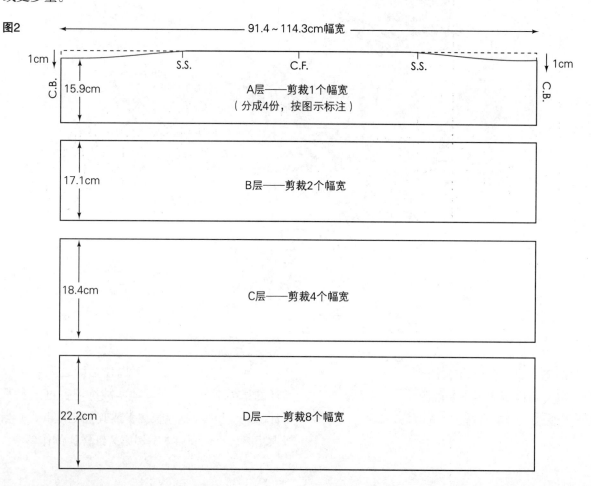

独立多层裙

　　独立多层裙可以是由抽褶单层裙或喇叭裙片缝合于直身或喇叭衬裙上构成，层位通过衬裙的分割线确定，或做打孔标记指导缝纫。层片相互覆盖隐藏了缝迹线，在裙子的样板上设计层片，复制后观察一组层裙片是否和谐平衡。裙腰和拉链的结构请参见 236 ～ 237 页。

装饰短裙

　　装饰短裙可以是单层裙或是小短裙，通常与上衣组合构成完整服装的一个部件。

款式4　　　　　款式5　　　　　款式6

款式 4、5 和 6 的纸样设计（基于 66cm 的裙长样板）

图 1 层片设计

- 复描基本前裙片纸样，运用所给尺寸（或自己设定）标记层裙片位置，标写层裙 A、B 和 C。
- 穿过每层裙片纸样作直角垂线。

图 2 底层裙

- 在层裙 A 和 B 上方 3.8cm 处标记缝合线位置（虚线所示），裙子可以沿缝合线分离或用打孔 / 画圈方法表示缝合层片的位置。
- 层片——对层片 B 和 C 的长度追加 3.8cm。

图1

12.7cm

A层

20.3cm

B层

33cm

前片

C层

图2

底层
A层 ┆ 3.8cm

底层
B层 ┆ 3.8cm

前片

C层

款式 5 抽褶层裙

图 3 层裙片

- 根据每片层裙长度作竖直线；对层裙片 A、B 和 C 追加 2.5cm 折边量。对层裙片 B 和 C 加放 3.8cm 被覆盖的量。

- 从每片端点作直角线至面料幅宽，连接完成每个层片结构。
- 作每片布纹线，完成纸样进行试穿。
- 剪裁层片（根据需求可增减抽褶松量）。参考 272 页的图 2，调整后片腰口线。

图3

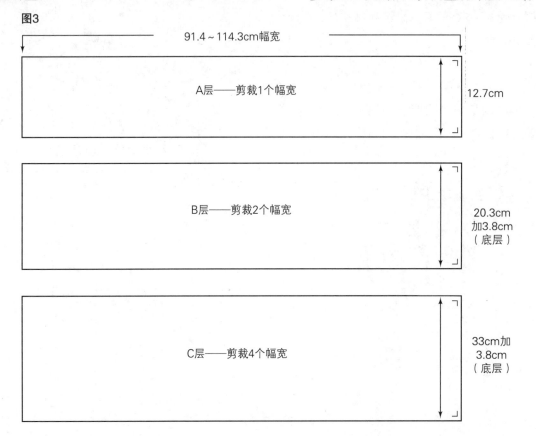

91.4～114.3cm幅宽

A层——剪裁1个幅宽   12.7cm

B层——剪裁2个幅宽   20.3cm 加3.8cm （底层）

C层——剪裁4个幅宽   33cm加 3.8cm （底层）

图 4 衬裙结构

打孔或划粉指示（图 2）

- 根据打孔或划粉线，缝合层裙片于衬裙上，层裙 C 不必考虑。

分离裙片（图 4）

- 沿缝合线剪裁裙结构，层裙片缝合于此线上。最后一片不需要。

图4

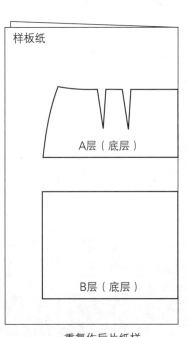

样板纸

A层（底层）

B层（底层）

丢弃

重复作后片纸样

款式 6 喇叭层裙

准备复描基本前、后裙片结构，根据图 1 和图 2 步骤制作该款纸样。

图 5

- 从基本裙样板上剪裁层裙片 A、B 和 C。
- 从省尖至层裙 A 片底端作剪切辅助线。
- 将层裙 B 和 C 分成 3 份，画剪切线。
- 如图标写剪切线 XY。
- 关于衬裙的准备工作，见图 4。

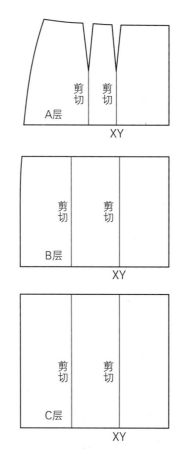

图5

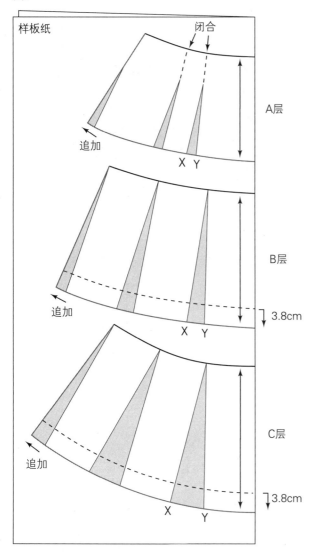

图6

图 6

层裙 A

- 闭合层裙 A 的省道，对折重新描画（如果期望较大的喇叭，可以提高省尖旋转点 2.5cm 或更多）。

层裙 B

- 展开展切部分，空间量等于层裙 A 的两倍，增加长度 3.8cm，对折复描纸样。

层裙 C

- 展开展切部分，空间量等于层裙 B 的两倍，增加长度 3.8cm，对折复描纸样。

侧缝

- 在侧缝上追加 XY 空间量的一半。
- 连线，圆顺裙摆。
- 后片重复上述步骤，拉展切片，追加侧缝量。

折裥裙

　　折裥是以面料折叠的方式进行蓬松量的加放,折裥用于增加行动空间(如在直身裙上打折裥)或用于裙、衣身、衣袖、连衣裙和茄克装上作为折裥的设计风格。折裥由各种形式构成,可以折叠压烫或不压烫,缝缉或不缝缉,可以是间隔均匀或不均匀的一组折裥,也可以其深度是单倍、双倍或三倍的折裥,为了变化丰富,可以将折裥设计为折线相互平行或成角度的折裥。

折裥分类

刀边折裥或顺裥

　　朝同一方向构成的成组折裥。

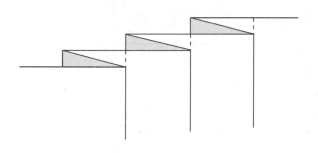

倒置折裥

　　折裥边在服装正面相对的折裥。

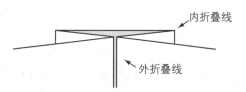

辐射状折裥

　　折裥从腰围线渐渐向外辐射成扇形。适用制作圆裙,为了保持折裥定型,需用化纤面料或 50% 以上的化纤混纺面料。

箱型折裥

　　折裥边在服装正面分离的折裥。

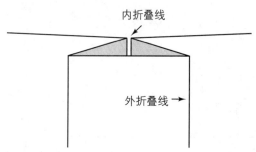

风琴折裥

　　拥有像风琴式的折裥,折裥叠在一起时,从腰围至裙摆的上下量一致。

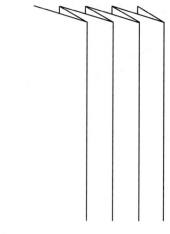

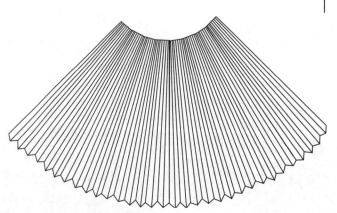

折裥术语

图 1

折裥深度

- 折裥深度指从折裥的外折边（标记为 X）至内折边（标记为 Y）的距离（见第一折裥的阴影区域）。

折裥内层（构成折裥）

- 折裥内层始终等于两倍折裥深度（X 至 Y 至 Z）。例如：5.1cm 的折裥深度，其折裥内层为 10.2cm。

折裥间隔

- 折裥间的距离：在纸样上需做标记（XY= 折裥深度；XZ= 折裥内层；XX= 折裥间的距离）。

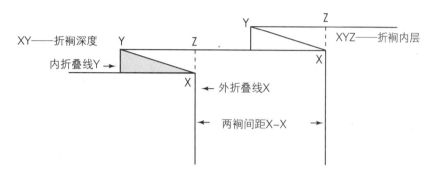

助行折裥

　　助行折裥是位于前、后中线、侧缝或在拼缝间的一种短折裥（顺裥、倒置折裥或箱型裥）。下面将阐述各种助行折裥。

刀边折裥（前片或后片）

图 1a、b

- 标记 A 点为折裥位置（例如：从前中线或后中线的底边向上 20.3cm）。
- 从 A 点作垂线 5.1cm（为折裥深度）。标写 B 点。
- 在底边上重复上述步骤并连接。
- 加放裙片缝份，为了控制折裥，沿中线至 B 点加放 1.3cm，从 A 点向上、向外 0.3cm 打孔和画圈（图 1a）。

折叠折裥并缝缉或不缝合留作裙衩（图 1b）。

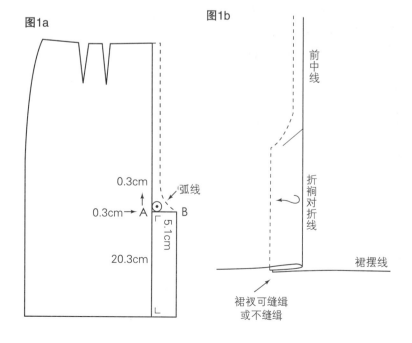

图1

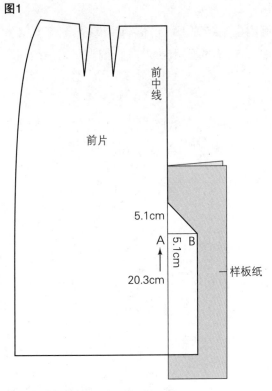

前中线

前片

5.1cm

A

5.1cm

B

20.3cm

样板纸

无衬垫的倒置箱型折裥

图 4a、b

- 如图标记折裥位置 A 点。
- 从 A 点向外作 7.6cm 垂线。
- 在裙摆重复上述步骤。
- 距 A 点 3.8cm 标明折裥内层位置。

图4a

图4b

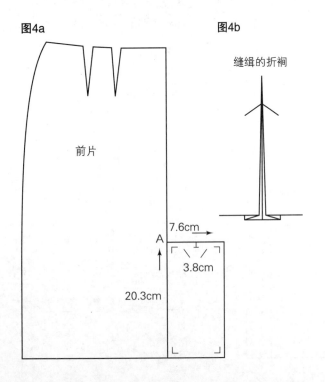

前片

缝缉的折裥

7.6cm

A

3.8cm

20.3cm

有衬垫的倒置箱型折裥

图 1 前片裙或后片裙

- 标记折裥位置 A 点(如 20.3cm)。
- 从 A 点向外作 5.1cm 垂线,标记 B 点,在裙摆重复上述步骤并连接。
- 从 A 点向上 5.1cm 作标记并与 B 点相连。
- 从样板纸上剪下纸样。
- 将纸样中线放于纸张对折线上(阴影部分)并描画折裥。

图 2

- 移开并剪裁折裥衬垫。

图 3

- 对折折裥,缝缉明线固定折裥。

图2
折裥衬垫

图3
缝缉的折裥

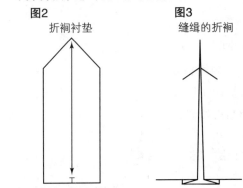

双层倒置箱型折裥

图 5a、b

- 如图标记折裥位置 A 点。
- 由折裥下层量确定所需宽度总量,从 A 点和裙摆作垂线。
- 刀口标记每个 3.8cm 的折裥折叠位置。

图5a

图5b

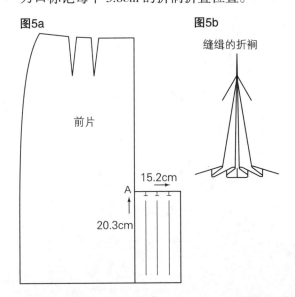

前片

缝缉的折裥

15.2cm

A

20.3cm

百褶裙

围绕裙子一周做成均匀折裥的百褶裙可以运用折裥公式设计制作，或由专业折裥机制作形成。通常，制造商将裙子送到专业折裥工厂比在自己工厂制作的成本要低。专业折裥机可以在满足符合各档腰臀围尺寸及所需长度基础上，制作多种比例的折裥。有些小公司也会愿意为满足个人所需定制折裥（建议：联系当地服务部门获得定型折裥机器型号等相关信息）。

设计分析

本案例裙样特征是 20 个折裥均匀围绕人体腰部，每个折裥被缝缉固定至腰围线下约 17.8cm 处，运用折裥公式作为参考指南。

纸样设计与制作

所需尺寸

- （2）腰围＿＿＿＿＿＿＿＿＿＿＿
- （4）臀围＿＿＿＿＿＿＿＿＿＿＿
- 裙长＿＿＿＿＿＿＿＿＿＿＿

例如：76.2cm 腰围；101.6cm 臀围；裙长为 66cm 加 7.6cm 的裙边和腰围缝份，共计 73.7cm。

折裥计算

- 折裥数量（20 个）。
- 折裥深度（3.8cm × 2=7.6cm 折裥内层）。
- 折裥间隔（将 20 个折裥平均分配至 101.6cm 的臀围上，每个间隔为 5.1cm）。

图 1 折裥设计

系列折裥永远从有缝份的（A）点开始，根据折裥深度（A 至 B）——形成半个折裥，继续折裥间隔（B 至 C）和折裥内层（C 至 D）。重复这一过程直至形成下一折裥（E 至 F），标记折裥间隔（F 至 G），结束于折裥深度（G 至 H）——即完成第一个折裥的另一半。加放缝份（缝份隐藏于折裥的折叠线中）。如果系列折裥在完成前被缝份中断，则应结束于折裥深度处，并开始于缝份处，使拼接缝处于折裥深度（折裥内层）中。

图1

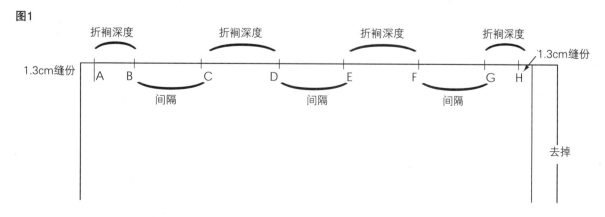

图 2 调整折裥适合腰围

　　裙装折裥的形成是以满足臀围的合体度为准的，使腰围线的量偏大，为了调整样板，需确认臀腰差量（如：76.2cm 的腰围和 101.6cm 的臀围，其差量是 25.4cm）。以折裥数的两倍平分此差量（每个折裥有两条边；例如：25.4cm 的臀腰差量被 40 条折裥边平分，等于 0.6cm）。此量表明为了使腰部合体，每个折裥边应收取的量。

如下所示运用尺寸：

- 在腰部从折裥的每边（X 和 Z）量取 0.6cm，作标记。
- 从每个标记点至腰线下约 11.5cm 处用弧线圆顺（新缝缉线）（虚线表示原有折裥的折叠线，灰色线表示折裥占有的总量，折裥可以在腰线下任意长度缝缉明线）。

图2

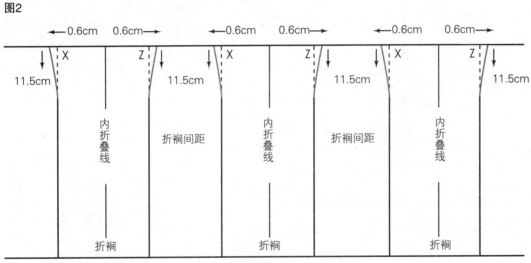

裙腰和拉链说明，请参见236页和237页。

倒置箱型折裥裙

设计分析

　　裙子特征为前片有倒置箱型折裥，侧面是 A 型喇叭；后片是在基本裙上扩展成 A 型喇叭。折裥可以如图示缝缉或不缝缉。关于口袋的选择，请参见 17 章，关于裙腰和拉链信息请参见 236 和 237 页。

纸样设计与制作

图 1、2

- 复描前、后基本裙片。
- 从省尖至裙摆，作一条平行于中线的辅助线（虚线），向侧缝方向标记 1.3cm，标写 B 点，从 B 点连接省尖，并标记 A 点（形成折裥折叠线）。
- 在侧缝向外量取 5.1cm 为 A 线廓型，连线至臀围，圆顺裙摆（参见 240 页的图 3 和 4 的说明）。
- 从纸上剪下样板。

图1

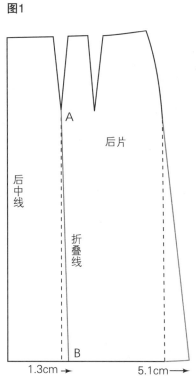

图2

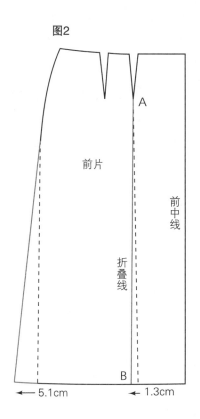

图 3

- 将纸样放置于样板纸上,描画省线(A),在 B 点结束(阴影区域)。
- 移开纸样。
- 距省线(A)量取 7.6cm,距 B 点量取 15.2cm,直线连接,标记 CD。
- 重复上述方法量取 E 和 F。
- 从 A 点向上作中线。

图 4

- 折叠 AB 线至 CD 线,形成折裥(虚线表示折裥内层)。

图3

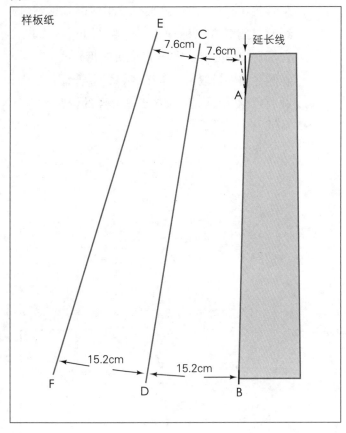

图4

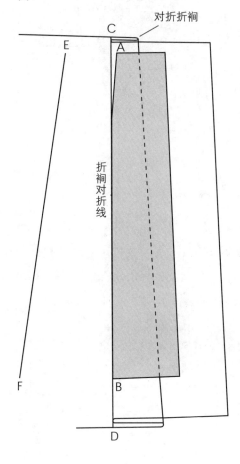

图 5

- 折叠 EF 线至 AB 线,形成折裥。

工具模板修正

- 在描画其余部分纸样前,从裙摆至省尖剪开剪切线,但不剪断,闭合省道,并固定。
- 样板放于草图上,前中线对齐。描画纸样其余部分(阴影区域),移开纸样。
- 利用描线轮,压过腰围线和裙摆线处的折裥描画纸样,此时可加放缝份(未作图示)。展开样板,用铅笔作钻孔位标记,画顺裙摆线。

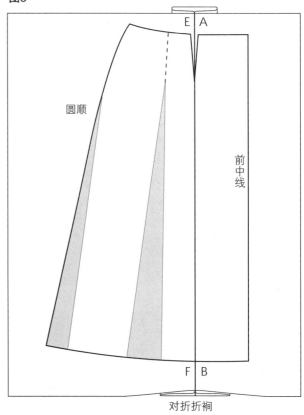

图5

缝缉省道方法

方法 1

- 画略带弧度的省线。
- 作省线刀口和省中心刀口。
- 在相距省尖里面和上面及折裥中心边沿上面0.3cm 处分别打孔画圈。

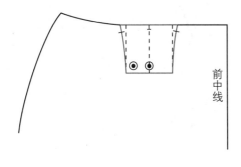

方法 2

- 相距省线 1.3cm(缝份),修剪内部多余量,追加1.9cm 底边。
- 在拐角和对折中线处作刀口(阴影区域表示折裥位置)。
- 从纸上剪下,前中线对折状进行描画样板,作布纹线并准备试穿。

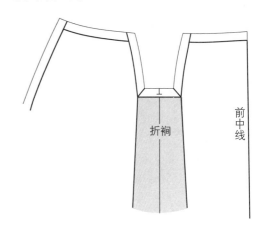

三角插片裙

　　插片通常指三角形态面料或其他（各种形态）裁片的替代品嵌入两缝合线之间或切口线间。插片提供了额外的活动空间或强化了设计特征。环绕裙子可以单个或系列设计，长度上可以均匀地延伸裙摆或作梯度变化，插片也可以应用于上衣、茄克、衬衣、衣袖和连衣裙上。

基本型三角插片
设计分析：款式 1 和 2

　　款式 1 是以单个三角片嵌入插片的一种款式案例，款式 2 表明，插片可与裙片连成一体（图 1）。

款式1　　　　　款式2

图2

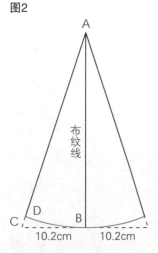

纸样设计与制作
图 1 与裙片相连的插片

- 标记插片位置（如：25.4cm）并标写 AB。
- 延长摆线至所需宽度（如：10.2cm），标写 C，连接 A 至 C，使 BC 与 AB 相等。
- 拉链处追加 1.9cm，如图折回至 1.3cm 缝份宽。
- 圆顺裙摆。

图1

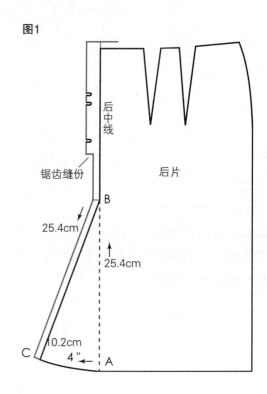

图 2 缝合的插片

- AB= 插片长（也表示布纹线）。
- BC= 插片宽（10.2cm），与 AB 垂直。
- 直线连接 A–C。
- AD=AB 长，做标记。
- 圆顺裙摆。
- 重复描出另一边。

三角插片变形设计

三角插片可以是弧形、方形或尖角形，也可以是半圆、3/4 圆或全圆。可用常规指令和图示作三角插片的变形设计。裙腰和拉链的说明请参见 236 和 237 页。

纸样设计与制作

- 描绘设计所需切除的纸样。
- 从纸上剪下。
- 利用剪下的纸样作展切。
- 画剪切线。
- 剪开切线至顶端，但不剪过。
- 展开摆量,复描样板。

款式 1

- 见图 1、2 和 3。

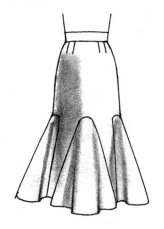

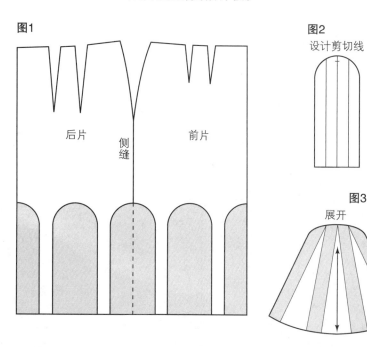

图1

后片　侧缝　前片

图2
设计剪切线

图3
展开

款式 2

- 见图 1、2 和 3。

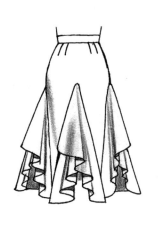

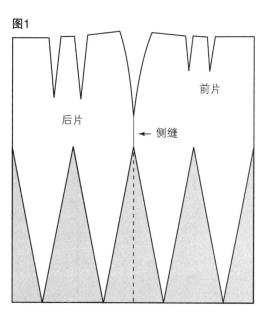

图1

后片　←侧缝　前片

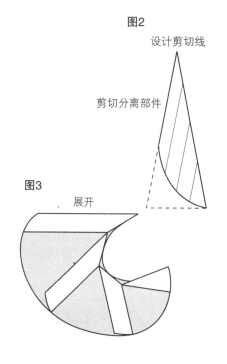

图2
设计剪切线

剪切分离部件

图3
展开

裹 裙

通过延长前中线，无论基本裙、A 形裙、喇叭裙、扩展褶裙都可以演变成裹裙。裙摆可以是方形（款式 1）、弧形（款式 2）或任何其他所需形态。裹裙可以有侧缝，也可以是一片式的。裙腰可以是钉扣型（款式 1）或系带型（款式 2）。款式 1 和款式 2 都基于 A 形喇叭裙。

拥有侧缝的裹裙
纸样设计与制作

图 1

- 复描前裙片，在腰线和裙摆线上从前中线延长 15.2cm（搭门和翻折贴边）。
- 对前腰中点和向外 7.6cm 处分别作刀口标记（表示贴边的翻折线）。

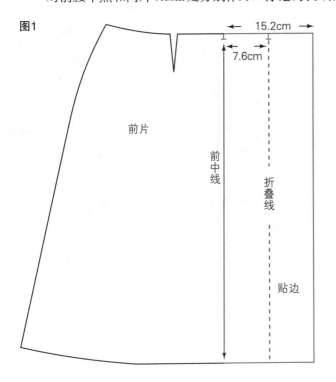

图1

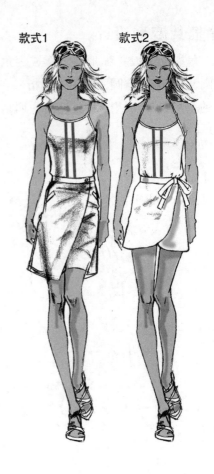

款式1　款式2

图 2

- 在对折纸上复描后裙片。

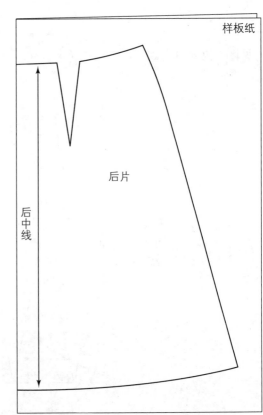

图2

图 3 裙腰结构

- 延长裙腰长至腰围减 1.3cm，标记纽位和扣位。纽扣钉在腰带下，不能外露。

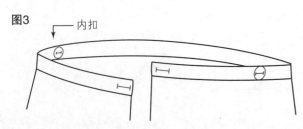

图3　内扣

一片式裹裙

图 1

- 将裙装（直身裙或 A 形裙）的前、后片侧缝对合成一线，在腰侧形成一个省。

- 追加裹裙所需延伸量（如：等于前中线至省的距离），并加以描画。

- 如图描画弧线裙摆。

- 追加后中线缝份 1.3cm。

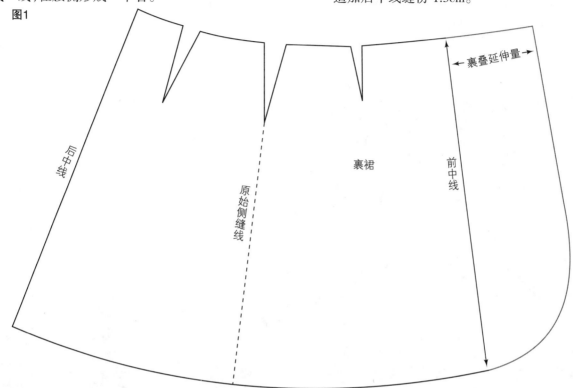

图2 贴边

- 从腰围至裙摆弧线描画裙线。

- 宽度 =3.8cm 至 7.6cm。

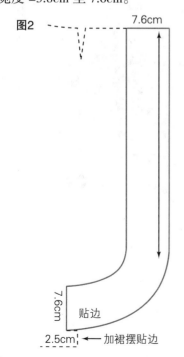

图3 裙腰结构

- 在腰带两端延长飘带 63.5cm。

- 在裙腰右端设置扣位供飘带穿用。

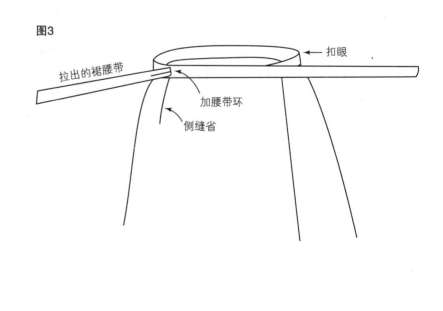

圆裙、腰褶装饰短裙和瀑布式褶裙

　　圆作为创意元素，始终为设计师所青睐。圆可以设计应用于圆裙、连衣裙、圆袖、波浪领、腰褶短裙或披肩中，还可以作为剪裁式领或嵌入式袖及其他种类服装的边饰。设计可以基于全圆或部分圆，拥有圆边、圆点或不规则裙摆,用于设计中的圆有内圆（与接缝缝合的部分）和外圆（裙摆),半径由被合缝的长度决定。以下裙子案例说明了使用半径尺寸表的方法，介绍了画圆的工具，讨论了布纹线的排列及喇叭悬垂的效果。

术语

圆心　从这点至圆上所有点的距离相等。

半径　从圆心（点 A）至圆周的距离（点 B）。

直径　通过圆心的圆周间距。圆的直径（BC）始终等于半径的双倍（AC 或 AB）。

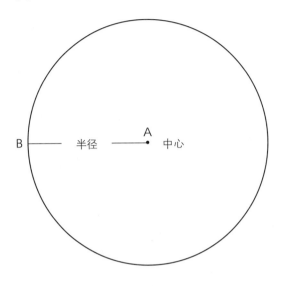

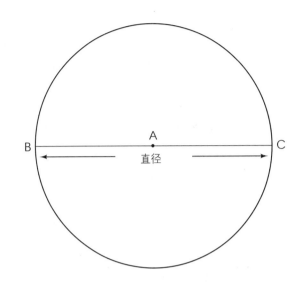

同心圆

　　因设计所需，往往圆中会有圆。内圆缝合于服装的接缝，外圆则是裙摆，半径确定了内圆和外圆的周长，与内圆缝合的长度决定了半径的尺寸。第 247 页的半径表提供了参考尺寸，并介绍了其他方法。

部分圆

　　想象一下，圆由 4 个部分圆构成，若从整圆中移去了部分圆，就减少了裙摆量。

　　圆裙可由构成的部分圆数量命名——全圆裙、3/4 圆裙、半圆裙或 1/4 圆裙。下面列举每种圆裙的尺寸表。

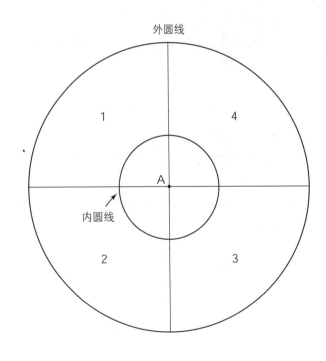

圆裙和瀑布褶边裙的半径尺寸表

半径尺寸表的用途

　　表格提供了快速确定圆裙或瀑布褶边裙的内圆半径方法。

　　整个尺寸表创建是由所选择的缝合长度的半径决定的。

如何使用圆 / 瀑布褶边裙的半径尺寸表

第 1 栏——长度尺寸

　　测量与内圆缝合的长度，在栏目间选择最接近的尺寸。

第 2~ 第 5 栏——选择圆裙的半径尺寸

　　用第 1 栏中的长度尺寸，横向对应所选圆裙的半径尺寸，再减去 0.6cm 或 1.3cm 的缝份。

　　减号（–）和加号（+）表示从该尺寸中减去或加上 0.2cm。

裙的长度(或瀑布褶边裙的宽度)

　　构成圆的其他方法

- 用所给部分数据等分第 1 栏尺寸, 确定半径。

　　1/6——全圆裙

　　1/5——3/4 圆裙

　　3/4——半圆裙

　　2/3——1/4 圆裙

- 剪开并拉展基本裙, 参见 245 和 246 页。

　　在以下圆裙构建中，阐述了半径尺寸表和作圆工具的使用方法。

栏1 长度	栏2 1/4圆	栏3 1/2圆	栏4 3/4圆	栏5 全圆
1	0 5/8	0 1/4+	0 1/4-	0 1/8+
2	1 1/4+	0 5/8	0 1/2-	0 3/8-
3	1 7/8+	0 7/8+	0 5/8	0 1/2-
4	2 1/2+	1 1/4+	0 7/8-	0 5/8
5	3 1/8+	1 5/8+	1 1/8-	0 3/4+
6	3 3/4+	1 7/8+	1 1/4+	0 7/8+
7	4 1/2-	2 1/4-	1 1/2	1 1/8
8	5 1/8+	2 1/2+	1 5/8+	1 1/4+
9	5 3/4	2 7/8	1 7/8+	1 3/8+
10	6 3/8	3 1/8+	2 1/8-	1 5/8+
11	7	3 1/2	2 3/8-	1 3/4
12	7 5/8	3 3/4+	2 1/2+	1 7/8+
13	8 1/4+	4 1/8+	2 3/4	2 1/8-
14	8 7/8+	4 1/2+	2 7/8+	2 1/4-
15	9 1/2+	4 3/4+	3 1/8+	2 3/8
16	10 1/8+	5 1/8-	3 3/8+	2 1/2+
17	10 3/4+	5 3/4+	3 5/8	2 3/4-
18	11 1/2-	5 3/4+	3 3/4+	2 7/8
19	12 1/8+	6 1/8	4 1/8-	3
20	12 3/4+	6 3/8	4 1/4	3 1/8+
21	13 3/8	6 5/8+	4 1/22	3 3/8+
22	14	7	4 5/8+	3 1/2
23	14 5/8+	7 1/4+	4 7/8	3 5/8+
24	15 1/4+	7 5/8	5 1/8-	3 3/4+
25	15 7/8+	7 7/8+	5 1/4+	3 7/8+
26	16 1/2+	8 1/4+	5 1/2+	4 1/8
27	17 1/8+	8 5/8-	5 3/4-	4 3/8-
28	17 3/4+	8 7/8+	5 7/8+	4 1/2-
29	18 1/2-	9 1/4-	6 1/8+	4 5/8
30	19 1/8-	9 1/2+	6 3/8	4 3/4+
31	19 3/4	9 7/8	6 5/82	4 7/8+
32	20 3/8	10 7/8+	6 3/4+	5 1/8-
33	21	10 1/2	7	5 1/4
34	21 5/8+	10 3/4+	7 1/4-	5 3/8+
35	22 1/4+	11 1/8	7 1/2-	5 1/2+
36	22 7/8+	11 1/2	7 5/8	5 3/4-
37	23 1/2+	11 3/4+	7 7/8-	5 7/8
38	24 1/8-	12 1/8-	8 1/8	6 1/8-
39	24 7/8-	12 3/8	8 1/4+	6 1/4-
40	25 1/2-	12 3/4-	8 1/2	6 3/8
41	26 1/8-	13 1/8-	8 5/8+	6 1/2+
42	26 3/4	13 3/8	8 7/8+	6 5/8+
43	27 3/8	13 5/8+	9 1/8	6 7/8-
44	28	14	9 3/8+	7
45	28 5/8+	14 1/4+	9 1/2+	7 1/8+
46	29 1/4+	14 5/8+	9 3/4	7 3/8-
47	29 7/8+	17 7/8+	9 7/8+	7 1/2-
48	30 1/2+	15 1/4+	10 1/8+	7 5/8
49	31 1/8+	15 5/8-	10 3/8+	7 3/4+
50	31 7/8-	15 7/8+	10 5/8	7 7/8

全圆裙

　　以下规则适用于所有圆裙，并包含缝份。全圆裙为第一案例所示为控制喇叭波浪，在 294 页给出了布纹线的排列方法，介绍了画圆工具。

作图方法

　　1. 腰围 =66cm。

　　2. 分割缝份数 =2 条缝（加 5.1cm）或 4 条缝（加 10.2cm）。

　　总量 =71.1cm（腰围加缝份）。

　　3. 减去 2.5cm 拉伸量 =68.6cm*。

　　在第 1 栏中查找尺寸（68.6），相对应横向第 5 栏为全圆裙半径是 11.1cm，减去 1.3cm 缝份。

　　4. 最后半径尺寸为 9.8cm。

　　5. 长度 =63.5cm+2.5cm 裙摆贴边。

　　* 用 12.7cm 裙长的 1/4 圆的半径剪裁测试雪纺和绉纱的拉伸量，伸展尺子，从规格尺寸中减去拉伸总量。

图1

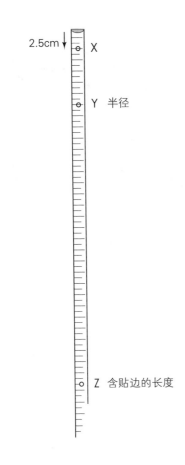

作圆工具

图 1

　　利用旧尺带（用锥子），从尺带顶端向下 2.5cm、半径和贴边处钻孔。

　　X= 起点。

　　X 至 Y= 半径。

　　Y 至 Z= 裙长加贴边。

纸样设计与制作

用半径画半个圆裙，剪裁两片纸样完成圆裙。

所需尺寸

腰围和裙长：用个性化尺寸或按所给示列尺寸。

所需样板纸

剪裁样板纸 76.2cm × 152.4cm，并对折。

图 1

样板纸的对折角为 X。

X 至 Y= 半径，作标记。

Y 至 Z= 裙长（包含裙摆贴边）。

作圆工具——用图钉在 2.5cm 标记处固定准备的尺带，将尺带与对折线对齐，铅笔穿过钻孔（Y 和 Z），分别画出半径和贴边线。

图1

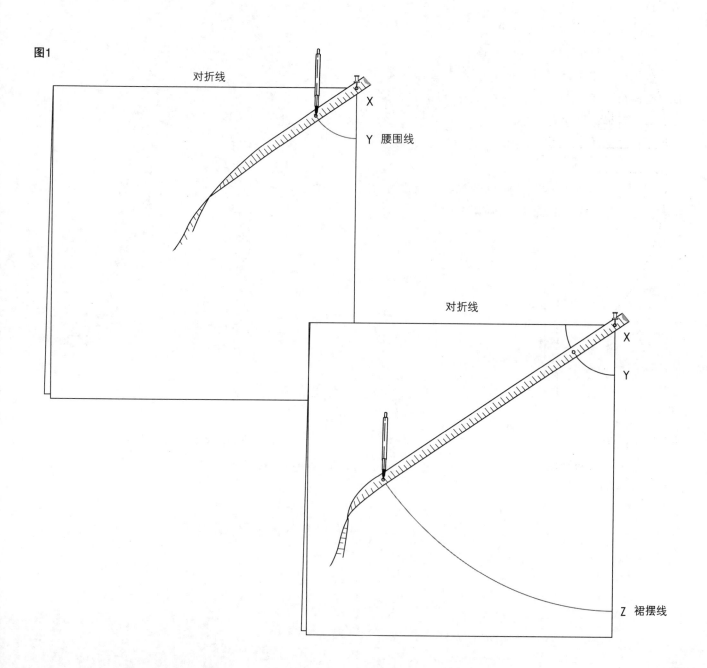

图 2

　　选择：为了使裙摆波浪在前中线平服，上提前腰口 0.6cm，下降后腰口 0.6cm。

- 从纸上剪下裙样板，复制完成全圆裙。

图2

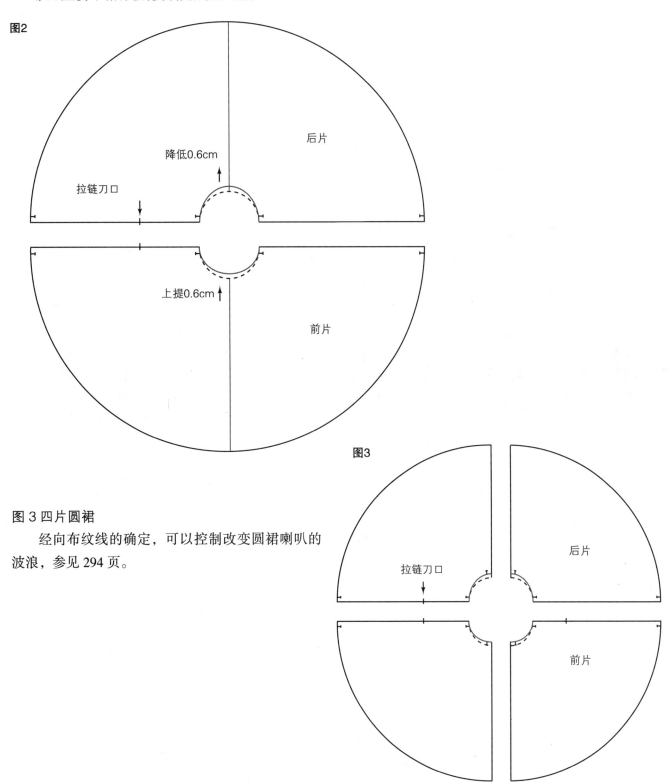

图 3 四片圆裙

　　经向布纹线的确定，可以控制改变圆裙喇叭的波浪，参见 294 页。

布纹线定位与波浪悬垂性的关系

　　正斜剪裁的波浪悬垂自然优美，改变经向布纹线位置可控制裙摆在正斜方向的垂浪。

　　经向布纹线 1——裙摆波浪垂向侧缝和前侧，前中线为经向布纹。

　　经向布纹线 2——裙摆波浪垂向前中和侧缝，经向布纹位置在前中线和侧缝间。

　　经向布纹线 3——裙摆波浪垂向中心和侧缝及相距中心 1.9cm 处。

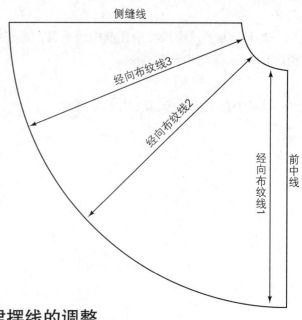

裙摆线的调整

　　圆裙初步形成后应该将其安放于模型架上或挂架上悬挂一夜，让斜丝充分伸展。裙放在模型架上时标记裙摆线，测量从地面至所需标记长度的距离，圆顺标记的裙摆线，修剪多余裙摆线，并放于纸样上复描和圆顺裙摆纸样，追加贴边量，修剪多余量。

　　为了有助斜丝的伸展，可固定褶浪位或在底边钩挂重物，重物可以用装有小卵石或其他重物缝制的布带，在 184cm 间每间隔 10cm 缝挂一个布袋，斜纹布料可多挂些，每个布袋重量相等。

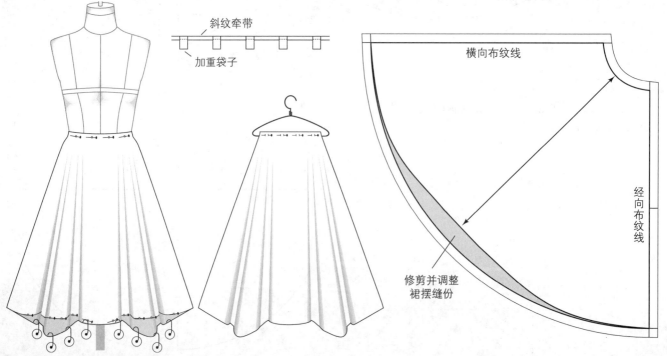

3/4 圆裙

全圆中去掉 1/4 圆，裙摆便减小，然而半径增大以弥补失去的部分。裙子可以只产生一条后缝线，也可以裁成两片或多片，布纹线方向的选择请参见 294 页。

纸样设计与制作
作图方法

腰围 _____

加缝份 _____

减 2.5cm 的伸展量 _____

共计 _____

- 在半径尺寸表第 1 列中查找尺寸,横向对应至第 4 列,3/4 圆。

- 如果以 68.6cm 为例,半径则是 14.6cm 减 1.3cm 等于 13.3cm。长度包含贴边,按所需尺寸_____。

所需样板纸

剪裁样板纸 163cm，并对折。

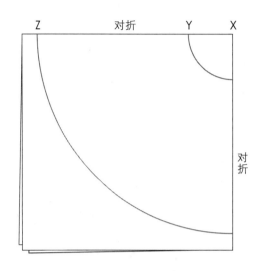

图1

图 1

纸样对折角为 X，作如下标记。

X 至 Y＝半径。

Y 至 Z＝裙长（包含贴边）。

作圆工具——用图钉在 2.5cm 标记处固定尺带于 X 点，将尺带与对折线对齐，在水平方向 Y 和 Z 处打孔做标记，铅笔穿过钻孔，分别画出半径和贴边线。参见 292 页图示。

图 2a、b

- 从纸上剪下裙片。

- 从圆裙上剪去 1/4 圆。

- 如果缝制两条缝,则对半剪开裙片纸样。

- 如果缝制 4 条缝,则将裙片纸样剪成均匀的 4 片。作缝份对位标记,布纹线的选择请参见 294 页。

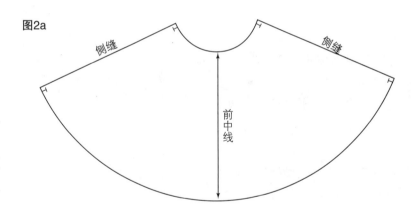

图2a

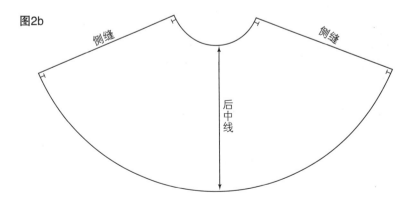

图2b

半圆裙

对折纸张，两个 1/4 圆会使裙摆减小，半径增大以弥补失去的两个 1/4 圆。裙子可以只产生一条后缝线，也可以裁成两片或多片，布纹线方向的选择请参见 294 页。

纸样设计与制作
作图方法

腰围 _____

加缝份 _____

减 2.5cm 的伸展量 _____

共计 _____

- 在半径尺寸表第 1 列中查找尺寸,横向对应至第 3 列,1/2 圆。
- 如果以 68.6cm 为例,半径则是 21.9cm 减 1.3cm 等于 20.6cm。
- 长度包含贴边,按所需量_____。

图1

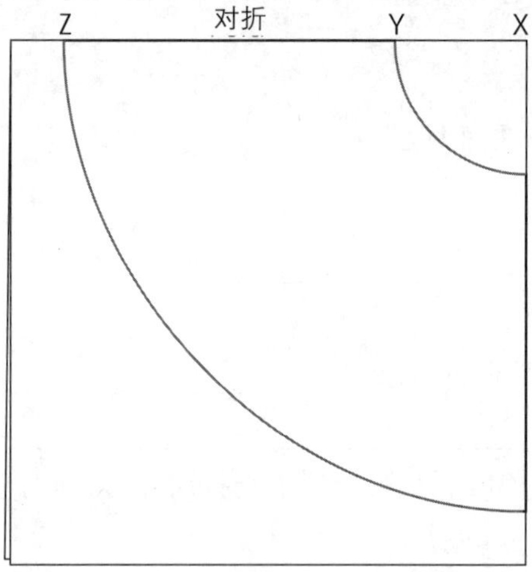

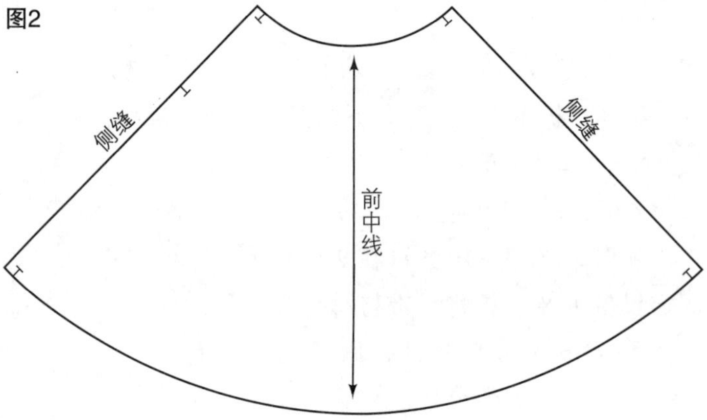

图 1

纸样对折角为 X, 作如下标记。

X 至 Y= 半径。

Y 至 Z= 裙长（包含贴边）。

作圆工具——用图钉在 2.5cm 标记处固定尺带于 X 点, 将尺带与对折线对齐, 在水平方向 Y 和 Z 处打孔做标记, 铅笔穿过钻孔, 分别画出半径和贴边线。参见 292 页图示。

图2

图 2

- 从纸上剪下裙片。
- 从圆裙上剪去 1/4 圆。
- 如果缝制两条缝,则对半剪开裙片纸样。
- 如果缝制 4 条缝,则将裙片纸样剪成均匀的 4 片(未作图示)。作缝份对位标记,布纹线的选择请参见 294 页。

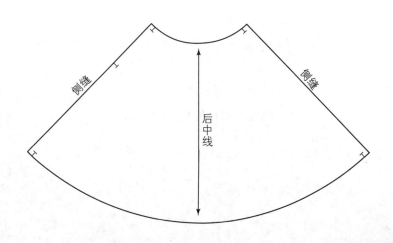

裙摆高低不齐的裙

　　裙摆线的造型变化可以通过外圆曲线、尖角和内圆偏离中心等来实现。下面实例可作为高低不齐底边服装款式设计运用指南——如裙子、腰褶裙、衣袖、层裙、头巾、披肩等缘边的不规则设计。

手帕摆圆裙
设计分析

　　这是一款带有手帕型裙摆（方摆或尖角摆）的圆裙，腰围线处可能设有抽褶或无抽褶。

图 2
- 展开纸样，画布纹线，完成纸样准备试穿。

纸样设计与制作
所需样板纸

　　长度，加半径 ×2（2 片）。

图 1
- 对腰围抽褶的裙,需增大腰围线尺寸。
  建议：20.3cm 左右,例如：61cm+20.3cm=81.3cm。
- 在半径尺寸表第 5 栏中查找全圆裙半径尺寸。
- 对折纸张,在折角标 X。
  XY= 半径减 1.3cm 腰围线缝份,在对折线上标记 Y。
- 作圆工具——仅画出腰围圆(参见 294 页图示)。
- 以同样方式作后裙片。
- 调整前、后腰围线,参见 293 页图 2。
- 从纸样上剪出腰围线。

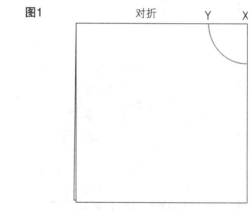

图1　　　　　　　　　对折　　Y　　X

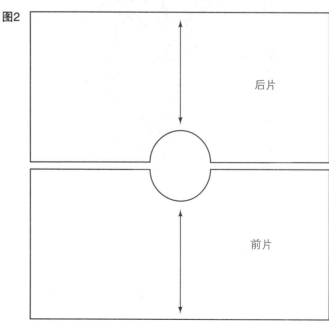

图2

后片

前片

裙摆长度渐变圆裙
设计分析

款式为双层圆裙，其中一层稍短于另一层。由于内圆偏离中心，形成长度渐变瀑布式效果，腰带结与裙装连成一体。

如果腰部重叠，需要追加半径 1.3cm，如果腰部抽褶，追加半径 5.1cm。

长度计算

- 根据 290 页圆裙半径表的第 1 栏和第 5 栏，查找半径尺寸。
- 确定所需最短和最长裙长，将两个尺寸相加，再加双倍半径，记录总尺寸：_____。
- 等分该尺寸半径并记录：_____。

实例

- 68.6cm 调整的腰围线 =11.1cm 半径（全圆裙）。
- 最短裙长 =50.8cm。
- 最长裙长 =91.4cm。
- 2 倍半径 =22.2cm。
  总和 =164.5cm。

纸样设计与制作

所需样板纸：164.5cm

图 1

- 折叠样板纸为 4 层，折角处标记 A。

  AZ= 总长的一半（例如：82.3cm）。用测量工具画裙摆线（参见 294 页）。

  ZY= 短边裙长并作标记。

  YX= 半径减 1.3cm 腰围缝份并标记。

- 从纸上剪下圆裙样板。

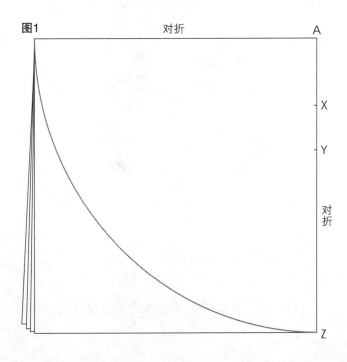

图1 对折 A X Y 对折 Z

图 2

- 以 X 点为对折线,重新折叠样板纸。
- 用半径尺寸画腰围弧线。
- 调整腰围线,参见 293 页图 2,从纸上剪下腰围线。

图 3

- 展开纸样。
- 作瀑布造型弧线,修剪多余量(虚线所示)。分开前、后裙片。
- 复描上裙片,裙长修剪约 3.8cm。
- 画布纹线,完成纸样测试合体性。让裙子悬挂(参见 294 页),重新标画并圆顺裙摆瀑布线,确定样板。

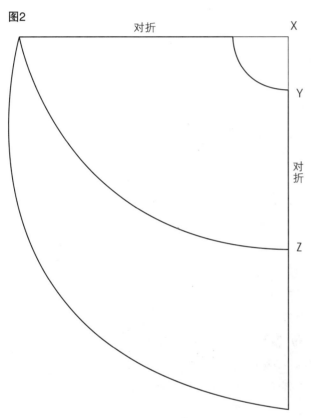

图 2

对折   X

Y   图 3

对折

Z

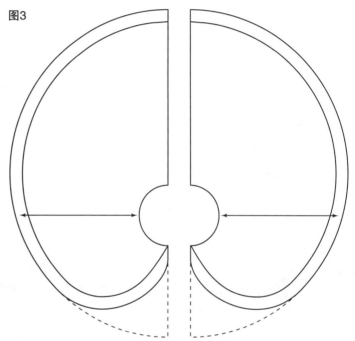

腰围为双圆的圆裙(没有图示)
纸样设计与制作

- **所需尺寸**   腰围加缝份(两条缝,加 5.1cm; 4 条缝,加 10.2cm)
- 为了构建双圆裙,等分调整腰围尺寸。
- 在表中第 1 栏查找尺寸。
- 第 5 栏的全圆裙中找到半径,再减 1.3cm。
- 剪裁两个圆。

   如果期望在腰围由多个圆或部分圆构成,将腰围分成若干个圆,追加缝份数,减去面料拉伸量。

抽褶圆裙(未作图示)
纸样设计与制作

- 为了对圆裙腰围增加抽褶量,可采用加大腰围尺寸的方法(例如: 腰围 =61cm;加 20.3cm 抽褶量 =81.3cm)。
- 在尺寸表中查询 81.3cm,然后在第 2、3、4 或 5 栏所期望的抽褶松量中对应所需半径。

裙装变形设计

实战制作款式 1、2、3 和 4 的纸样，运用本章
阐述的概念及三大纸样设计原理。

款式1　　　　款式2

款式3　　　　款式4

自评测试

"正确的"圈 T，"错误的"圈 F。

1. 裙装廓型就是裙装设计。　　　　　　　　　　　　　F

2. 飘逸拐点为拉链结束点。　　　　　　　　　　　　F　T

3. 基本裙从腹围线开始直线下垂。　　　　　　　　　　T

4. 楔形廓型裙的腰围松量比裙摆松量大得多。　　　　　T

5. 裙摆的飘逸性与动态有关。　　　　　　　　　　　　T

6. 裙底边的宽度叫裙摆。　　　　　　　　　　　　　　T

7. 省两点间的大小对设计很重要。　　　　　　　　　　T

8. 裙装省道可被组合创意成特殊款式。　　　　　　　　T

9. 裙腰尺寸就是腰围尺寸。　　　　　　　　　　　　　F

10. 布纹线的位置设置影响裙装波浪效果。　　　　　　　T

11. 沿侧缝的褶皱表明角度不一致。　　　　　　　　　　T

12. 1/2 比 1 的蓬松度比例表明服装并不昂贵。　　　　　T

13. 布料重量影响蓬松度的比例。　　　　　　　　　　　T

14. 缝份的改变使同一拼缝变为锯齿缝。　　　　　　　　T

15. 多余省量不包含在增加的蓬松量中。　　　　　　　　F

16. 增大的蓬松量将沿展切线下垂。　　　　　　　　　　T

17. 当产生育克线时，可忽略不计遗留的多余省量。　　　F

18. 面向同一方向的一组折裥是箱型裥。　　　　　　　　F

19. 从腰线呈扇形渐变的裥是风琴裥。　　　　　　　　　F

20. 斜裁裙的伸展和悬垂度使裙摆不圆顺。　　　　　　　T

衣　袖

概　论

在时装历史演变的长河中，衣袖一直被用来作为改变服装廓型的手段。在 19 世纪 80 年代，羊腿袖是一种占主导地位的传统袖——自肩部向上泡泡耸起，向下至腕关节逐渐变细紧贴前臂；在后来的10 年中，泡泡袖从细长型演变至体积渐大直至膨大袖型；到了 20 世纪 20 年代，收省袖和延伸的帽装袖开始流行；到了 40 年代，袖子开始渐渐圆顺，肩部加放垫肩，使服装从平肩演变至合体肩直至超常规的夸张袖；在 50 年代，又回归到自然肩风格，仅仅加入极薄的垫肩，定制服装甚至沿肩缝缝合；之后，一些重要的袖型轮廓开始流行，随后消失，可能会再次流行。

有两类主要的服装袖型：装袖和连袖，即独立剪裁的袖片缝合至衣身的袖窿处及与部分或全部衣身连成一体的连袖。本章将介绍装袖，连袖将在第15 章讲述。

装　袖

装袖可以设计成与衣片袖窿圆顺合体缝合或抽褶后再缝合两种造型，可以设计成合体的或夸张蓬松的款式，并且可被裁制成任意所需长度。

袖口边的设计方法有多种，在本章中有图示说明。

术 语

袖山 从前至后的弧线形态的袖子顶部。

袖山高 从袖肥线至袖山顶点的袖中线距离。

袖肥线 划分袖山与袖身的袖子最宽部分。

袖子松量 指在袖肥、肘围和腕围处,为了适应及满足手臂活动自如所需围度加放的松量。松量范围从 3.8cm 至 5.1cm 或更多。

袖山吃势 指袖山弧长和袖窿弧长之差(范围在 2.5cm 至 4.8cm 之间)。

肘围线 指袖肘省的位置,即袖肘围的水平线。

腕围线 长袖的袖口线(底边线),腕关节水平线。

经向布纹线 位于袖山顶点至腕围水平线的袖子中线处——袖子的直向布纹。

四等分袖标线 从袖山至腕围将袖子等分成四部分,用于作为展开袖子的基准线。四等分处如图标写X。

刀口标记 单刀口表示前袖片;双刀口示意后袖片。袖山对位记号表明袖子与肩线缝合对接位置(与中心布纹线位置可以略有偏差)。

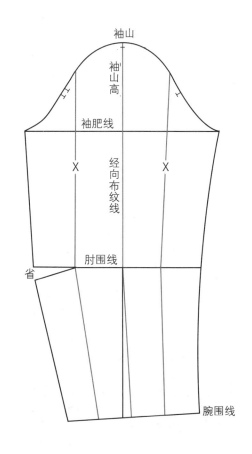

袖肘省的变化

- 距省线上、下 1.3cm 处,从省尖点至肘围线作剪切线(图 1)。
- 剪开剪切线并均匀展开剪切部分使之等于总省量,画新省。对于折裥,无需画省尖、打孔和画圈(图 2)。

松 量
- 在省线上、下 5.1cm 处标记刀口。
- 在省道区域圆顺袖底线(图 3)。

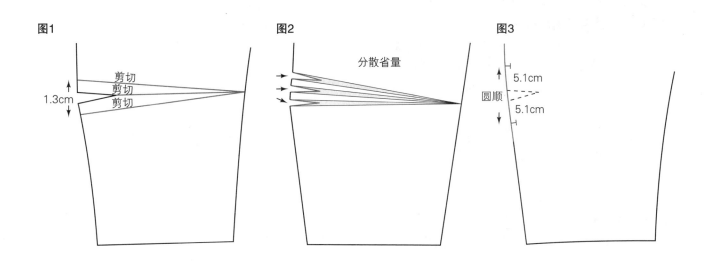

垫 肩

为了满足垫肩空间需求，肩线和袖山线需要做修正。在衣身的肩端点和袖山上增加垫肩的厚度（参见增加垫肩高度的两种方法）。对于插肩袖或休闲袖窿，不必抬高服装肩端点的量（这些款式的袖窿松量中已含有安放垫肩的空间）。

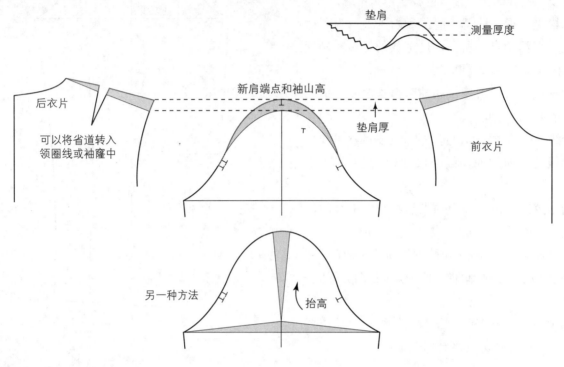

袖克夫

袖克夫在宽度和造型上有多种变化（如圆弧型，尖角型等），最普通的是基本衬衫袖克夫；法式袖克夫；闭扣袖克夫；翻边式袖克夫和宽口造型袖克夫。运用一般的步骤说明，可轻松地获得其他款式的变化，布纹线可以选择直纹、斜纹或横纹，以便更好地适应排料或面料设计（格子和条纹）所需。衬衫袖开口结构请参见提高篇第 66 页。

所需尺寸

掌围_____，再加 1.3cm 至 2.5cm 松量，袖克夫宽随需设计。

例如：基本宽度为 5.1cm 的袖克夫其长度为 21.6cm（包括松量）。

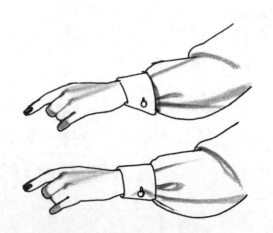

测量掌围 —

基本衬衫袖克夫

图 1

- 纵向对折样板纸。
- 作对折线的垂线 5.1cm,相距 21.6cm 作平行线并标记。
- 追加 2.5cm 叠门。

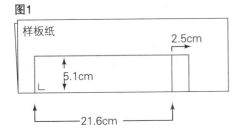

图 2

- 加缝份 1.3cm。
- 在叠门中心标记纽位。
- 距边线 1.9cm 是纽孔中心(参见第 16 章的纽位)。从纸上剪下。

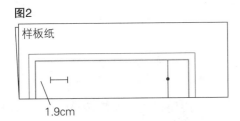

图 3

- 展开袖克夫纸样,画布纹线,直纹或斜纹。

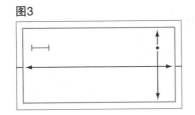

连贴边的袖克夫

图 4

- 根据上述说明设计袖克夫。
- 克夫可以设计成方角或圆角(虚线所示)。
- 剪裁四片完成一对袖克夫。

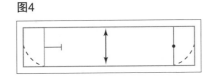

法式袖克夫(拥有克夫链)
一片式袖克夫

图 5

- 纵向对折样板纸。
- 作对折线的垂线 10.2cm,等于双倍袖克夫的宽度。
- 相距 21.6cm 作平行线,作刀口标记,两端各追加 2.5cm 叠门并连接。
- 标记纽孔(参见第 16 章)。
- 增加缝份和布纹线。
- 从纸上剪下。

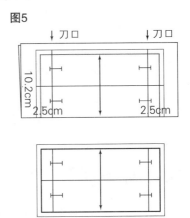

两片式尖角形袖克夫

图 6

- 根据一片法式袖克夫样板(图 5),在展开的纸上设计袖克夫。
- 克夫上部两端延长 1.3cm 至 3.8cm (延长量须与服装风格相匹配),标写 X。
- 纸样四周加放缝份。
- 画布纹线。
- 从纸上剪下。

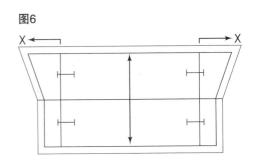

造型袖克夫
设计分析

造型袖克夫遵循手臂形态进行设计，宽度从手腕至手肘可随意设计，袖克夫造型与衣袖前臂的形态相同——直角的、圆角的、尖角的或非对称的。

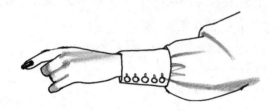

所需尺寸

腕围加 1.9cm。

袖子尺寸减去上述尺寸并记录其差量。

绘制袖克夫

完整的袖子如图所示。

图 1

- 复描基本袖纸样。
- 勾画所期望的袖克夫线（阴影区域）。
- 从省尖至后袖作引导线。
- 平分记录的差量，作两条与袖底缝的平行线至袖克夫线。

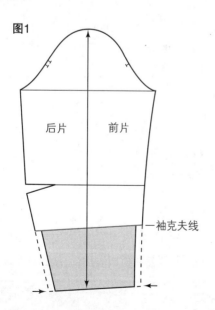

图 2

- 从袖上剪下袖克夫，在两端（X 点）向外各追加 1.9cm 叠门量，加放缝份。

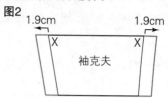

图 3

- 将袖子分成四份，闭合肘省，作袖底缝直线。

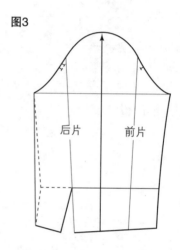

图 4

- 剪开并拉展展切线至所需蓬松量，为下垂松量加放长度，标记后袖中点 Y，与袖克夫重叠的叠门点 X 相对应。

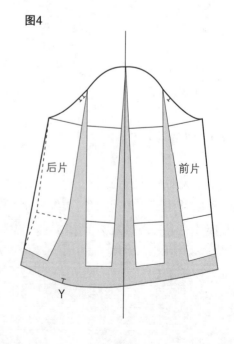

翻边式袖克夫
设计分析

　　翻边式袖克夫可以设计成与衣袖连体一片式的，也可以为单独袖克夫，再与衣袖缝合并翻边。为了设计这种类型袖克夫，先确定成品袖长（袖肥与袖口边间距）和追加的袖克夫宽度。例如，袖肥线以下长度 =10.2cm，袖克夫为 3.8cm（翻折部分），用这些尺寸或个性化尺寸进行制作，可将此方法应用于裤口翻边制作。

与衣袖连体一片式袖克夫

图 1

- 复描衣袖至成品尺寸，标写 A–B。
- 在袖底边（AB 线）下面以间距 3.8cm 画三条平行线。分别标写 1、2 和 3。

图1

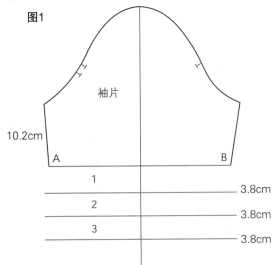

图 2

- 折叠翻边使第 1 部分向上，第 2 部分向下，第 3 部分向里。
- 用尺如图画出两边折叠翻边的袖底缝造型，以折叠状态从纸上剪下样板，然后再展开。

图2

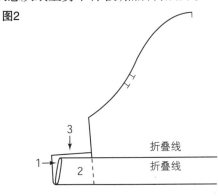

图 3

　　为完成的袖样板形态。

图3

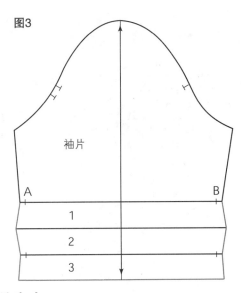

分离式袖克夫

图 4

　　除了以下步骤，其他遵循上述连体一片式袖克夫说明进行操作：

- 略去第 3 步。
- 沿 AB 线剪裁，分离袖片和克夫片。
- 加放缝份。

图4

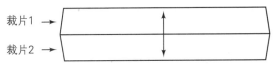

帽状袖

冒肩袖可以是略微翘离不贴手臂的短袖（款式1），也可以是符合手臂形态的短袖（款式2）。这类袖型有各种造型方法，常用于紧身胸衣、连衣裙或衬衫的设计中。

图1   图2

凸形帽状袖
纸样设计与制作

图 1a、b 帽状袖

- 修剪袖山帽顶高约 2.5cm（袖口线将离空手臂）。
- 从袖底缝的两边各修剪 0.6cm。
- 在袖山帽顶两边各追加 0.6cm 吃势松量，通过增减袖山帽高度控制袖子合体度。

图1a

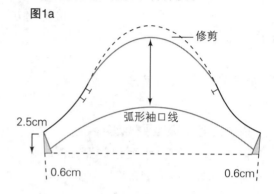

追加抽褶

- 复描凸形帽状袖样板，剪切并展开 1cm（左右）所期望的量，圆顺袖山帽形。

图1b

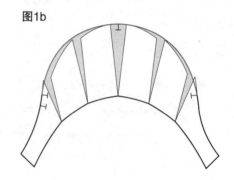

图 2

- 短弧形的帽状袖可用本料贴边。

图2

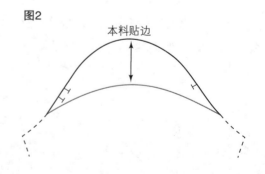

无省袖样板

无省袖样板与基本袖样板的不同点有两个：其一是无袖肘省，其二是袖身无逐渐变小收紧袖口。目的是为了便于设计宽袖口或大袖口（如喇叭袖、主教袖、钟形袖）、蓬松袖或泡泡袖山和那些不需要袖肘省（衬衫袖）的袖子。

下面图示了两种无省袖纸样，整片式袖样板和对折后的半片式袖样板。

基本袖纸样也可以用于设计新袖款，但是无省袖纸样的应用过程更简单。

纸样设计与制作

图 1

- 复描基本袖及所有标记(虚线为原有样板)。
- AC=AB，从 A 点垂直向下。
  DE=AC，从 D 点垂直向下。
- 连接 CE，标记袖口中点 F。
- 从 F 点分别向两边测量袖口大小的一半并标记。
- 从纸上剪下，去掉不需要的部分。

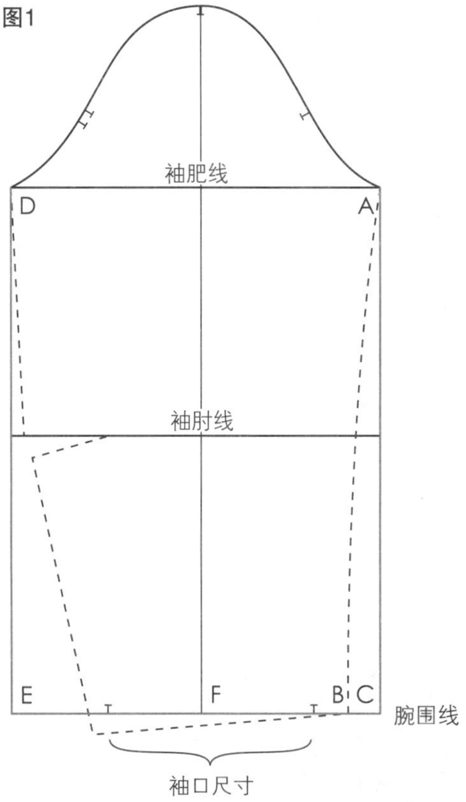

图 2 整片袖

- 在布纹线的两边分别画线等分袖子，标写 X。

图 3 半片袖

- 从布纹线至后袖底缝复制后片袖，在后袖窿弧线上复描出前袖窿弧线(当用半片袖时，中心布纹线在折叠线上，当展开时，复描前袖窿弧并修剪)。

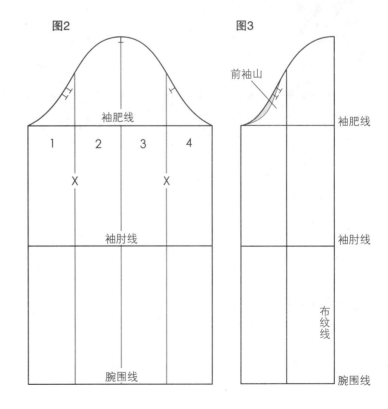

修正袖窿减少袖山吃势

图 1、2、3

　　对于袖口边为喇叭或抽褶款式的蓬松袖子，袖山吃势只需 1.3cm（即袖中点两边各 0.6cm），这足以满足手臂的合体饱满度。

　　例如：袖山总松量 =3.2cm，其中允许 1.3cm 为吃势量；1.9cm 留作再分配。下面依次或组合修正解决合体度问题。

选　择

* 分别降低前、后袖窿对位刀口 0.6cm（图 1）。
* 在肩线和侧缝一端追加 0.2cm，渐变至另一端为 0（图 2）。
* 对于展开袖，降低袖山高 0.6cm 至 1.3cm（图 3）。

泡泡袖

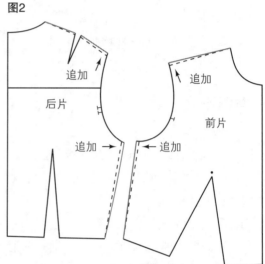

款式1　　　　　款式2　　　　　款式3

设计分析：款式 1、2 和 3

　　泡泡袖有蓬松量的加入——应用原理 2。往往在袖口边、袖山线上或同时在袖口边和袖山线上设计抽褶，泡泡袖可以设计成各种所需长度的袖，其蓬松量也可以比所示案例多或少。关于袖窿或袖山修正方法请参见上述说明，无省半袖是泡泡袖款式设计的基础。

袖口蓬松袖

图 1

- 用无省半袖纸样设计下述蓬松袖款式结构设计。
- 复描衣袖至袖肥线下 5.1cm。
- 画剪切线,从袖口边至袖山线展切,但不剪断。

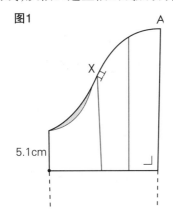

图 3

- 展开纸样;画布纹线。修剪前袖底部分的袖山弧线(阴影区域)。

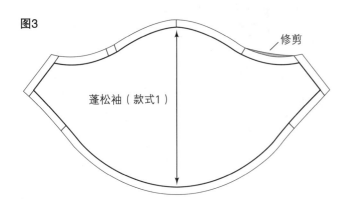

图 2

- 对折样板纸,将袖样板放置于样板纸上,并展开。
- 复描袖子样板和前半部袖底部分的袖山弧线,并作刀口标记。
- 在前中线延长 5.1cm,并圆顺弧线至袖底缝(产生蓬松量)。
- 加放 1.3cm 缝份。
- 作缝份刀口标记,从纸上剪下样板。

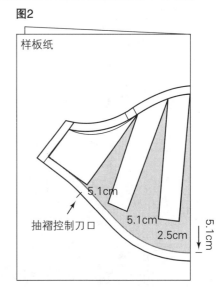

图 4 袖克夫

- 有橡筋或穿带的袖克夫适用于短袖的袖口处理。袖长短过袖肘线上方的袖子,袖克夫尺寸为肘围尺寸加 1.3cm 松量。袖长超过袖肘线下方的袖子,袖克夫尺寸为袖长处臂围,再加 1.9cm 松量。例如:矩形袖克夫长度等于肘围(26.7cm),宽度等于 5.1cm(成品克夫宽为 2.5cm)。

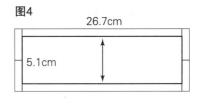

袖山蓬松袖

图 1

• 用无省半袖纸样为基础,参见 309 页图 1。

• 将袖样板放于样板纸上,袖口贴于对折线(如果需要设计紧身袖口,可将袖口线安放时超过对折线 1.3cm——未作图示)。

• 用图示所给尺寸展开纸样。

• 复描衣袖纸样及前袖片近袖底的弧线。

• 在袖山顶部追加 5.1cm 产生泡量,作标记,画顺袖山弧线。

• 从样板纸上剪下样板。

图1

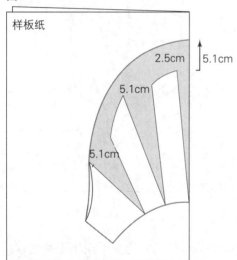

图 2

• 展开纸样。

• 作布纹线和刀口,修剪前袖片袖山弧线。

贴边

• 复描袖口线画 3.2cm 贴边。

图2

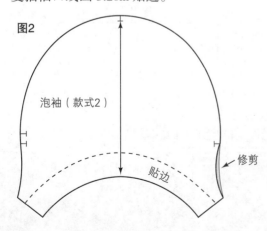

袖口和袖山同时蓬松袖

图 1

• 用无省半袖纸样为基础,参见 309 页图 1。

• 从纸边向上 7.6cm 作与对折线垂直的基准线。

• 将袖样板放于对折线上,袖口边平起基准线(如虚线所示)。标写 A 和 B。

• 从袖山顶向上 5.1cm,袖口边向下 5.1cm 作标记。

• BC= 1/2 AB,或者为使蓬松量更大 BC=AB,在引导线上作标记。

• 沿基准线移动纸样,直至 B 点与 C 点重合。

• 复描袖样板至 X 基准线,包含前袖山弧线(阴影区域)。

• 画顺至袖山上和袖口下 5.1cm 处的弧线。

图1

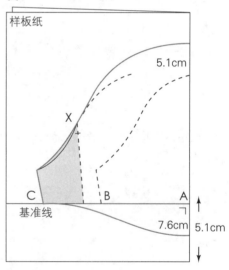

图 2

• 打开纸样,画布纹线,作刀口记号,修剪前袖山弧线。

图2

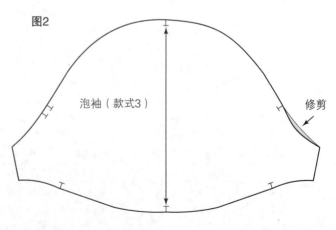

圆形袖口袖

半圆袖
设计分析

　　用无省袖样板作基础,增大袖口设计成半圆袖。袖子可以设计成任意长度;参考款式 1、2 和 3。短袖（款式 1）可以成为长袖设计的基础,袖窿或袖山调整请参见第 310 页。

款式1　　款式2　　款式3

纸样设计与制作
图 1

- 复描无省后袖样板至袖肥线下 5.1cm,然后移开纸样。作对折线的垂线成为袖口线。
- 画剪切线。
- 剪开剪切线至袖山,但不剪断。

图 1

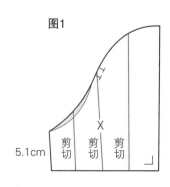

5.1cm　剪切　剪切　剪切

图 2

- 对折样板纸。
- 从纸边向下 5.1cm 作基准线与对折线垂直。
- 展开剪切线直至袖底缝平起于基准线或与基准线平行。
- 复描袖样板及前袖山弧线,然后移开样板。
- 从纸上剪下。

图2

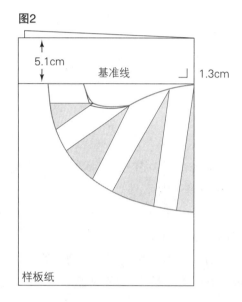

5.1cm　　基准线　　1.3cm

样板纸

图 3

- 展开纸样。
- 画布纹线,作刀口,修剪前袖山弧线。

图3

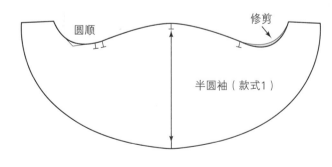

圆顺　　　　　修剪

半圆袖（款式1）

钟形袖

设计分析

钟形袖的袖山圆顺，袖口向外扩展成钟形。钟形袖可以设计成任意长度和任意扩展形。它可在无省袖后袖样板、主教袖或夸张的主教袖样板（拥有修剪过的袖口）设计基础上获得。下面例举了三种长度的无省袖。

关于袖窿或袖山的调整，请参见第 310 页。

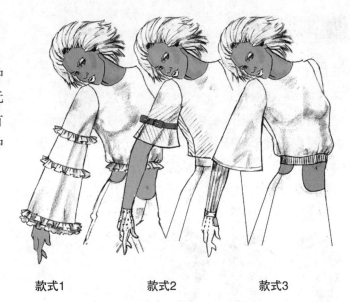

款式1　　　　款式2　　　　款式3

纸样设计与制作

图 1

- 复描无省后袖片样板，包括四等分标线，并标写 X。复描前袖窿弧线。
- 标记所希望的钟形袖长：袖肥线下的短袖长度，肘围线或全袖长。
- 在 X 线和布纹线之间画一条剪切线。
- 剪开剪切线至袖山，但不剪断。

图 2

- 对折样板纸。
- 将袖样板放置于对折线上，展开至所期望的袖口大小，或根据所给尺寸展开。
- 复描样板外轮廓线及前袖窿弧线。
- 画一条内弧线，渐变袖底弧线。
- 从纸上剪下，展开，画布纹线，修剪前袖窿弧线（如图整个袖样板所示）。

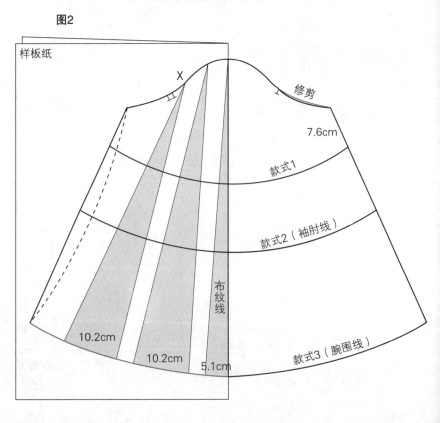

图1

X

7.6cm

款式1

款式2　袖肘线

剪切线　剪切线

款式3　腕围线

图2

样板纸

X　　　修剪

7.6cm

款式1

款式2（袖肘线）

布纹线

10.2cm

10.2cm　5.1cm

款式3（腕围线）

花瓣袖

设计分析

　　花瓣袖指在袖山相互交叉重叠形似花瓣的袖。有各种设计方法和各种长度构成花瓣袖,这里例举了几种花瓣袖,用无省纸样设计花瓣袖,前袖窿弧线需要修剪,图中三种袖款都来自于同一个样板的变化。

　　袖子可以给配贴边或里衬。关于袖窿的修正请参见 310 页。

款式1　　　款式2　　　款式3

花瓣袖——款式 1
纸样设计与制作
图 1

　　复描无省袖样板至袖肥线下 3.8cm 处,并复描所有标记。

- 在袖底缝处进 1.3cm,与袖肥点连线。
  AB=12.7cm,作标记。
  AC=8.9cm,作标记。
- 作花瓣造型线。
- 复描前袖弧线,形成前袖花瓣。
- 从纸上剪下后袖花瓣。

图 2 两片式花瓣袖

- 复描花瓣袖纸样并剪裁。
- 再次复描前片花瓣袖纸样。
- 剪裁前片花瓣袖纸样;修剪前袖窿弧线多余量(阴影部分),作布纹线。

图2

花瓣后袖片　　　　花瓣前袖片　　　修剪

图 3 一片式花瓣袖

- 对齐前后袖片袖底缝,重新复描纸样。
- 作布纹线,从纸上剪裁,修剪袖山弧线。

图1

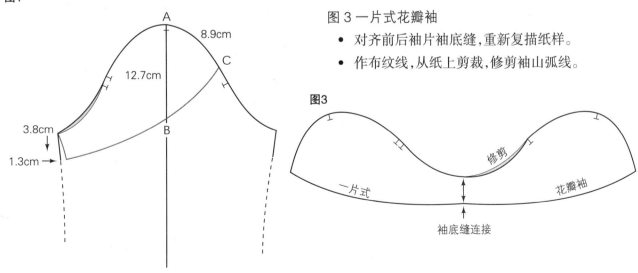

图3

一片式　　　修剪　　　花瓣袖

袖底缝连接

A
8.9cm
C
12.7cm
3.8cm
1.3cm
B

抽褶花瓣袖——款式 2

图 4

- 复描花瓣袖后袖片轮廓,设计款式 2。延长袖底缝 7.6cm 并画顺袖口线(虚线是原花瓣袖)。
- 画展切线。
  修正袖窿,参见第 310 页。

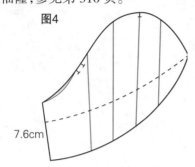

图4

7.6cm

图 5 后袖片

- 剪开展切线至袖口线,但不剪断。放于样板纸上,展开抽褶量(例如:每个展量为 2.5cm;中心线两边各 1.3cm)。
- 复描纸样,然后移开样板。
- 袖山高追加 2.5cm,画顺弧线,剪下纸样。

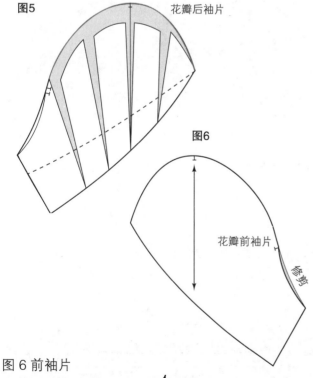

图5 花瓣后袖片

图6 花瓣前袖片 修剪

图 6 前袖片

- 重新复描前袖片。
- 剪裁并修正多余的前袖山弧线(如果想要一片式花瓣袖,如图 3 对合袖底缝)。

喇叭花瓣袖——款式 3

图 7

- 复描花瓣袖后袖片纸样,设计款式 3。
- 均匀作展切线。
  修正袖窿,参见第 310 页。

图7

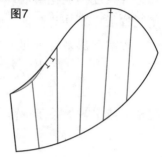

图 8

- 剪开展切线至袖山线,但不剪断。
- 在纸上画直角基准线,向垂直线的两边作垂线为水平基准线。
- 将袖山与垂直基准线对齐,袖底缝与水平基准线相对,展开纸样展切部分,并复描纸样。
- 在对位标记 5.1cm 内构造花瓣袖形态。
- 从纸上剪下。

图8 基准线 基准线 5.1cm

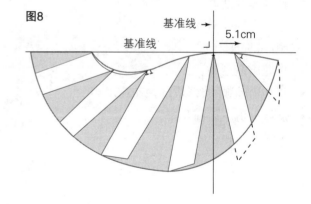

图 9

- 重新复描袖子前片样板,画上布纹线。

图9 修剪 花瓣前袖片

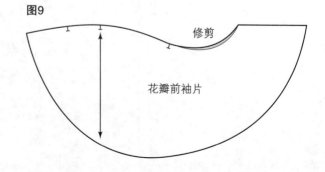

灯笼袖

设计分析

灯笼袖由上下两部分构成，从袖山向下向外展开（上部），然后再收紧至袖口。袖长和展开度可任意变化设计，图示展示了三种不同款式的灯笼袖，款式 3 可作为实战训练题。关于袖窿修正方法，请参见第 310 页。

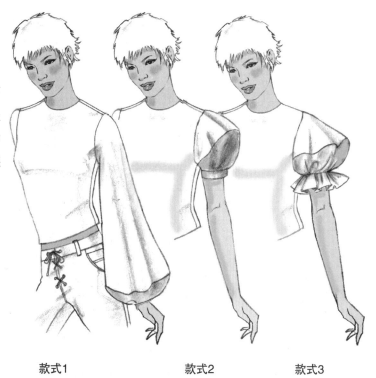

款式1　　　　款式2　　　　款式3

长袖灯笼袖——款式 1
所需尺寸

- 手掌围_____（参见 304 页）。

纸样设计与制作

图 1

- 复描无省袖样板和所有标记。
- 标写四等分记号 X。
- 在底边线上标记腕围点，分别从两边半掌围处减去 1.3cm，使之成为腕围。
- 连接腕围点与袖肥点。
- 从底边线上 15.2cm 处画造型线（高低位置可变化）。
- 将袖片分成 8 份并标注序号。
- 剪裁并丢弃不需要的部分（阴影区域）。

图1

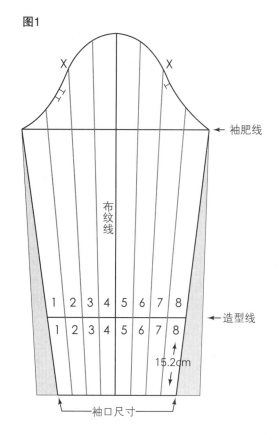

图 2、3

• 剪裁纸样,分离成上、下两部分。

图2

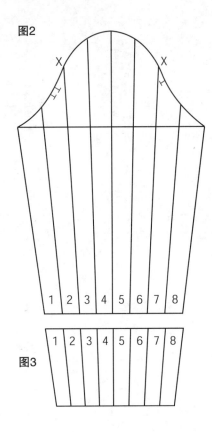

图3

图 4 上半部袖片

• 剪开展切线至袖山,但不剪断。

• 放于样板纸上,展开所需量,固定并复描。

• 在造型线底部向下追加 2.5cm。

• 圆顺弧线至袖底缝。

• 作袖中线刀口记号。

• 剪下纸样。

图4

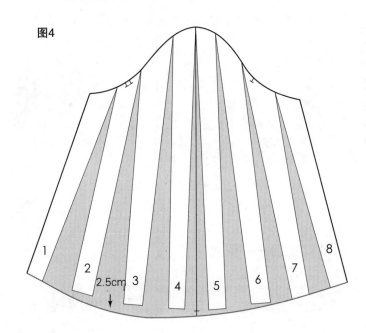

图 5 下半部袖片

• 设计下半部袖片,展开量如同上半部袖片量。

图5

下半部袖片

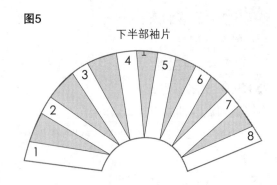

短袖灯笼袖——款式 2
纸样设计与制作

图 1

- 复描无省纸样的后半袖至袖肥线下 12.7cm，同时复描袖山前腋弧线。
- 在袖底边侧缝进 1.3cm，与袖肥点连接（虚线表示原有袖底缝线）。
- 作灯笼造型线，将袖片均分为上半部袖片和下半部袖片。
- 作展切线并标记。
- 关于袖窿的调整，请参见 310 页。

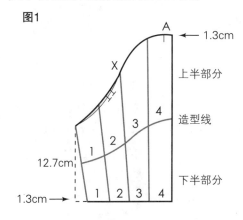

图 2、3

- 从纸上剪下袖片。
- 剪切分离上半部袖片和下半部袖片。

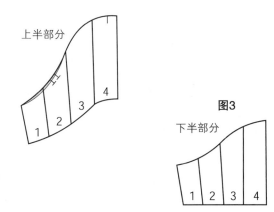

图 4

- 对上、下两部分剪开展切线分别至袖山和袖口线，但不剪断。
- 将袖样板放于折叠纸上（上半部袖片 A 点对准对折线）。
- 展开上、下两部分（如：3.8cm；中心线的每边展开 1.9cm）。
- 复描上、下部分纸样和前袖山袖底弧线。
- 在造型线延长上、下袖中线 2.5cm，圆顺弧线（上、下造型线长短必须相等）。
- 如图做刀口记号，从纸上剪下样板。展开对折线并修剪前袖山和袖底弧线。

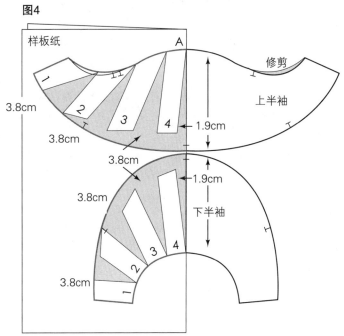

袖山变化袖

收省袖山
设计分析——款式 2

　　收省袖山特征在于从手臂三角肌处向上延展袖，对于款式 2，延展量由三个省道控制。而款式 1 虽然基于相同的纸样，但袖山是由抽褶圆顺形成。袖山吃势可按图示消除，或参见 310 页袖窿调整方法。

纸样设计与制作

图 1

- 复描袖子基本样板。
- 在袖山中线两侧 5.1cm 处作剪切线。
- 沿每条剪切线相距 0.3cm 作直线连至袖肥线中点(距袖山刀口两边各为 0.2cm)，这可消除部分袖山吃势量，如果袖窿已做调整，可忽略此步骤。
- 从纸上剪下样板，去除阴影多余部分。

款式1　　　　款式2

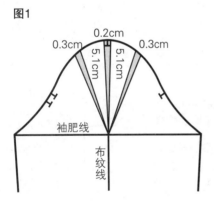

图1

图 2

- 从袖山至袖肥线中点剪开剪切线，但不剪断。
- 如图上提袖肥线 3.2cm。均匀展开并复描。
- 从每个展开口中心向下 3.2cm 确定省尖，画省线。

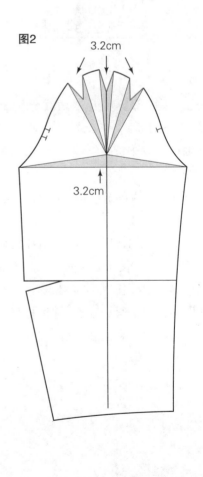

图2

图 3

- 折叠省线，使样板立体化圆顺袖山。

图 4

- 展平纸样，标记刀口，打圆孔。

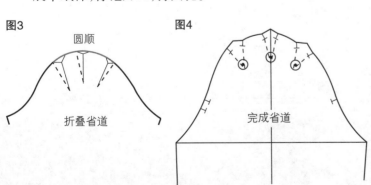

图3　圆顺　折叠省道　　**图4**　完成省道

新月形变化袖山
设计分析——款式3

　　新月形变化袖山特征是将袖山延伸,形成平行于袖窿的新月形造型。款式4的设计也遵循此步骤,对于袖窿的调整方法请参见310页。

款式3　　　　　　　　　　款式4

纸样设计与制作

图1

- 复描袖子基本样板和所有标记。
- 标记中心布纹线处为A点,从A点向下3.2cm标记E点。
- 相距A点10.2cm处两边标记B和C点。
- 从B和C点及AB和AC中点向内作垂线3.2cm。
- 从D至E至F作袖山平行弧线。
- 从纸上剪下袖样板。
- 从A至E,E至D,E至F细致地剪开剪切线。
- 从A至B和A至C剪开袖山线。

图1

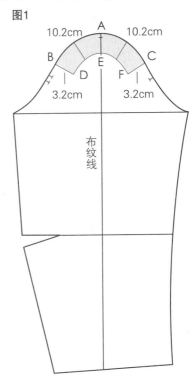

图2

- 剪开其余剪切线(从内至袖山外),但不剪断。在下面垫纸并固定。
- 展开切片直至D和F与袖弧线相交。
- 测量展开的空间量,并作为其余切片的展开量。
- 用图钉固定切片于下层样板纸上。
- 从A点作垂线等于切片宽度(3.2cm),从这点与袖山平行画线至D和F。注:DE和EF线都应等于10.2cm,如果不等,通过增大或减少展开量调整,粘贴固定。
- 从纸上剪下样板。
- 从E点剪开展切线至袖肘。

图2

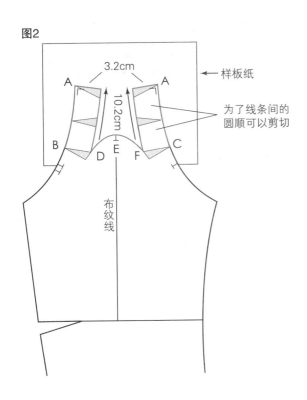

图 3

- 继续横向剪开袖肘展切线至袖底缝和省尖。
- 在另一张纸上作一条垂直布纹线。
- 将剪切样板放于纸上,从中线向两边各展开 E 点 3.8cm,固定。如果袖肘省不能完全关闭,在袖肘线两边 3.8cm 处各作刀口标记,从每个省线控制多余吃势并圆顺。
- 从布纹基准线处向上 3.8cm 作标记 G 点。
- 作弧线 GD 和 GF,弧线长度必须等于 10.2cm,否则,调整展开量。
- 复描袖样板。
- 完成纸样,从纸上剪下样板。

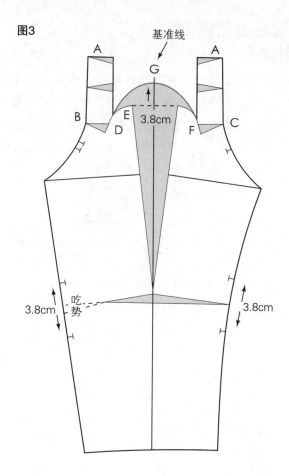

图3

抽褶新月袖
设计分析——款式 4

款式特征是延伸袖山,延展袖肥,由抽褶形成新月袖造型线。

图 1

- 按照所给新月袖设计步骤,延伸袖山,不同之处在于:

  E 点展开量为 15.2cm 或更多。

  袖中点向上量取 7.6cm,形成抽褶量,圆顺连接至 D 点和 F 点。

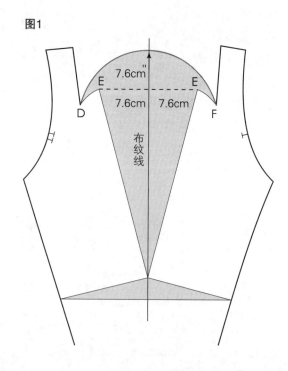

图1

垂直折裥的变化袖

设计分析

　　折叠折裥贯穿袖长乃至袖山，折裥在肩端被缝合于一起。

　　此类袖可基于无省半袖基本型进行设计，可由袖克夫、松紧带或绳带抽系抽缩袖口（如款式 1a、b）。可以渐变袖底缝控制袖身蓬松量，如果要设计袖克夫，请参见 305 页，调整袖窿的方法请参见 310 页，款式 2 是个思考题。

纸样设计与制作

图 1 无省半袖纸样

　　如果没有无省袖，请参见 309 页。作为参考，在袖山标记 A 点，基准线处（四等分部位）标记 X 点。

图 2

- 对折样板纸，从顶端向下 20.3cm 作一条横向直角基准线。
- 将样板放于对折纸上，袖肥线与基准线对齐，固定。
- 复描袖山 A 至 X 和底边线。
- 测量袖山弧长 A 至 X 并记录。
- 平移基准线外的纸样 10.2cm，纸样平行于折叠线并固定。
- 从 X 点复描完整纸样。
- 根据 A 至 X 的量延长 X 线，再作垂线 10.2cm，再向下交于 X，完成袖纸样草图，标记折裥对折中心。
- 完成纸样做合体性试穿。

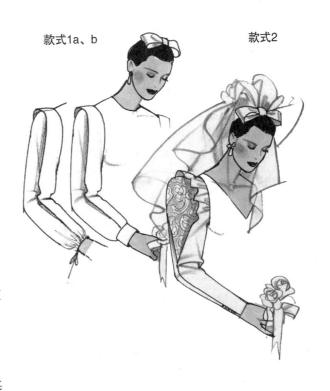

款式1a、b　　　　款式2

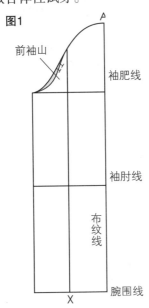

图1

前袖山

袖肥线

袖肘线

布纹线

腕围线

A

X

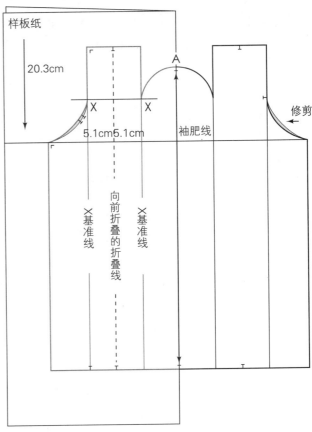

图2

样板纸

20.3cm

A

修剪

X　X

5.1cm 5.1cm

袖肥线

X基准线

向前折叠的折叠线

X基准线

羊腿袖

设计分析

款式 1 是通过增大袖肥和袖山区域，逐渐减小袖身松量至袖肘线而形成；款式 2 则是通过增大两倍或三倍所给量而成型。肩端点修剪 1.3cm，圆顺至 F/B 袖窿剪口点以平衡设计。

款式1　款式2

纸样设计与制作

图 1

- 复描基本袖样板和所有标记，标写袖山 A 和 B。
- 在袖山基准线上向下 10.2cm 标写 C 点。
- 从 C 点至袖底缝作剪切线。
- 从纸上剪下样板。

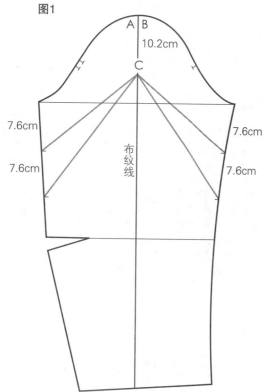

图1

A B
10.2cm
C
7.6cm　7.6cm
7.6cm　7.6cm
布纹线

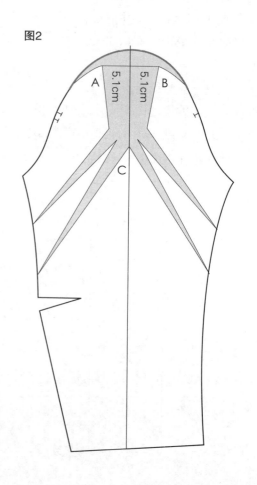

图2

A 5.1cm 5.1cm B
C

图 2

- 剪开剪切线至 C 点，再至袖底缝，但不剪断。
- 在纸的中间作垂直基准线。
- 将样板放在纸上，基准线与基准线对齐。
- 分别展开 A 和 B 样片 5.1cm 或更多，同时均匀展开其余样片并固定。
- 复描纸样。
- 袖山向上量取 3.8cm 并圆顺。

垂褶袖

设计分析

　　垂褶袖的垂浪始于袖山中点至所需深度（如12.7cm）。它基于无省后袖样板，任意袖长。款式1和3为实战练习题。

纸样设计与制作

图1

- 复描无省后袖样板。
- 距袖山顶1.3cm标记A点（消除袖山吃势）。如果袖窿已作调整，忽略说明。
- 从袖山向下12.7cm或更多标记B点，连接AB点。
- 距A点5.1cm标记C点。
- 在袖肥和袖肘间标记D点。
- 作剪切线CB和DB。
- 从纸上剪下，去掉袖山阴影区域。
- 从B点剪开剪切线至袖山C点、袖底缝D点，并剪开袖肘线至袖底缝，但均不剪断。

款式1　　　　款式2　　　　款式3

图2

- 将样板放于对折纸上，展开切片直至A点距对折线12.7cm，当所需垂褶更深时，可展开更多量，固定纸样。
- 复描纸样轮廓线，将前袖山袖底弧复描至下层样板纸上。
- 从对折线作垂线至A点。

　　对折连贴边

- 从对折直角线向上7.6cm至A作弧线。
- 从纸上剪下，展开折叠线，修剪前袖弧线（阴影区域），画斜向布纹线。

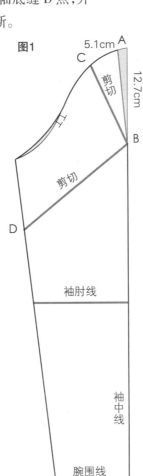

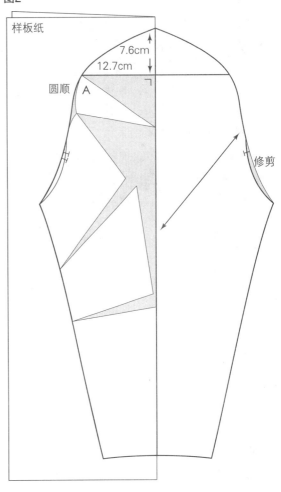

礼服袖

传统多扣长袖礼服袖是基于基本袖样板，将袖肘省转移至袖口而形成。其他变化款式可采取同样方法实现，请参见款式 2、3、4 和 5。

设计分析

袖款 1 的袖口造型呈尖角形，沿袖口开叉有一组纽扣和扣环作闭合。

纸样设计与制作

图 1
- 复描基本袖样板。
- 从省尖点至袖口离袖底缝 5.1cm 处作一条剪切线，标写 A 点。
- 在前袖底缝的袖口角上标写 B 点。
- 距基准线 2.5cm，从袖口向下 3.2cm 作引导线，并标写 C 点。
- 连接 CA 和 CB 作造型线。
- 从纸上剪下样板。

图 2
- 剪开剪切线至省尖，但不剪断。
- 闭合袖肘省并粘合。
- 复描纸样，标记布纹线。
- 按所需间距标记扣环位置（为了缩短省线长短，可向下 2.5 ～ 5.1cm 缝合省道）。

款式1

图 3 贴边
- 复描袖贴边部分（如图 2 虚线所示）。
- 在省尖点分离贴边，以留缝份。
- 加放缝份，标注布纹线。

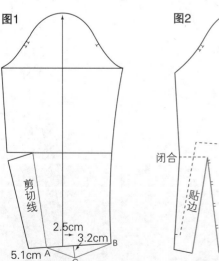

图1

剪切线

2.5cm
3.2cm B
5.1cm A
C

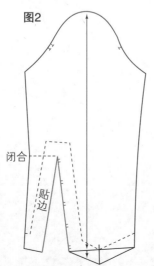

图2

闭合

贴边

图3

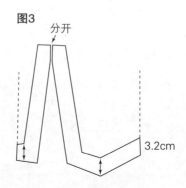

分开

3.2cm

变形袖款

款式 2、3、4 和 5 展示的是可能的变形袖款。记住：围绕样板轮廓，省道可被转移至任何部位。

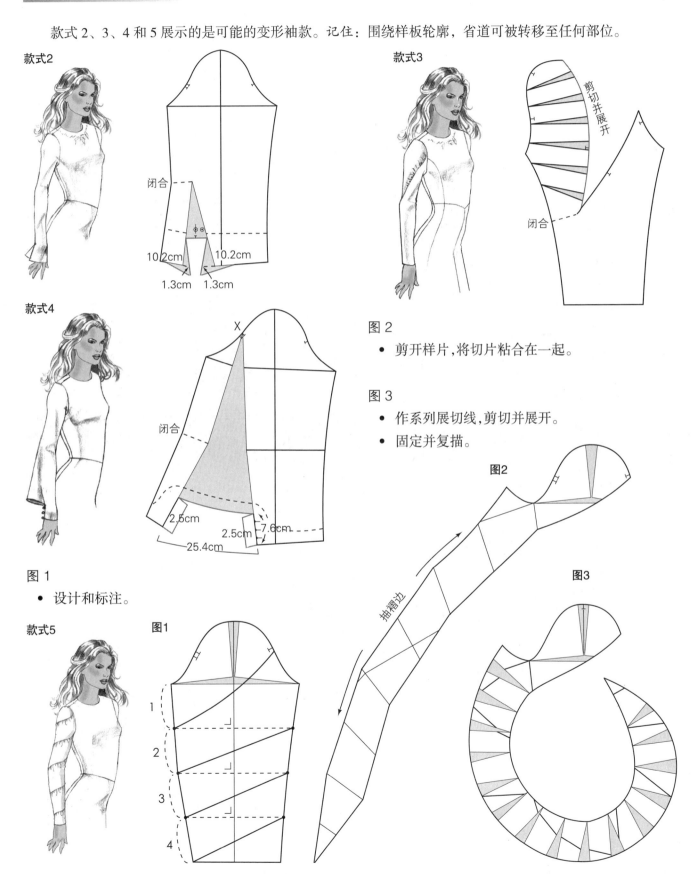

款式2

闭合

10.2cm   10.2cm

1.3cm   1.3cm

款式4

X

闭合

2.5cm

2.5cm   7.6cm

25.4cm

图 1

• 设计和标注。

款式5

图1

1

2

3

4

款式3

剪切并展开

闭合

图 2

• 剪开样片，将切片粘合在一起。

图 3

• 作系列展切线，剪切并展开。

• 固定并复描。

图2

抽褶边

图3

低袖窿的袖子

设计分析

对于低袖窿的款式（最初称为土耳其袖），需要对衣袖和衣身作调整。加大衣袖袖底缝的长度，必须等于衣片袖窿的降低量，否则，手臂上抬会受到服装牵扯（在衣袖袖肥处，会出现朝向袖窿的斜向折痕）。除非一件足够宽大的衣服，可允许手臂自由运动，此时可不考虑增大袖底缝长度补偿降低的袖窿。

纸样设计与制作

图 1 衣袖和衣身

- 在衣袖和衣身样片上分别降低袖肥和袖窿 5.1cm 或更多量，做标记。
- 从标记点至刀口处弧线画顺。
- 在新袖片上，袖底缝再下降 5.1cm 作另一弧线。
- 从纸上剪下，修剪阴影区域。

图 2 袖片的修正

- 剪开剪切线至袖山，但不剪断。
- 将样板放于纸上，上提切片 7.6 ~ 10.2cm 并固定。
- 描画袖样板，从袖肥至袖肘以弧线顺接，并圆顺袖山弧。
- 从纸上剪下样板。
- 袖窿调整方法见 310 页。

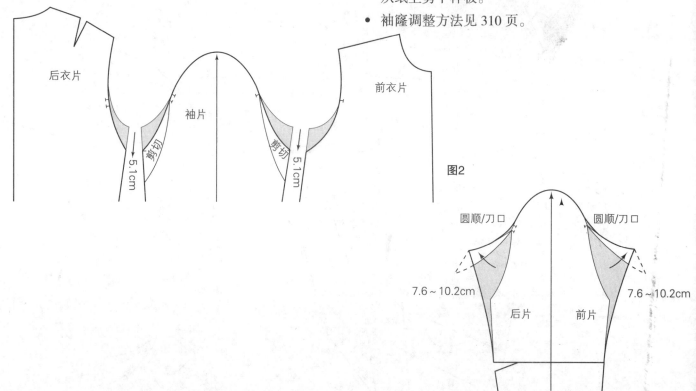

图1

后衣片　袖片　前衣片

剪切　5.1cm　剪切　5.1cm

图2

圆顺/刀口　圆顺/刀口

7.6 ~ 10.2cm　7.6 ~ 10.2cm

后片　前片

基本主教袖

设计分析

　　主教袖是种宽大的袖型，从圆顺的袖山处优美地悬垂于手臂，对于衬衫，袖长度需略有增加。

　　此类袖片制作基于衬衫袖的结构设计。关于衬衫袖的说明请参见提高篇第 4 章，图示说明了剪切 – 展开法和旋转法。

　　关于袖窿或袖山的修正方法，请参见 310 页。

主教袖样板绘制

图 1

- 复描衬衫袖样板和所有标记。
- 标上切片序号。
- 标写基准线 A 和 B。
- 标记四等分点 X。

　　关于克夫的设计方法，请参见 305 页。

图1

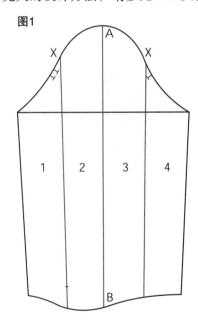

图2a

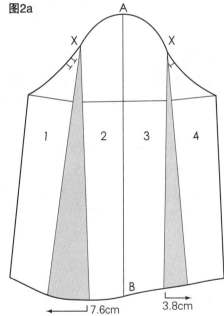

7.6cm　　3.8cm

图 2a、b

- 剪开每个 X 处的切片至袖山。
- 将袖片的 AB 线对齐基准线，如图 2a 所示，分别展开切片 7.6cm 和 3.8cm。
- 对于衬衫外衣——在袖口边平行追加 1.9cm 长度。
- 袖开衩——长度 6.4cm，宽度 0.2cm，端点画上十字记号（图 2b）。

图2b

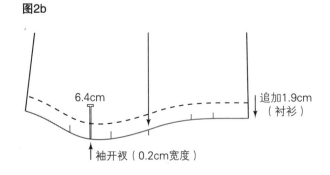

6.4cm　　追加1.9cm（衬衫）

袖开衩（0.2cm宽度）

设计大主教袖的旋转—移动法

此方法的运用在衬衫袖样片的基础上进行，请参见提高篇第 4 章，也可参考 329 页的图 1。

图 1

• 将 AB 线对齐基准线，复描袖山线 X 至 A 再至 X 和袖口线 C 至 D。

• 分别距离 C 点 7.6cm 和 D 点 3.8cm，取圆点作标记。

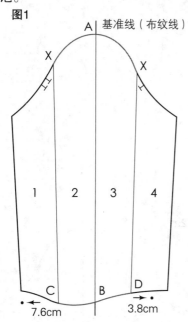

图1

图 2

• 将图钉在 X 点固定，旋转纸样直至圆点标记处于 XC 的延长线上，复描 X 至 C 的纸样轮廓线。

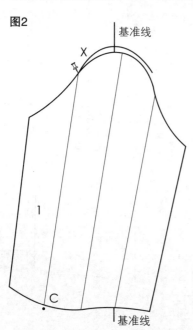

图2

图 3

• 将 AB 线重新对齐基准线。

• 将图钉在 X 点固定，旋转纸样直至圆点标记处于 XD 的延长线上。

• 复描 X 至 D 的袖片纸样轮廓线。

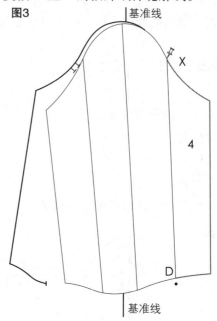

图3

图 4

• 圆顺衬衫外衣袖口边。

• 在后袖布纹基准线和袖底缝中间作开叉线，端点画上十字记号。

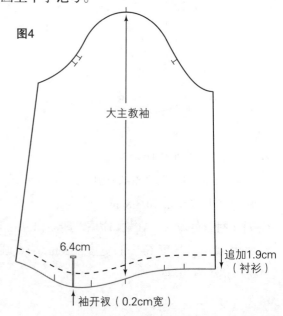

图4

夸张主教袖

设计分析

　　夸张型主教袖纸样设计是基于基本型主教袖纸样，在袖口追加更多蓬松量和长度，满足衬衫外衣袖更多垂量。关于袖克夫的设计，请参见 305 页。

纸样设计与制作

图 1a、b

- 复描基本型主教袖纸样；参考 330 页图 4，标记四等分点 X。
- 作剪切线，将 4 等分切片再等分（成 8 等分）。
- 从纸上剪下（图 1a）。
- 剪开切线，从袖口边向上剪至袖山，但不剪断。
- 随需展开或按图示展开，描画纸样轮廓线。
- 在原有长度线上，追加 2.5cm 或更多（对于衬衫外衣袖），作袖口边弧线，袖底缝两端逐渐减小（在切片 1 和 8 处）。
- 作长 5.1cm，宽 0.2cm 的袖开衩和十字端点记号。
- 作布纹经向线，刀口标记，剪下样板，完成纸样并试穿（图 1b）。

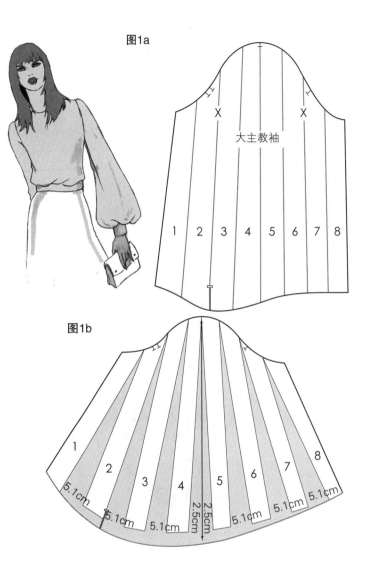

图1a

大主教袖

1　2　3　4　5　6　7　8

图1b

1　2　3　4　5　6　7　8

5.1cm　5.1cm　5.1cm　2.5cm　2.5cm　5.1cm　5.1cm　5.1cm

连袖、插肩袖、落肩袖和夸张袖窿袖

连身袖概述

衣袖与任何上衣（衬衫、连衣裙、茄克或大衣）可以以多种方式相组合，分类如下：

连身袖　袖子与上衣连成一体相组合。

土耳其袖（深开袖窿袖）　上衣的深开袖窿部分与袖子连成一体相组合。

插肩袖　袖子与上衣的部分袖窿和部分肩部连成一体相组合。

落肩袖　部分袖山与上衣连成一体。服装可随落肩造型而变化，落肩处可连接袖子，也可无袖。

通过夸张基本纸样的固有特征，或改变分割线位置，基本样板可被用于设计其他变化款式。

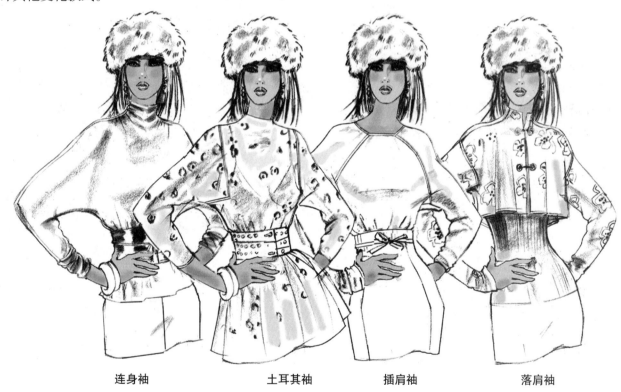

連身袖　　　　　　土耳其袖　　　　　　插肩袖　　　　　　落肩袖

基本连身袖

　　连身袖是由袖子样板与上衣衣身样板组合设计而成，基本连身袖样板是蝙蝠袖的基础，通过调整和改变基本连身袖样板，可以获得很多其他连身袖款式，本书图示列举了几款（例如连身袖的袖底缝可以沿衣身侧缝在任意所需位置终止，甚至可延伸至"蝙蝠衫"的衣摆线）。由于衣身袖窿成为连身袖的整体，因此，必须对前上衣袖窿作调整，以免手臂前伸时发生牵扯。正确的方法是在连身袖纸样形成前，将前片部分省量转移至袖窿中，后肩省转入后袖窿中。基于躯干原型的连身袖结构设计方法，请参见 340 页。

连身袖样板绘制

图 1 后衣片纸样修正

- 要有足够大的样板纸设计连身袖。
- 复描基本后衣片,转移肩省至袖窿中点。

图 2 前衣片纸样准备

- 复描和剪裁基本前衣片。
- 从袖窿和省尖点至胸点作剪切线。
- 对准 BP 剪开剪切线,但不剪断。放在一边备用,直至后衣片完成。

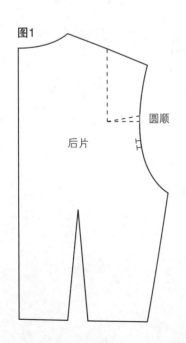

图1

圆顺

后片

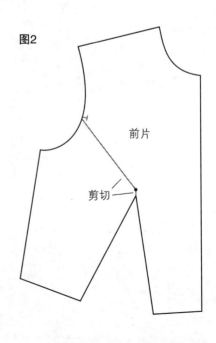

图2

前片

剪切

图 3
- 从肩端点向上 0.6cm 作标记。
- 在肩线中点放一把尺子,与标记点相连,作袖长线。
- 作一条半袖口围大的袖口垂线。
- 与袖窿直线相连。
- 按所需形态设计袖底缝线。
- 从纸上剪下,再复描一次样板,以原肩端点为参考做肩端点标记。

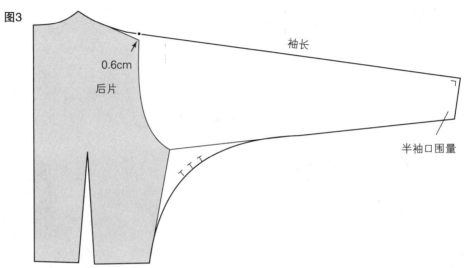

图4
- 将前片纸样放于复描的样板上面,在肩端点放上图钉,对齐后片样板肩端点标记。
- 关闭腰省直至前、后侧腰点相对(如果需要,可以解除胸点),并固定。

- 用红笔从肩线中点至前腰侧缝复描前片纸样,至此,袖子已成为前片的一部分。移开样板。
- 圆顺前肩线至复描的后片肩线中点。
- 沿前衣片和袖片剪下。
- 完成纸样作试穿。

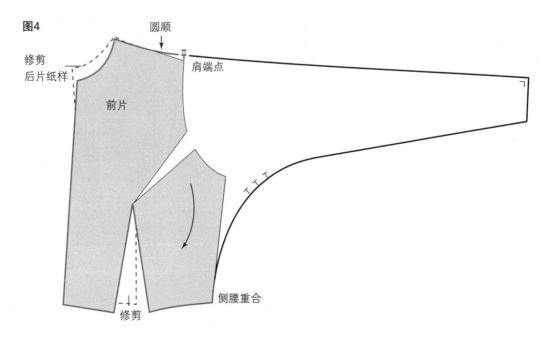

图 5、6

- 完成前、后片纸样。
- 在前、后肩端点作刀口标记。
- 画布纹线,完成纸样作试穿。

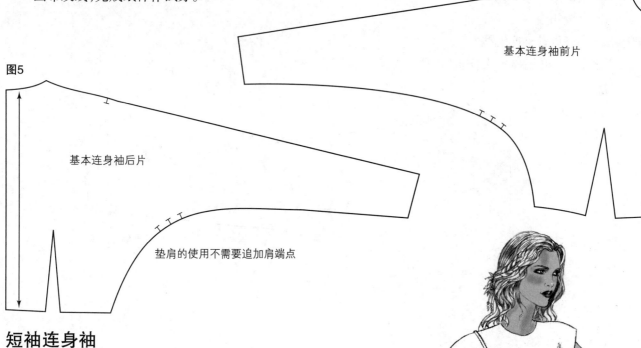

图6

基本连身袖前片

图5

基本连身袖后片

垫肩的使用不需要追加肩端点

短袖连身袖

图 1

- 连身袖可以裁制成各种长度,其中一种非常流行的款式是冒肩短袖。根据图示设计该款式,注意,为了避免接缝不圆顺,冒肩缝是弧线,曲线边口需要配贴边。

图1

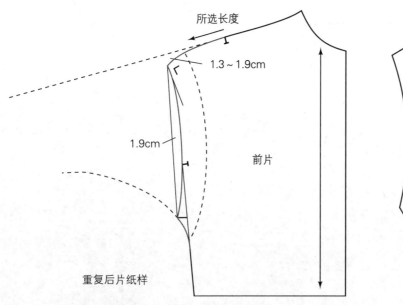

所选长度

1.3~1.9cm

1.9cm

前片

重复后片纸样

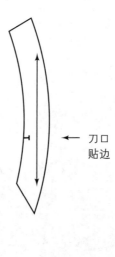

刀口
贴边

基本蝙蝠袖

设计分析

蝙蝠袖的袖底缝位置偏低，臂下有大量褶皱，提供了手臂能高高举起的空间。它可在基本连身袖样板基础上变化而来，最初的蝙蝠袖是嵌入衣袖拥有很低袖窿的袖（请参见 328 页）。

纸样设计与制作

图 1、2

- 复描前、后连袖基本型样板。
- 从肩端点作剪切线，结束于腰侧上 7.6 至 10.2cm 处。

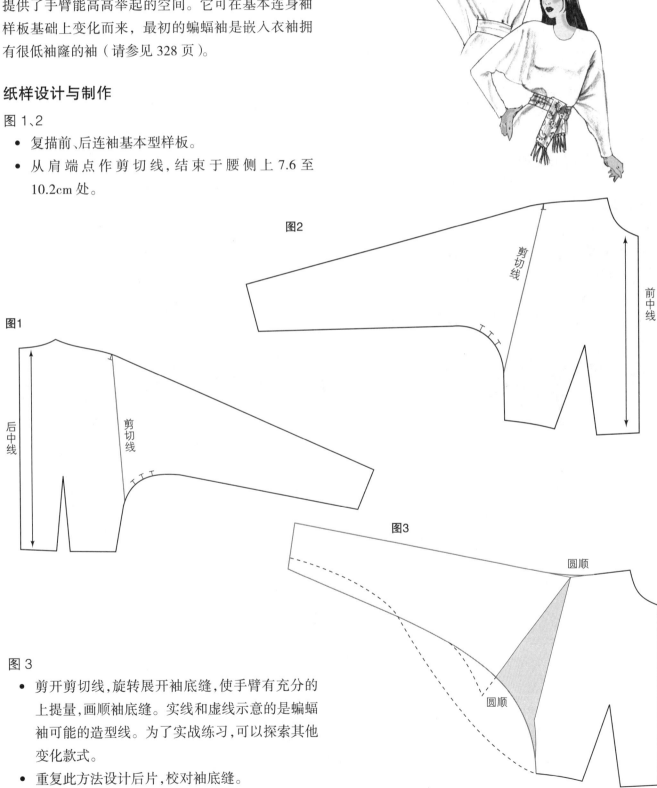

图1

图2

图3

图 3

- 剪开剪切线，旋转展开袖底缝，使手臂有充分的上提量，画顺袖底缝。实线和虚线示意的是蝙蝠袖可能的造型线。为了实战练习，可以探索其他变化款式。
- 重复此方法设计后片，校对袖底缝。

一片组合式连身袖

款式1

　　一片组合式连身袖款式，可以通过合并前、后片纸样形成，无论沿袖中线合并（款式 1）或肩线合并（款式 2 和 3）。基本连身袖设计方法也可用于蝙蝠袖、插肩袖或插角连身袖。

　　用下列图示做参考，设计款式纸样，注意下述特殊说明。

经向布纹线的选择
- 平行于前中心线。
- 斜向。
- 沿用原始手臂外侧袖缝线（图 1）。

有肩缝的连身袖

图 1

- 将手臂外侧袖缝线对合在一起,肩端点间允许 2.5cm 的距离。
- 复描纸样。
- 肩部刀口标记下 6.4cm 处相接圆顺。

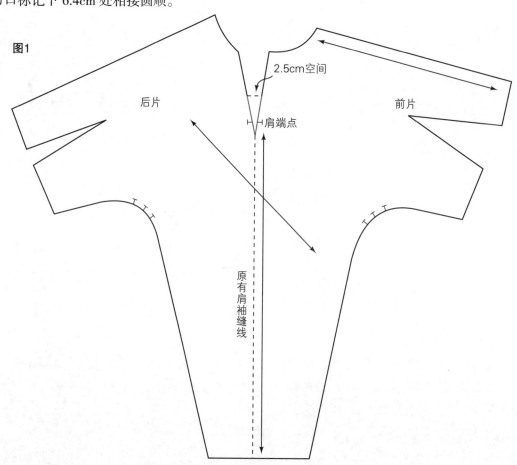

图1

后片

2.5cm空间

前片

肩端点

原有肩袖缝线

无肩袖缝的连身袖

准备样板纸，将前、后片纸样肩线重合，复描纸样。

款式 2：特征是袖子在袖口处抽褶（图 1）。

款式 3：是一种袖口渐收的蓬松袖。作一条连接袖角的线，标记中心点，至肩端点画一条线，用腕围（当采用弹性针织面料时）或袖口大的尺寸，画袖底缝弧线，对宽松衬衫，追加袖底缝和衣摆 2.5 至 5.1cm 的蓬松度，从衣摆画顺袖底缝线（如图 2 点画线所示）。

款式2

图1

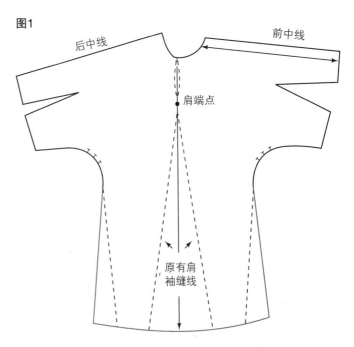

款式3

图2

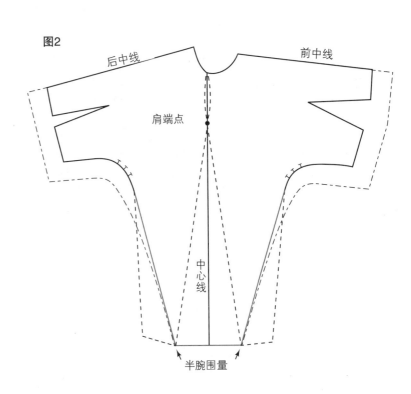

连身袖上衣基本型

连身袖上衣基本型样板设计可以基于双省道前、后片纸样或基本上衣纸样进行。前、后纸样重叠一起进行制图，再分开完善各自草图，用红笔勾画前衣片。

纸样设计与制作

图 1

- 除了袖窿复描衣身基本样片的后衣片,并标写侧缝 A（黑线）。

- 过肩 / 颈点作一条平行于后中线的基准线,标写 X。

- 将前衣片纸样放在后衣片上,对齐后片 HBL 水平平衡线,肩 / 颈点与 X 基准线重合,前、后中线平行。

- 从肩端点开始复描前衣片,直至侧省线（灰线）。

在练习时，即使样板与案例不同，也要根据说明进行操作，在肩 / 颈点、肩端点（B，C）和侧缝作点标记。

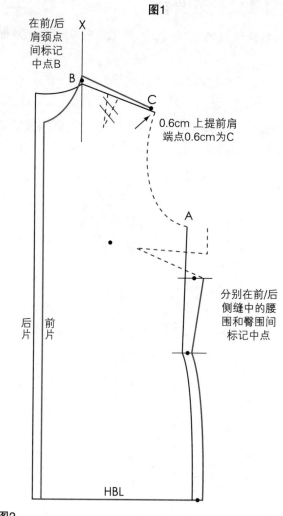

图1

在前/后肩颈点间标记中点B

0.6cm 上提前肩端点0.6cm为C

A

后片 前片

分别在前/后侧缝中的腰围和臀围间标记中点

HBL

图 2

- 连接 B 至 C 点并延长至袖长,标写 D 点。
- D 至 E= 袖口大的一半,过 D 点作垂线。
- 过 E 点作一小段垂线。
- 作一新的侧缝线,顺接每个标记。

按图示或其他任意造型画顺袖底缝线。

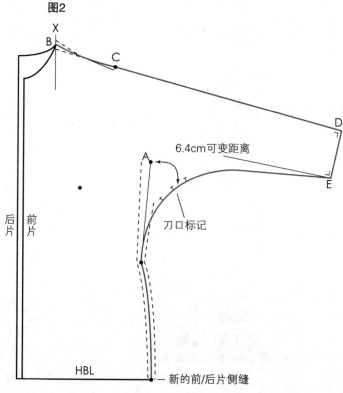

图2

X

B

C

D

6.4cm 可变距离

A

E

刀口标记

后片 前片

HBL

新的前/后片侧缝

图 3、4

分离样板

- 在纸样草图下放一张样板纸,并固定在一起。剪下样板轮廓。
- 移去在下层的拷贝纸样。
- 标写"连袖上衣后片"。
- 修剪草图中前领口和前中心线。
- 标写"连袖上衣前片"。

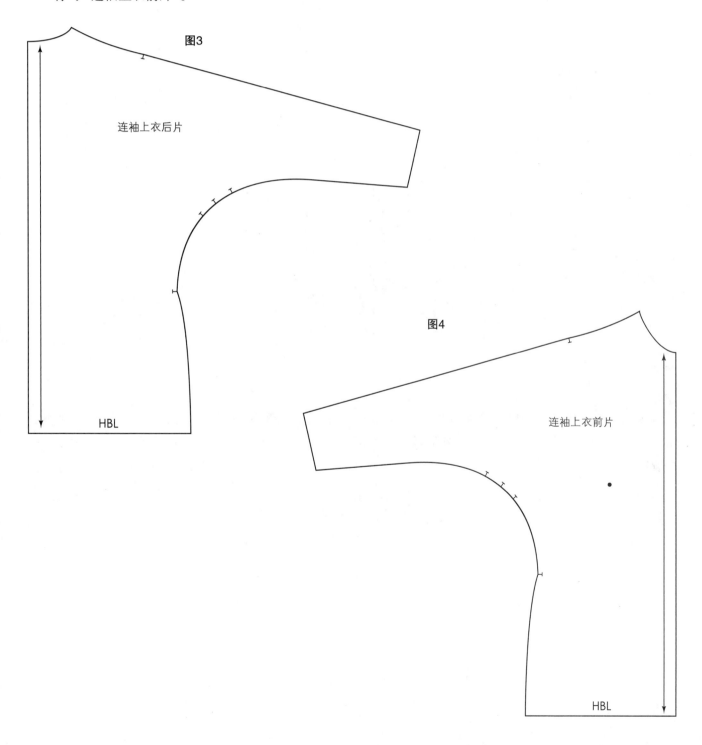

连身袖连裙装

设计分析：款式 1 和 2

款式 2 是基于连身袖基本样板，先将基本领口线开大，然后围绕领圈增加抽褶蓬松量，袖子可以变短，使之增加蓬松量而飘逸；或在袖口包边抽褶、镶松紧带等。复制前片纸样用于制作后片纸样。

纸样设计与制作

图 1

复描前片连身袖基本型纸样，如图设计弧形领口线，修改完成前片纸样后，复制设计后片样板。

款式1

款式3

款式2

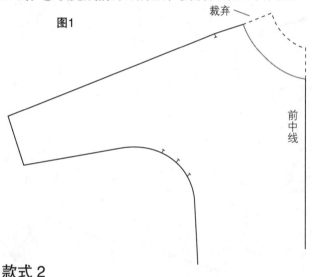

图1

裁弃

前中线

款式 2

图 2

作直角线，将连身袖纸样放于直角线中，移动调整至抽褶所需蓬松量（例如：12.7～25.4cm）。追加侧缝量 12.7cm 或更多，从肩端点画出袖子所需长度，再为"泡量"追加 5.1cm，设计袖口弧线，如需要，作出袖口镶边。复描制作后片纸样。

袖口可以是喇叭型，或由橡筋抽缩（加折叠贴边）或用袖克夫，如图所示。

图 3

- 袖克夫。
- 长度为袖肘长加 1.3cm。
- 宽度为 5.1cm 或更大。

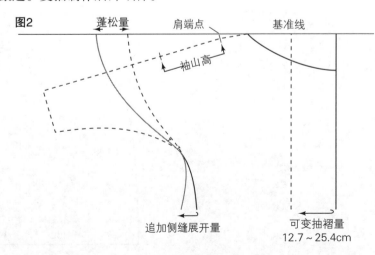

图2   蓬松量   肩端点   基准线

袖山高

追加侧缝展开量

可变抽褶量
12.7～25.4cm

图3

5.1cm
或更多

肘围加1.3cm

束腰长袖长袍

设计分析：款式 3

束腰长袖长袍也称土耳其长袍，是一种宽袖长袍，通常由腰带或饰带束腰，在地中海东部国家常穿用，然而也是西方国家的时装，运用这款基本型，可以设计出许多不同的款式。

束腰长袖长袍样板绘制

图 1

- 复描前片连身袖纸样。衣摆长度追加 5.1 ~ 12.7cm，前中线向外作 2.5cm 平行线。
- 设计 V 型领口线和弧线衣摆。
- 抽褶的外袖缝：按所需延长连袖长度，从肩端点至袖口边连直线，标记袖口大，预留 2.5cm 折叠贴边量。
- 复描后片连身袖纸样，将前片放在上面，对齐肩线（中心线平行）。画出袖子和侧缝，有几种开襟闭合方法：纽扣、按扣、钩扣或系带。

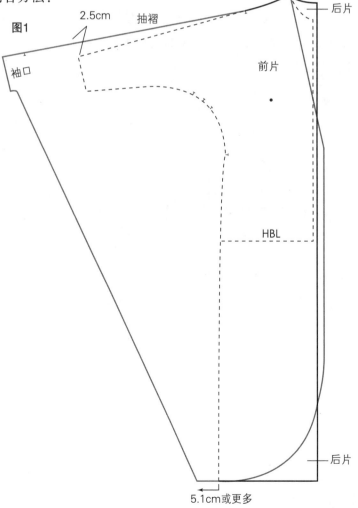

图1

插角连身袖

插角连身袖是将称为插片的三角形插角布置于普通的连身袖的腋下，它会使在没有妨碍手臂运动功能的前提下，使服装更合体。

以下例举两种插角方法：

- 手臂最大上抬量是 180°。
- 手臂最小上抬量是 90°。

所设计的样板中预留了插入 1.3cm 垫肩量的空间。

准备衣袖和衣身纸样

图 1 衣袖纸样

- 在样板纸中间复描基本衣袖纸样。
- 延长布纹线 0.6cm，作直角基准线。
- 沿袖底缝线向下 1.3cm 作标记，标写 X。

袖肘省：减小省量 0.6cm 作吃势并圆顺，修剪后袖口长 0.6cm，与前袖口点顺接，如图所示作刀口标记。

图 2 前衣片和后衣片

- 分别复描并转移肩省和 1.3cm 腰省至袖窿中，圆顺样板。
- 沿侧缝线向下 6.4cm 处作标记，并标写 X。

图1

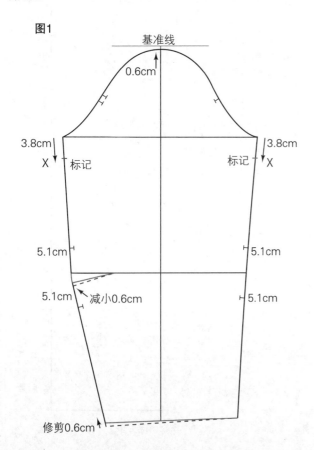

图2

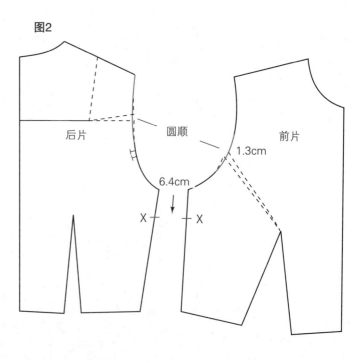

衣身／衣袖纸样组合

图3

- 将后衣片纸样置于后袖上，X 点对齐，肩端点（A）位于基准线上，肩端点位置可以与图示不同。
- 重复上述步骤设计前片。

图3

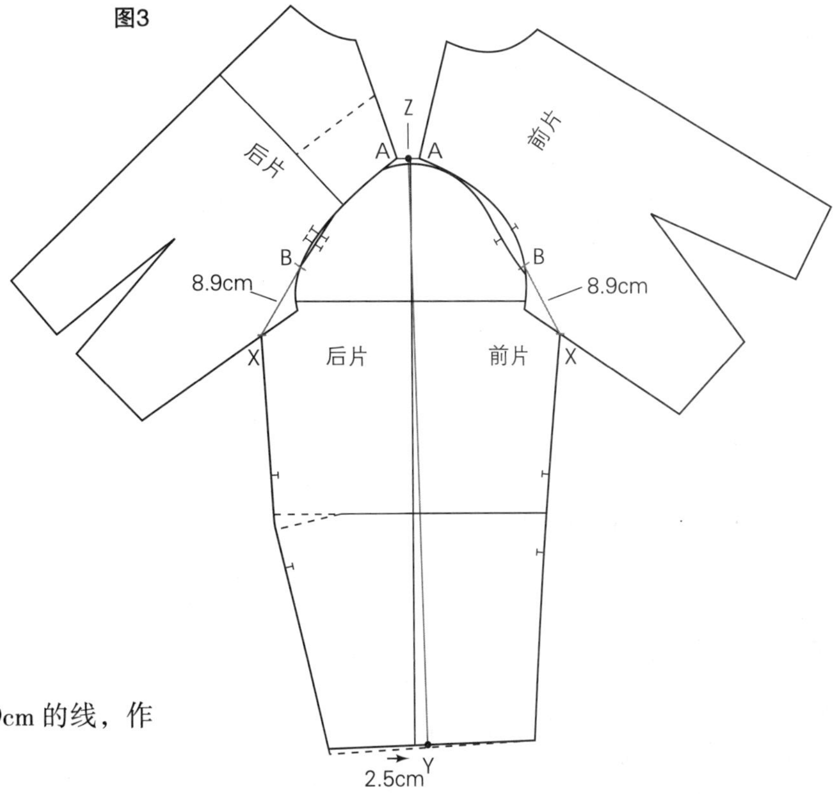

插角剪切线（图3 的继续）

从 X 点沿袖窿弧线方向作一条 8.9cm 的线，作十字标记，并标写 B 点。

新袖中缝线（可与图示不同）

- 在肩端点（A）之间标记中点 Z 为基准线。
- 在袖口线上相距基准线 2.5cm 标记 Y 点。
- 连接 YZ 直线。
- 沿 YZ 线（袖中缝）将袖子剪开。
- 修剪袖口多余量。

图4

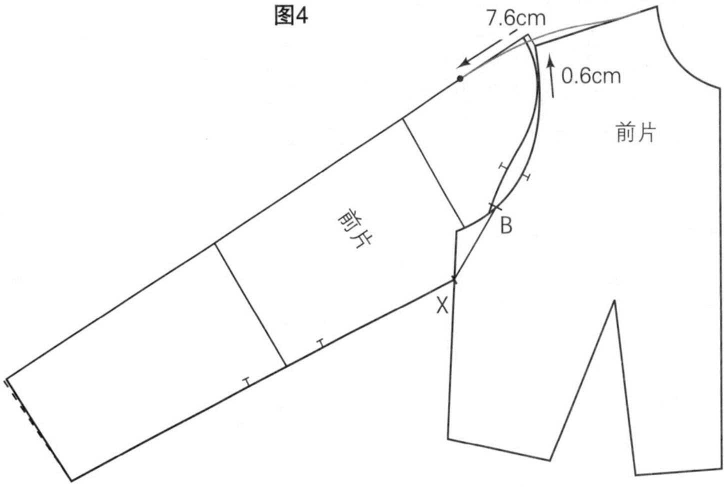

肩袖中缝（前片和后片）

图4、5

- 复描剪开的纸样，包括插角剪切线。
- 用所给尺寸圆顺并画出肩线至肩中线和袖中缝线。

图5

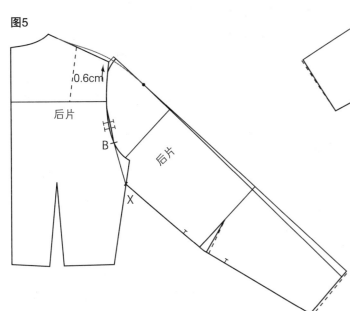

图 6 准备插角剪切线

前片

- 在 X 点的两边各 1.3cm 处作标记(缝份)。
- 过标记点,从 B 至前衣片侧缝作直线,标写 C 点。
- 从 B 点经过标记点作一条与 BC 相等的直线(可能与袖底缝不相交),标写 D 点。
- 从 D 点连接袖肘线作直线。

后片

- 利用 BC 量,重复上述步骤,制作后片插角剪切线,圆顺。
- 加 1.3cm 缝份,在领口加 0.6cm,底边加 2.5cm 缝份。

剪开插角剪切线

图 7

- 画宽 0.2cm 切口,距 B 点 0.2cm 终止,修剪掉此量(较容易复描)。
- 沿剪切线折叠纸样,在切口端点作十字标记(如果纸样已剪开,设定其长度)。

图 8a、b 最大上抬量的插角

- 对折样板纸,在纸张中间,作与对折线的直角线 5.1cm,标写 C 和 D。
- 从 B 点画线至纸张对折线,使其长等于 BC 量,加放 1.3cm 缝份,剪裁、展开纸样(图 8a)。

  两片式插角:剪开插角片,加放缝份,从纸上剪下(图 8b)。

图 9 中等上抬量的插角

- 画 90° 直角等于 BC 量。
- 画 5.1cm 对角线。
- 弧线顺接,加放缝份,从纸上剪下。

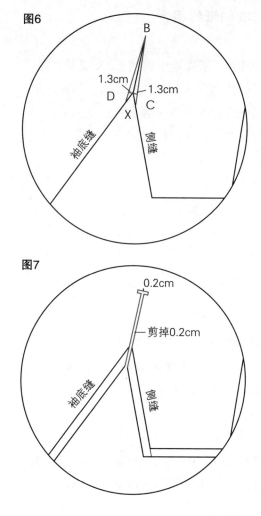

图6

图7

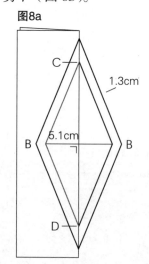

图8a

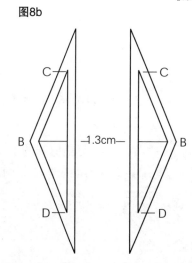

图8b

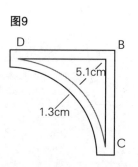

图9

缝制说明

图 10

- 用所选面料按纸样剪裁。
- 剪一块 2.5cm 的粘合衬方块。
- 粘衬中心对齐 B 点,在布料反面粘合。
- 标记缝缉线点(D 和 C)。
- 剪开插角剪切线。

  在缝合前,插角可以用大头针或假缝固定。

准备整片或半片插角

　　在插片缝线的每个角处标记点(B、C 和 D 点),如图 11a 所示。

整片插片

图 11a、b、c

- 反面缝合袖底缝和侧缝,缝至 C 和 D 标记点,回针加固,分开缝烫开(图 11b)。

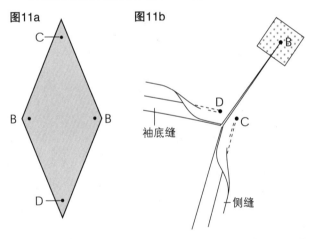

- 展开插角剪切线,从 C 点开始缝至 B 点,再回针加固。
- 缝针固定于 B 点旋转布料,再缝至 D 点,回针加固(图 11c)。在插角的另一边,重复上述步骤。
- 缝份倒向衣片熨烫插角缝,缝合其余缝边。

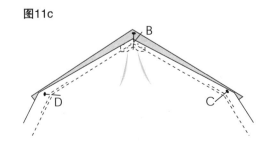

图10

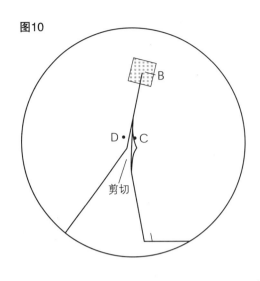

图10

剪切

两片式插角

图 12a、b

　　在缝合侧缝和袖底缝前,将插角片缝于衣片。

- 插角和衣片在反面缝合,从前衣片开始缝至 B 点。
- 缝针固定于 B 点旋转布料,再缝至插片的另一边(图 12a)。
- 对于后衣片重复上述操作。
- 缝合服装的前、后片,从袖底缝,经过插角缝,至腰节侧缝。
- 缝份倒向衣片熨烫(图 12b),缝合其余缝边。

图12a

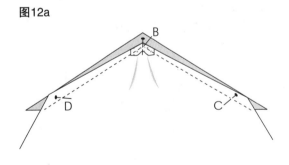

图12b

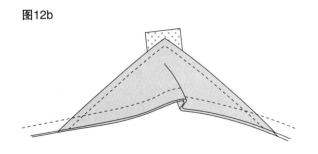

插肩袖

插肩袖纸样可基于任何样板或原型设计，以下举例两种插肩袖，有袖肘省和无袖肘省。

图 1a、b 修正衣片

- 分别复描前、后衣片纸样，并转移后肩省和前片省道 1.3cm 至袖窿中。
- 降低袖窿深 3.8cm（根据设计所需，降低量可多可少）。用法式曲线板画顺袖窿弧线，顺接刀口标记。
- 标写袖窿线 A、B（后衣片）和 C、D（前衣片）。

图1a   图1b

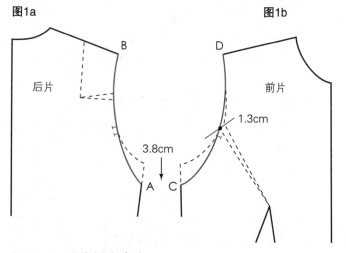

图 2a、b 后片插肩育克

AX=1/2AB 弧长 −1.3cm，从领口标记点至 X 作直线，再如图弧线造型。

图2a   图2b

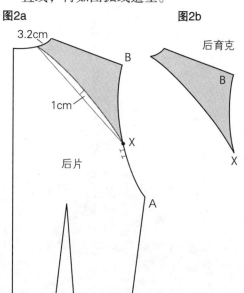

图 3c、d 前片插肩育克

CX=AX。重复上述作图步骤，从衣片上剪裁插肩育克并保存（图 2b 和 3c）。下部分裁片便完成。

图3c   图3d

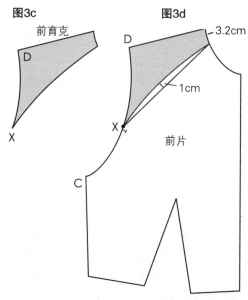

调整袖山

图 4

- 复描基本衣袖纸样,延长袖山基准线 0.6cm,作水平直角基准线,在袖口标写 G 点和 H 点。
- 在前袖片,袖肘线向外 0.6cm 作标记,并重新画顺袖底缝线。
- 下降袖肥线 3.8cm,标写 E 点和 F 点。
- 用法式曲尺,从 E 点和 F 点画顺弧线,顺接前、后片刀口。

    EX= 后袖窿的 AX,作标记。

    FX= 前袖窿的 CX,作标记。

- 减少省量 0.6cm(如虚线所示)。从 G 点向上 0.6cm 作标记,与前袖片手腕点 H 连成直线(随后做修剪),如图作吃势控制刀口标记。

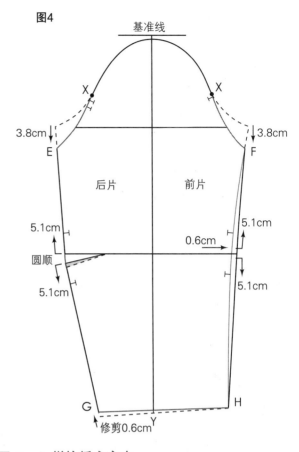

图4

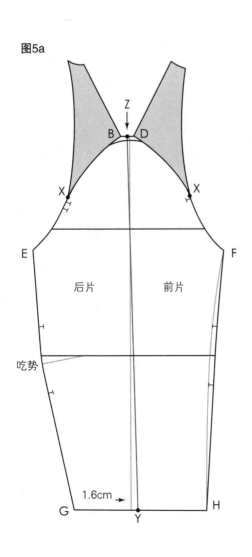

图5a

图 5a、b 拼接插肩育克

- 将插肩育克放于袖山上,首先对齐 X 点,固定后转动肩端点 B 和 D 交于基准线,复描纸样,移开样板。
- 在基准线上,两肩端点中间标记 Z 点(可能与基准线不重合)。
- 在袖口线上,距离中心布纹线 1.6cm 处标记 Y 点,连接 Y 和 Z 作直线(图 5a)。
- 从 E 点和 F 点至 Z 点作曲线剪切线(图 5b)。

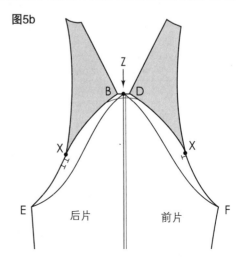

图5b

图 6 追加上抬量

- 沿 YZ 线剪开袖子纸样,分别从 E 点和 F 点剪开纸样至 Z 点,但不剪断(或用旋转法)。
- 将剪开的袖纸样放于样板纸上,为了提高衣袖利于手臂的上抬量,展开纸样 5.1cm,固定纸样,复描后袖片和前袖片。

图 7a、b、c

- 如果有必要,用微弧线分别从 E 点和 F 点至袖肘线顺接。

含袖肘吃势的基本插肩袖

- 分别在肩线中点、从 B 点和 D 点向外 0.6cm 处和肩袖中缝向下约 7.6cm 的位置作标记点。
- 过上述标记点作弧线,在肩端点作刀口标记(图 7a)。

不含袖肘吃势的休闲插肩袖

- 平行于袖中缝外加 1.3cm,顺接肩端点。
- 从 G 点向外 1.3cm,再向上使之等于袖肘至 H 点的距离,然后将这点与袖肘顺接,横向画顺袖口线(图 7b)。

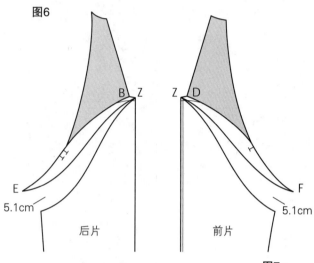

图6

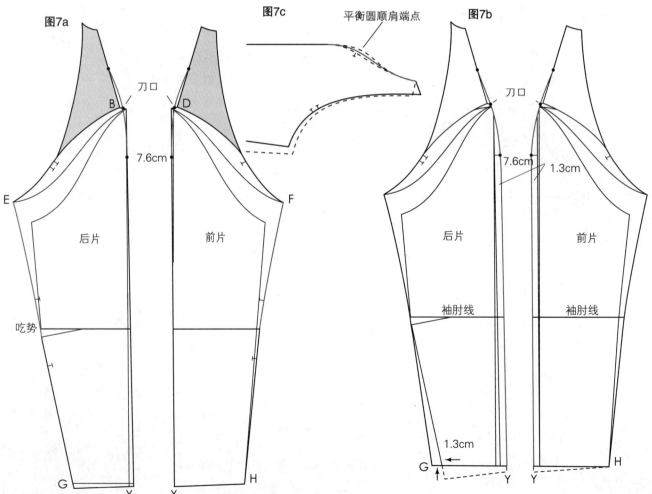

图7a

图7c

图7b

图 8a、b 完成插肩袖纸样

- 在衣身样片上作布纹线,选择期望的布纹方向,完成纸样。

图8a

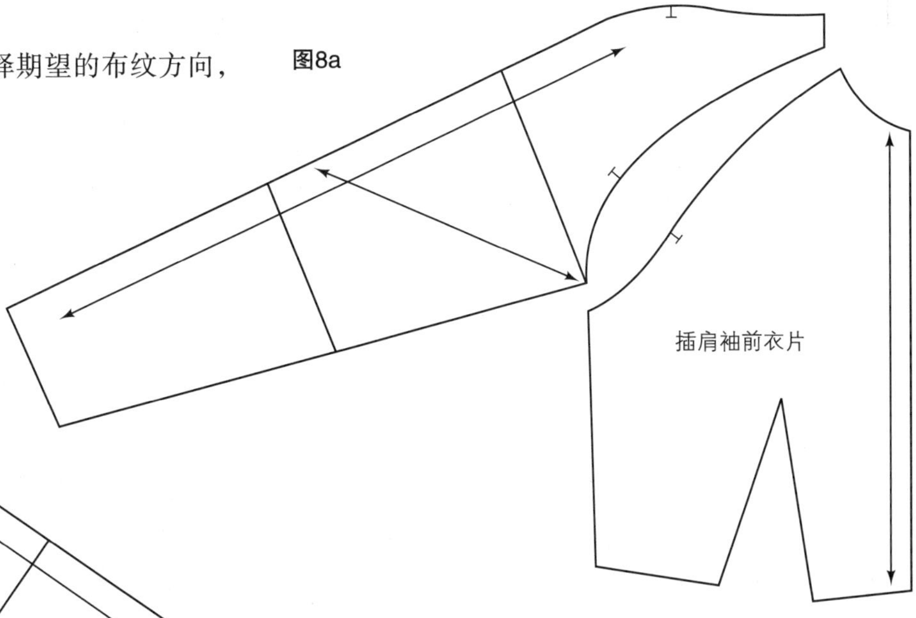

插肩袖前衣片

图8b

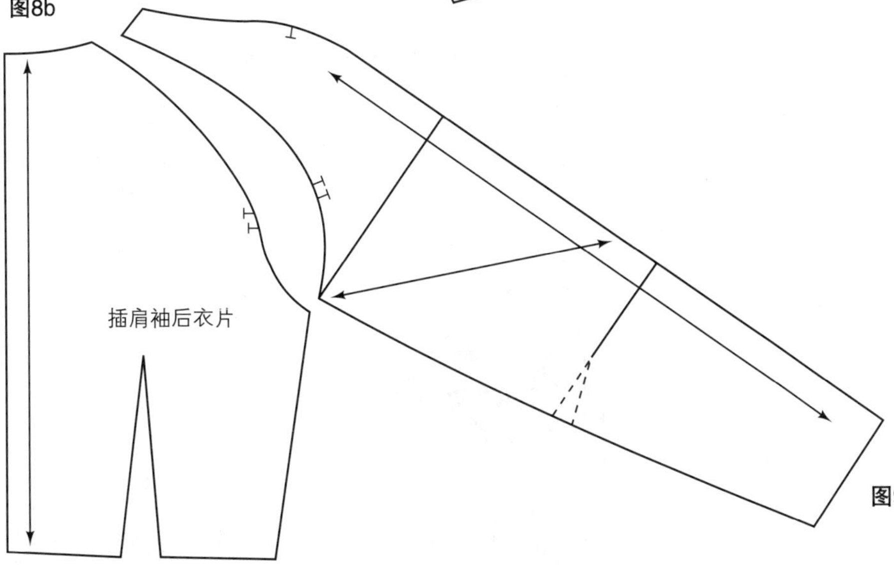

插肩袖后衣片

图9

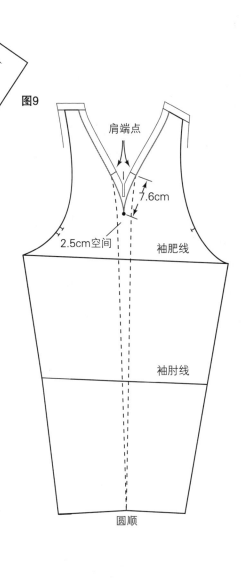

一片式插肩袖

图 9

- 对齐袖口线,袖肥线处追加展开 2.5cm。
- 描画前、后片袖样板和所有标记。
- 从肩端点向下 7.6cm,居中作标记,并用弧线与肩端点顺接。
- 圆顺袖口线。

肩端点

7.6cm

2.5cm空间

袖肥线

袖肘线

圆顺

插肩袖设计及变化款

插肩袖纸样是创建其他相关款式样板的基本纸样，如下图示中可见，从 X 点至任何方向可设计造型分割线：袖窿公主分割线（如本页所示）；育克分割线（参见 353 页）；落肩式分割线（参见 354 页）。运用 X 点的原理可尝试设计茄克和各种时装。

袖窿公主线插肩袖
纸样设计与制作
图 1、2

将插肩袖纸样放于复描的衣片造型线上，对齐 X 点。

从 X 点经过胸点至省线设计造型分割线，袖子可设计成多种款式或如图所示。首先描画阴影区域；然后复描前、后侧片衣身纸样。

款式1

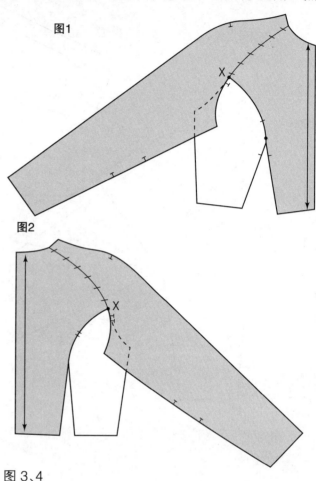

图1

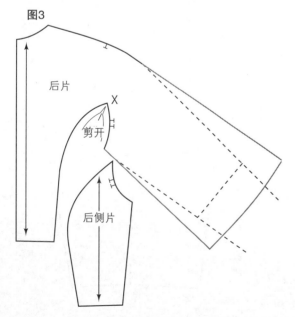

图2

图 3、4

如图所示分离纸样。加放袖子抽褶蓬松量（或自行所需设计）。

图3

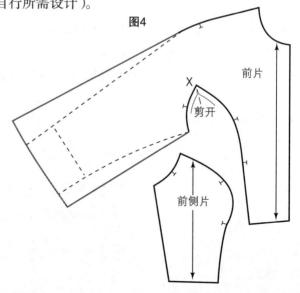

图4

育克插肩喇叭袖
纸样设计与制作

图 1、2 育克线

将插肩袖纸样放于复描的衣片造型线上，对齐 X 点。

与前中线垂直，过 X 点作育克造型分割线，如图所示，袖子的喇叭起始位置可在袖肘线上、上方或下方、或自行设计。首先描画阴影区域；然后复描前、后侧片衣身纸样。

款式2

图 3，4

如图所示分离纸样。加放袖片喇叭量。

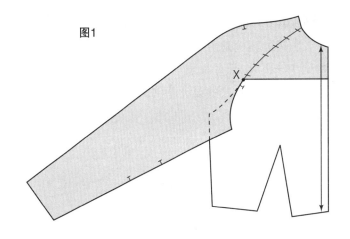

图1

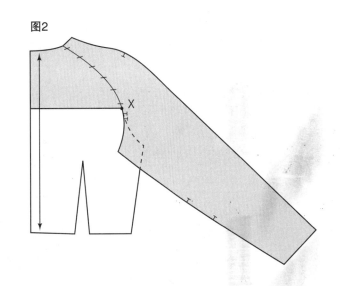

图2

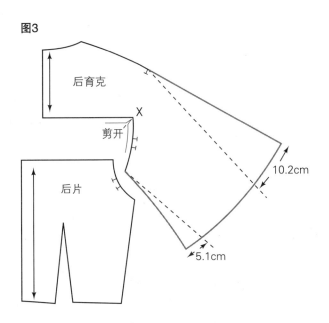

图3

图4

落肩插肩袖

随后的案例是落肩袖样板设计的另一种方法（请参见 355 页）。部分袖山与衣身成为一体，剩余的袖片是许多变化款式的设计基础。

纸样设计与制作

图 1、2

将插肩袖纸样放于复描的衣片造型线上，对齐 X 点。

- 过 X 点作袖中线垂线，确认落肩袖的长度，若不匹配，需调整至相等。
- 从垂线向下 1.3cm 作标记，作弧线至 X 点。
- 描画纸样的阴影区域。

图 3 袖片

在落肩袖山线上复描剩余的袖片。

款式1　款式2

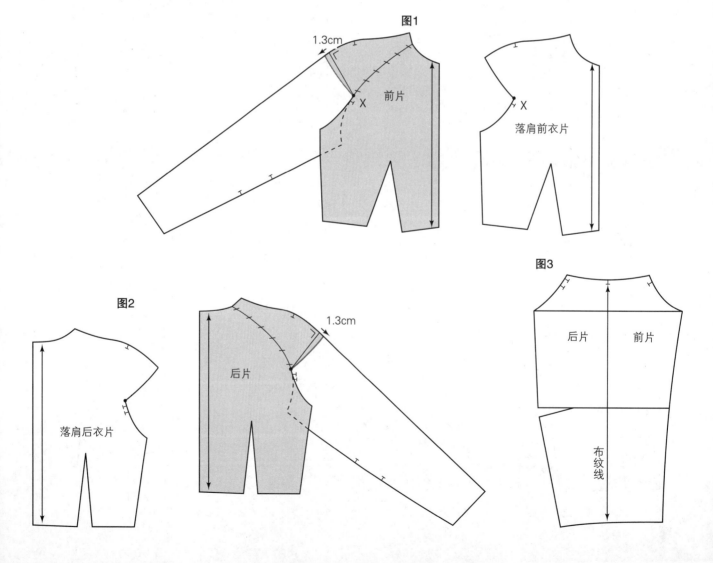

1.3cm
X　前片
X　落肩前衣片
图1

图2
落肩后衣片
后片
1.3cm

图3
后片　前片
布纹线

落肩袖

　　落肩袖纸样是通过将袖山的上部分与衣身连接成整体而形成。落肩量可远离肩端点，以不同长度覆盖部分上臂，它可以不连接袖下片（如款式1）或连接袖下片（如款式2）。操作步骤可应用于连衣裙、衬衫、茄克衫、大衣、运动装和晚礼服等。设计你所需要的变化款式，充分发挥落肩袖纸样的创意灵活性，具体请参见357页。

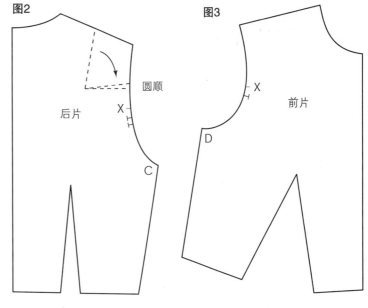

款式1　　款式2

落肩袖样板绘制
纸样设计与制作

图1a、b 袖片准备

- 作袖山和袖肥的中心标记。
- 从标记点横穿袖山作垂线。
- 从中心布纹线向下1.3cm处作标记，画弧形造型线，标写X点。
- 测量A至X和B至X的袖窿弧长，并记录（图1a）。

　　将袖山纸样与袖片下部分离（阴影部分），剪开布纹线分离袖山（图1b）。

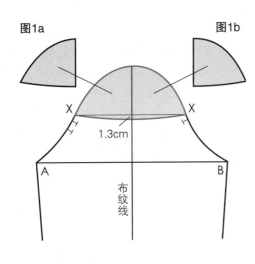

图1a　　　　　图1b

1.3cm

A　　　　　　B

布纹线

图2　　　　　图3

后片　圆顺　X　X　前片

D

C

图2、3

- 描画纸样，预留袖山空间。
- 复描后衣片，转移肩省至袖窿，再复描前衣片。

　　CX=AX

　　DX=BX

图 4、5 袖山与衣片的组合

- 将袖山样片分别放于前、后衣片上，X 点相对，袖山弧线离肩端点 0.6cm。
- 从肩端点向上 0.6cm 作标记，如图描画、圆顺肩袖弧线，过袖山顺接至肩线中点。

休闲落肩袖

图 7

- 衣片——离袖山 1.3cm 作标记，画顺弧线至肩端点。

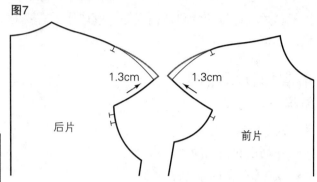

图7

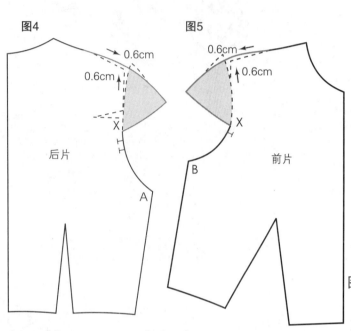

图 8

- 袖片——沿布纹线剪开袖样片，展开 2.5cm，画顺袖山和袖口。
- 落肩袖线和 / 或袖口线可以展开做抽褶或折裥造型。

图 6 袖片下半部分

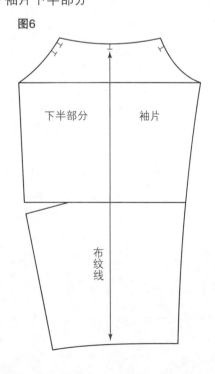

图6

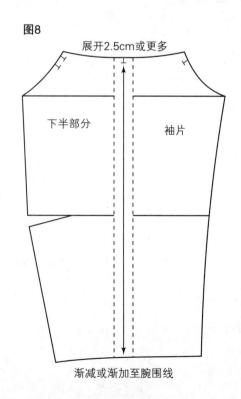

图8

落肩变化袖

运用落肩袖纸样设计款式
1、2 和 3。

设计分析

款式 1——是弧形领口和无
袖的落肩袖造型，如图 1。

款式 2—— 如图 1 虚线所
示，为造型领口和公主分割线。
泡泡袖从落肩袖的下部产生（剪
切并展开）。

款式 3——衣袖下半部与无
带紧身半胸衣相连。

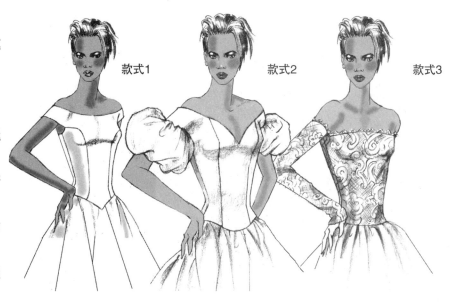

款式1　款式2　款式3

纸样设计与制作

图 1

为实现款式 1 和 2，图 1 例举了一款变形过的
落肩纸样，基于这款纸样，可创建其他款式。

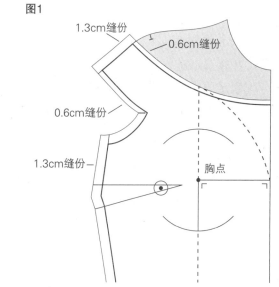

图1

1.3cm缝份
0.6cm缝份
0.6cm缝份
1.3cm缝份
胸点

基于插肩基本型的变化袖

所例举的款式都是基于插肩袖基本型，通过改
变过 X 点的造型线方向而形成，请实战训练设计这
些纸样或设计其他变化款。

夸张型袖窿

夸张型袖窿是通过剪深和剪宽衣片袖窿而形成，将衣片中剪下的部分样片与衣袖组合形成纸样，运用任何纸样的上部，可以设计成夸张型袖窿样片。这类设计方法可用作类似款式的纸样设计。

深开方袖窿
设计分析——款式 1

袖子与开深的方袖窿衣身组合，渐渐变小至袖口线。

夸张型袖窿样板绘制

图 1、2 修正衣片

- 复描前、后衣片，将后肩省转移至袖窿中。
- 从前、后肩端点延长 1.3cm，标记 A 点。
- 前、后片袖窿侧缝向下 7.6cm，作标记 B 点。
- 从 B 点作垂线 5.1cm，标记 C 点。
- 用微弧线连接 A 点和 C 点（前、后衣片上的虚线表示原来袖窿线）。作刀口标记。
- 从纸上剪下，修剪 BC 部分，完成衣片纸样。

款式1

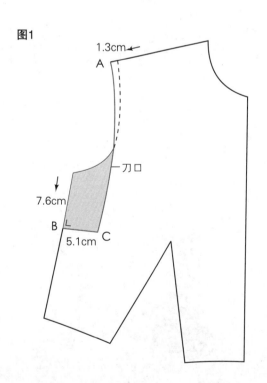

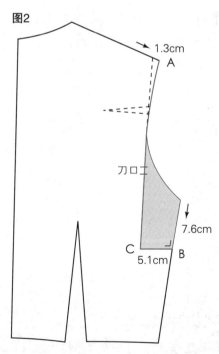

图3

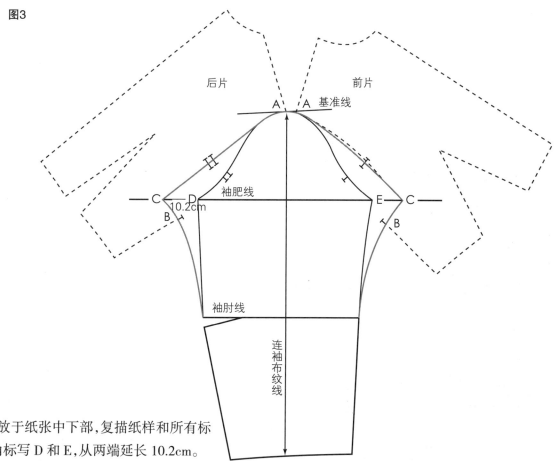

图 3 袖片

- 将基本袖片放于纸张中下部,复描纸样和所有标记,在袖肥角标写 D 和 E,从两端延长 10.2cm。
- 在袖山顶上作一条与布纹线垂直的短小水平基准线。
- 将前、后衣片纸样放于草图上,使 C 点位于袖肥基准线上,A 点位于袖山基准线上。
- 描画衣片袖窿和刀口标记,然后移开纸样(虚线示意的是未复描的纸样部分)。在袖片上作十字标记 B 点,移开纸样。
- 稍平缓地重新描画前袖窿弧线。
- 弧线顺接 B 至前、后袖肘线。
- 前袖山 A 点间的量为袖山吃势,如果大于 1.3cm,剪开布纹基准线至袖口,但不剪断,重叠多余量,粘贴固定纸样(未作示例)。

图 4 追加上抬量

- 从 B 点至前、后袖山弧线中点,画弧线剪切线。
- 将区域各分成三份,画剪切线。
- 从纸上剪下袖片。
- 从 B 点开始,剪开切线至袖山线,但不剪断。

图4

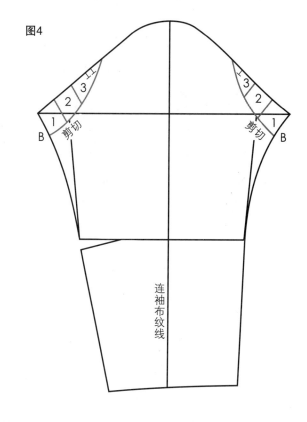

图 5 上抬袖片

- 将袖片放于样板纸上。
- 展开 B 点 5.1cm 或更少量,均匀展开切片。
- 复描纸样。
- 从 B 点弧线顺接至袖肘线,如图从袖口修剪多余省量。
- 画布纹线,完成并试穿。

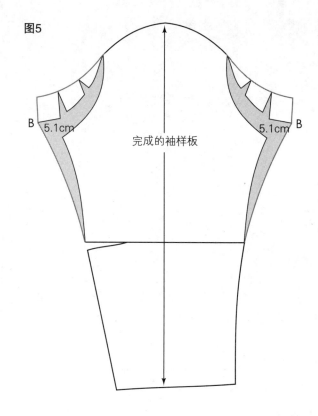

图5

B 5.1cm

完成的袖样板

5.1cm B

自测题

对"正确的"圈 T;对"错误的"圈 F。

1. 有 6 种衣片 / 衣袖组合方式。	F
2. 深开袖窿和连袖具有相同的外形。	F
3. 插肩袖是部分袖窿和肩的组合。	T
4. 落肩袖是所有衣片和衣袖的组合。	F
5. 前袖窿的多余量会阻碍手臂向前运动。	F
6. 上提是指允许手臂的向上向前抬起。	T
7. 贴体连袖需要插角布增加手臂运动量。	T
8. 插肩袖的 X 点可实现许多设计效果。	T
9. 西式连袖从肩颈部位直角向外。	F
10. 插角布可使腋下更合体。	T
11. 位于连袖下端高位袖窿的插角剪口是制图上错误。	F
12. X 点使插肩袖公主分割线成为可能。	T
13. 土耳其服源自于和服。	F
14. 插入垫肩需要在肩端点预留额外增量。	F
15. 束腰长袍基于前、后衣身纸样。	T

纽扣、纽眼和贴边

纽扣和纽眼

纽扣和纽眼兼具功能性和装饰性，但他们的主要作用是通过利用服装一边的纽扣穿过另一边相应的纽孔或扣环控制服装，将两边合拢（其他闭合扣有尼龙搭扣、按扣、钩子和钩扣、夹子等）。

纽扣尺寸有大有小，几何形状各异，如圆形、方形、长方形、1/4 球形、半球形和球形（见图示）。通常用"L"（Line，纽扣的规格单位）、英寸或厘米表示纽扣的直径。

纽扣可由塑料、金属、天然材质（木头、骨头、贝壳）或用布料或皮质包覆构成。可以是朴实的，也可以用宝石、绳带、雕刻或鞍形针迹作装饰。各种服装都会用到纽扣，从运动装到正式服装，纽扣是服装的重要组成部分。

位于服装交叠部位的纽眼或在中心线的扣环，其大小要足以容纳纽扣尺寸，女装纽眼在右，纽扣在左，纽眼方向可以是垂直的、水平的或倾斜的。

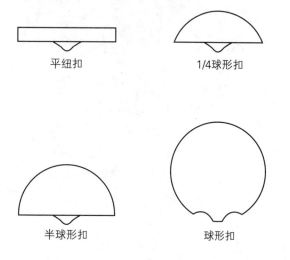

平纽扣　　　　　1/4球形扣

半球形扣　　　　球形扣

纽扣尺寸

14L 0.6cm

16L 1cm

18L 1.1cm

45L 3.5cm

20L 1.3cm

22L 1.4cm

55L 3.8cm

25L 1.6cm

30L 1.9cm

70L 4.4cm

36L 2.2cm

40L 2.5cm

80L 5.1cm

纽扣的基本类型
有孔纽扣

有孔纽扣有两孔和四孔两种。

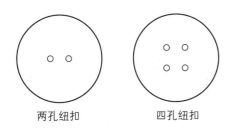

两孔纽扣　　　　四孔纽扣

有柄纽扣

有柄纽扣是由实体纽扣和由（金属、布料、线环、塑料等构成）各种类型的柄组合而成，柄增大了纽扣相距面料表面的距离，当叠门闭合时，纽扣下的面料层有足够的空间平整、合体。

金属柄　　　　　　　　布料柄

纽眼类型
机缝纽眼

机缝纽眼有平头和圆头两种。

包边纽眼

用对折的布料包覆服装上剪切开的毛边纽孔，这类纽眼可由裁缝师傅或专业公司来制作。

包边纽眼

扣环纽眼

扣环纽眼是由斜裁窄条布制成，其间可填充或不填充料。批量生产的服装，扣环纽眼通常由专业公司制作，将扣环缝钉在中心线，连接片可有或没有叠门。

切口纽眼

切口纽眼一般用于皮革、塑料或不会脱散的面料上。

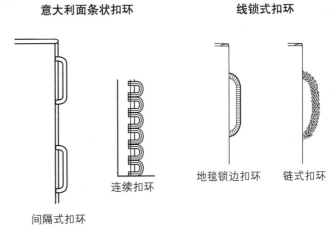

意大利面条状扣环　　　　　线锁式扣环

连续扣环　　地毯锁边扣环　链式扣环

间隔式扣环

纽扣 / 纽眼叠门
叠门

纽扣闭合需要超越中心线部分的相叠延伸量称叠门，叠门量等于纽扣直径（低成本服装可为纽扣半径）。非对称服装的叠门线平行于非对称线，纽扣中心位于服装中心线上，扣眼始于中心线，结束于服装衣片上，详细信息如下。

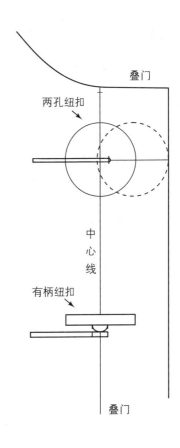

叠门

两孔纽扣

中心线

有柄纽扣

叠门

纽眼尺寸

纽眼尺寸为纽扣直径加 0.3cm，造型纽扣（造型奇特）纽眼的尺寸根据实际情况而定。

纽眼位置

纽眼位置一般始于中心线向外 0.3cm（在叠门上），然而，必须考虑纽孔间距或纽柄宽度，标记纽眼位置，一般而言，中心线向外纽孔半间距或为纽柄宽度的一半，否则，纽眼位置就无法与纽扣中心对齐了。

纽扣和纽眼位置指南
领围线

从领围线向下标记纽眼位，间距为纽扣半径加 0.6cm。

束带服装

标记纽眼位置，使纽眼相距皮带或带扣宽上下至少 3.8cm。可以用尼龙搭扣或钩子、钩扣收紧腰围（见图示），同样原理可运用于腰带的另一边。

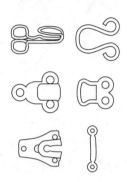

无系带服装

在腰线上标记纽眼位置以固定腰围。

纽眼间距

标记第一个和最后一个纽位，均分其间总的纽眼间距，在等分纽眼间距时，考虑纽眼尽可能靠近胸围线以免走光，这会使间距比预想的更大或更小。

纽扣位置

对应右边纽眼，在左边相应的位置标记纽扣位置，使纽孔的间距或纽柄的中心位于服装中心线上。

斜向纽眼

可应用上述规则，拷贝一份纽扣和纽眼位置供制作指南。

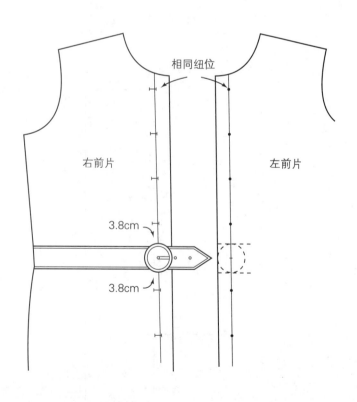

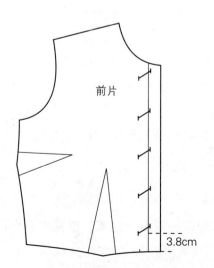

垂直纽眼

图1

这些图例适用于穿带式或小型纽扣。首先标记领口最上位纽位及衣摆最下位纽位,其余纽位等分居中。这样,纽位能固定服装。

腰带和克夫纽眼

图 2a、b

运用说明确定纽扣和纽眼。

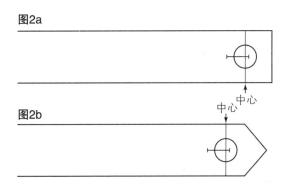

图2a

图2b

中心 中心

翻领纽眼

图 3

在翻领翻折止点即叠门(驳折点)处标记纽扣和纽眼,运用上述原理设置其余纽扣和纽眼位置,利用所提供的信息标记袖口克夫纽扣和纽眼的位置。

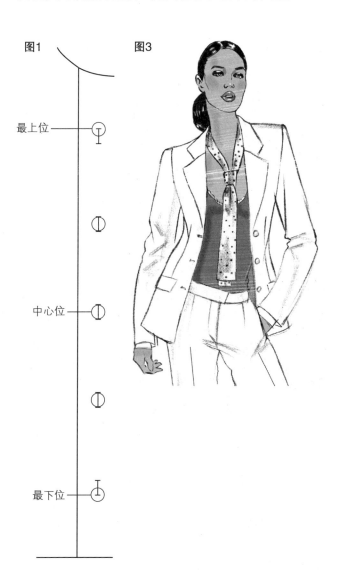

图1   图3

最上位

中心位

最下位

如何确定精确的纽眼大小

要精确地确定有柄形、1/4 球形、半球形或球形纽扣及那些被雕刻和装饰过的纽扣大小可能比较困难。

解决方案:给服装开纽眼前,建议先在另料上做实验。从纽扣的一端到另一端测量纽扣直径,在另料上标记直径大小,剪开面料,将纽扣穿过,如果太紧,再剪开点;如果太松,尝试再剪一个。直至剪出正确的大小,进而设置锁眼机;如果采取自制,则标记正确的纽眼尺寸。需要注意的是,女装纽扣门襟右盖左,男装纽扣门襟左盖右。

积累纽扣尺寸:检测纽扣合适的样本尺寸后,进行标写,并归档作未来参考。

贴边

缝合型贴边

缝合型贴边的主要作用是包覆剪裁式领、剪裁式袖窿、无袖衫、弧线衣摆的毛边和任何必须隐藏的造型线毛边。

翻折型贴边

翻折型贴边无需与服装边缝合，它是服装主体样板的一部分，即连贴边。通常翻折贴边与服装直线边相连——裙装底边、袖口边、夹克底边、裤边和垂褶领口边等。

以下说明仅用于领口线、肩线和袖窿线的贴边。有关纽扣和纽眼的翻折贴边在衬衫的内容中进行讨论，有关衬衫、夹克、衣袖、口袋、衣领、克夫、育克、嵌入贴边和其他连贴边在相应的章节中进行介绍。

贴边是纸样制作的一部分，可以从样板中复描获得。为抵消面料的拉伸量并使服装更合体，对于深剪裁式领口或深剪裁式袖窿的款式，其贴边需作修正，两种方法都有图示说明。

贴边类型

贴边的宽度和形态有多种，一般宽度为 3.8~5.1cm。后领贴边大于前领深会使服装悬挂起来更美观。

分离式贴边：为领口线和袖窿线所作的单独贴边。

连体式贴边：与领口和袖窿连为一体的贴边。

分离式贴边

图 1、2

从前、后片纸样上复描贴边。在肩线处，将贴边外沿边修剪 0.2cm，渐至肩端点为零；在侧缝处，将贴边外沿边修剪 0.3cm，渐至袖窿点为零，这样即可消除松量和拉伸量（虚线表示贴边复描的原有纸样）。

剪裁式领口和袖窿贴边

以下系列的前片贴边也需要修正，以抵消剪裁式领口和无袖服装的拉伸量，修正的贴边可以收紧服装边口的松量使之更合体（如果是非修正衣片，回顾合体廓型技法作为指南）。

图1

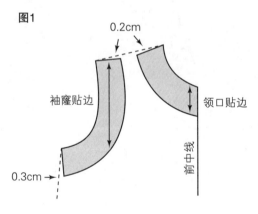

图2

V 型领口贴边

图 1a、b

- 复描后片和前片纸样,勾画剪裁式领口线造型并修剪多余量(如虚线所示)。重新描画两片纸样的上半部和贴边。
- 后片:后片贴边深度应大于前领深度(使服装悬挂起来更美观)。从纸上剪下后领贴边。
- 前片:前领口线向上 1/3 处作标记并画剪切线,如图标记刀口,过肩线修剪 0.2cm,从纸上剪下前领贴边。

图 2c、d、e

- 剪开并重叠 1cm,然后圆顺。
- 重新复描和圆顺。
- 修改贴边,抵消拉伸量。
- 后片贴边见图 1。

大圆领口贴边

图 3f、g

- 复描纸样后,勾画大圆领口线,修正多余量。
- 重新复描纸样上半部并画贴边;标记剪切线和刀口(见图示(f)阴影区域)。
- 剪切,重叠 1cm 并圆顺(g)。
- 后片贴边见图 1。

剪裁式袖窿贴边

图 4h、i

- 纸样复描后,勾画袖窿,修剪多余量。
- 重新复描纸样上半部,画贴边;标记剪切线和刀口(如图示(h)阴影区域)。
- 剪切,重叠 1cm 并圆顺(i)。
- 复描后片纸样和贴边。

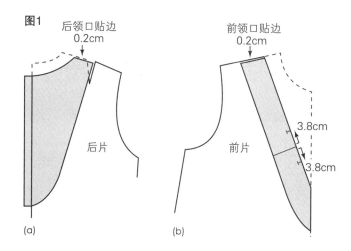

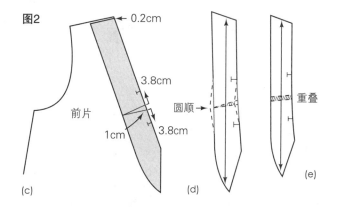

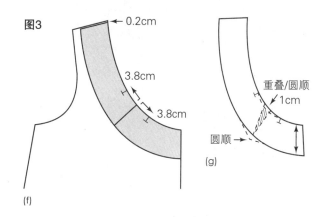

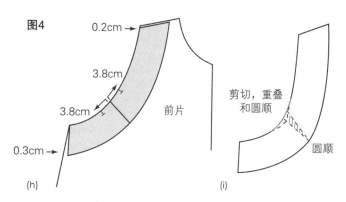

组合式贴边

图 1、2

- 从前、后片纸样上复描组合式贴边；在肩端、领口和侧缝处分别修剪 0.3cm，如图顺接至 0。
- 为完成后片贴边，需闭合肩省（如虚线所示）；否则偏厚。
- 后中贴边长度随前领深而变化，所给尺寸可作为基本领口线。

图 3、4

- 有造型分割线服装的贴边，应该在各衣片纸样分离前完成，如果已经分开，需要将分割线拼合后，再描画贴边。
- 在肩部、领部和侧缝处，分别修剪 0.3cm，如图顺接至 0（沿 V 领口拉牵条以防拉伸）。
- 重复后片（无图示）（虚线表示原有纸样）。

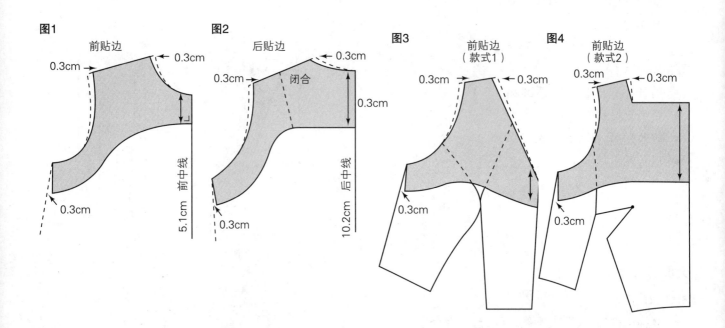

图1　前贴边　0.3cm　0.3cm　0.3cm　5.1cm　前中线

图2　后贴边　0.3cm　0.3cm　闭合　0.3cm　0.3cm　10.2cm　后中线

图3　前贴边（款式1）　0.3cm　0.3cm　0.3cm

图4　前贴边（款式2）　0.3cm　0.3cm　0.3cm

开襟和口袋

开襟

开襟用于任何服装——衣身、衣袖、裙子、连衣裙、夹克、裤子等的狭缝切口或贴边开口处，开襟长度、宽度可随意，形态可以是方口的、尖角的、弧形的或任意造型的。有些开襟拥有纽扣和纽眼，有些则没有。设计领口线开襟时，开襟可以结束于领口线或延伸至领部，成为领的一部分，不同的尺寸产生的设计效果各异。

衬衫开襟请参见提高篇第 4 章。

连贴边尖角开襟

款式2

款式1

设计分析

款式 1 的尖角开襟，镶嵌在衣片挖剪部位（在纸样制图中领片未作图示），开襟上缉明线。款式 2 为实战训练题。

纸样设计与制作

图 1

- 对折样板纸。
- 放样板前中心线于折叠线上，复描纸样。

设计开襟

AB= 开襟长（图例中设为：20.3cm）。

BC=2.5cm。

CD=2.5cm。

- 过 B 和 C 点作垂线 1.9cm，标写 E 和 F。
- 从 F 点平行前中线画线至领圈。
- 连接 F 和 D 点。

设计开襟贴边

- 在肩线距颈侧点 5.1cm 处画贴边，结束于相距 E 点 1.9cm 处，与 E 点相连（虚线所示）。
- 复描开襟和贴边于下层折叠纸上。

图1

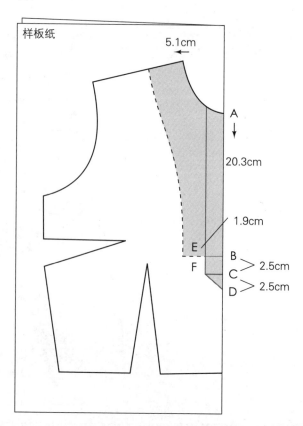

图2

- 展开样板纸,用铅笔点影线(虚线所示)。
- 将纸张放于样板下,复描服装右边的开襟和贴边(阴影区域)。
- 移开纸张,用铅笔点影。

图2

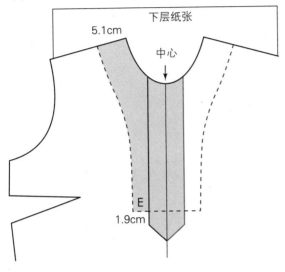

图3

- 另一边重复此过程,复描开襟至 B 点水平线处(阴影区域)。开襟尖点不包含在内。
- 移开纸张,用铅笔点影。

图3

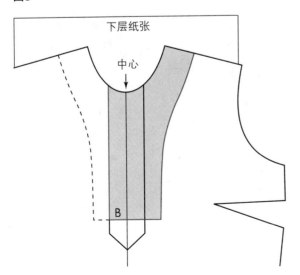

图 4 右边开襟

- 沿开襟边折叠样板纸,过中心线从领口折线作垂线(虚线表示原有领线),仅仅复描开襟,省略贴边部分,展开纸张,用铅笔点影线(完成的纸样形态如图所示)。

图4

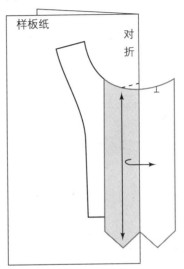

图 5 左边开襟

- 左片绘制过程重复上述方法。

图5

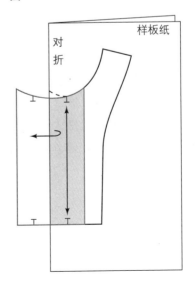

图 6、7 开襟

- 加放缝份,标写"正面向上"。阴影区域表明开襟贴边。

图 8 衣片部分

- 加放缝份,作刀口及标记布纹线。
- 从纸上剪下,修剪开襟嵌入多余量,展开纸样。
- 剪裁基本后片完成设计。

图8

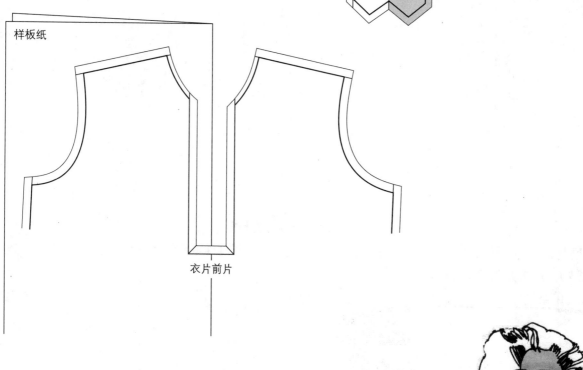

图6 图7

正面向上 正面向上

样板纸

衣片前片

翼领开襟
设计分析

款式 1 特征是开襟与领片合二为一,并镶嵌于前片挖剪部分,开襟为半通襟,结束于肩颈部位,由于该领型的独特性,缝份需作特别说明。款式 2 为实战训练题。

款式2

款式1

纸样设计与制作

图1

- 复描前片样板于样板纸左边。

  AB= 开襟长（案例中设为：25.4cm）。

  AC= 开口深（案例中设为：15.2cm），作标记。

  AE=3.8cm 或更多。

- 弧线连接 EF 和 EC，圆顺。

  BD=3.8cm，过 B 引直角。用微弧线连接 DF。

- 放样板纸于下面，复描开襟（B、D、F、E、C 和 B）。
  移开样板纸，用铅笔点影。

图1

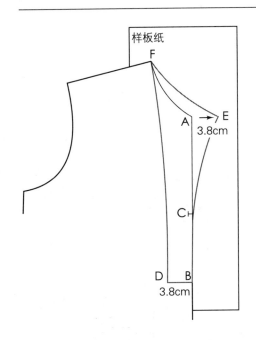

图2

- 加放 0.6cm 缝份完成开襟，作刀口标记，剪裁 4
  片，连贴边（CB 处开襟相连）。

图2

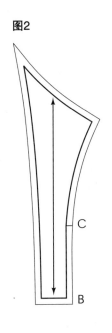

图3 衣片

- 前中线对折样板纸，加放缝份（开襟处的缝
  份为 0.6cm）。从纸上剪下，修剪开襟嵌入处
  的余量。

- 剪裁后片完成设计。

图3

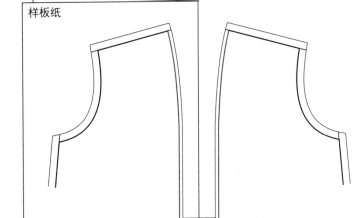

前衣片

切口式开襟

款式1

款式2

设计分析

款式 1 的开襟条处于服装切口的一边, 三对纽扣和细条纽扣环作闭合。款式 2 为实战训练题。

纸样设计与制作

图 1

- 复描和剪裁完整衣片。
- 从中心线向外 5.1cm 画一条 20.3cm 的平行线作切口用。
- 距切口线 0.2cm 处画另一条线(当复描纸样于样板纸或面料上或进行排料时,必须留有铅芯宽度的空隙),剪切口线,在端点作十字标记,标写 A 和 B。
- 标记扣袢位。
- 画贴边 3.8cm 宽(虚线所示)。
- 在纸样下放样板纸转移贴边(虚线区域)。
- 移开纸样,用铅笔画贴边。

图 2 完成的贴边

如图贴边可成为单独片或连体片。

图 3 开襟处的里襟条

- 画一条线,其长度为切口长的两倍(图例为40.6cm)。

- 标记 C、D 和中点 E,里襟条为包边的形式。要缝合,在 E 点处折叠里襟条,C 和 D 重合。缝过顶部及里襟条的一边,其毛边被缝至服装切口的 B 面(里襟条为衬底,隐藏了开口并用于固定扣子)。贴边即被固定于服装上,隐藏了领口与切口周围的所有毛边。
- 画布纹线。

图1

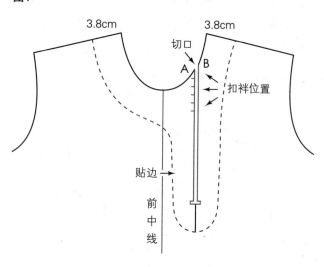

3.8cm 　 3.8cm
切口
A B
扣袢位置
贴边
前中线

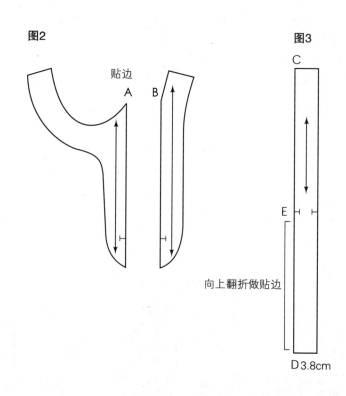

图2 图3

贴边
A B
C
E
向上翻折做贴边
D 3.8cm

口袋

　　口袋是底部封闭的一个小袋，通常缝在衣服的里面或外面。可具装饰性、功能性或兼而有之。主要用于插放手掌或存放一些小物品。口袋宽度要足以放入手掌，深度要足以存放物品并防止外掉，所有服装都可以设计口袋，合理的口袋尺寸、形态和位置，都能为服装设计起到画龙点睛的作用。

口袋的类型
外袋

　　指贴在服装外表面的口袋，这类口袋的尺寸和形态各异，可以是有袋盖的或无袋盖的。

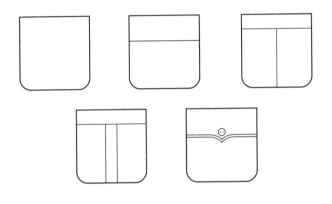

插袋

　　嵌于直线或造型线缝中，口袋在服装的里面。插袋也可以缝合于服装的反面，在服装的正面呈现贴袋效果。

嵌线袋

　　其特征有单独的嵌条或袋口处缝有袋盖，口袋可以是单嵌条或双嵌条，款式可以是有袋盖或无袋盖。

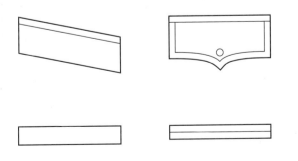

贴袋

　　在衬衫纸样上设计口袋，用划粉标记口袋位置，或用线标记于个性化服装上。对于批量生产的服装，会在面料上钻洞，为了覆盖破坏的面料，相距画有袋角的 0.3cm 处作打孔或画圈作记号。

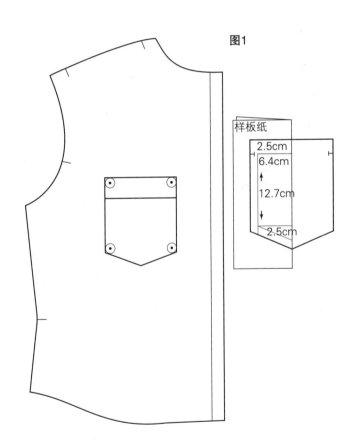

图1

无衬基本口袋

图 1

　　对折样板纸，画出半个口袋，加 1.3cm 缝份，在袋口加 3.2cm 缝份。从纸上剪下，在面料上剪裁并缝于衣服上，缝制说明如下。

缝制说明

图 2

折叠上口贴边于口袋正面，车缝两端，然后翻缝边并车缝袋口边。

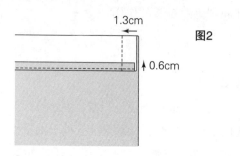

图2
1.3cm
0.6cm

口袋位置

图 3

折叠压烫 1.3cm 缝份，将口袋放于服装标记位置上，口袋必须平行于前中线。

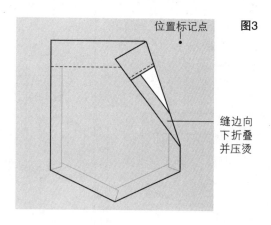

图3
位置标记点
缝边向
下折叠
并压烫

图 4

倒回针起针，环绕口袋车缝，结束回针。

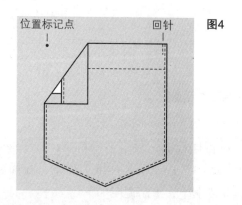

图4
位置标记点
回针

连袋盖的口袋

图 5

在对折纸上复描口袋，通过复描（阴影区域）画出袋盖，口袋也可以剪成两片（自身相对）。

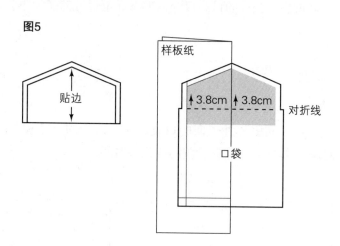

图5
样板纸
贴边
3.8cm　3.8cm
对折线
口袋

独立袋盖的口袋

图 6

独立袋盖的基本口袋如图所示，根据图 2、3 和 4 所给缝制说明进行操作，袋盖说明请参阅 381 页图 8。

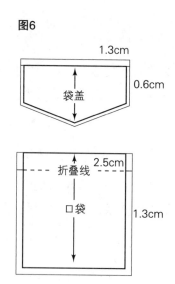

图6
1.3cm
0.6cm
袋盖
2.5cm
折叠线
口袋
1.3cm

插袋

袋口与侧腰成一角度，若要完成裤装插袋，请参阅提高篇第 9 章；若要完成裙装插袋，请参阅第 13 章。

袋插口

图 1a、b

复描纸样上半部，画口袋的形态（图 1a）。复描两片。

- 在其中一片上复描件上画袋插口线（图 1b）。
- 从纸上剪下，修剪袋口。

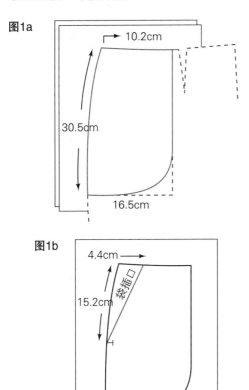

袋插口贴边

图 2a、b、c

- 复描并画出袋插口贴边（阴影区域）（图 2a）。
- 口袋加放 1.3cm 缝份，袋插口边加放 0.6cm 缝份，并标记。
- 从纸上剪下，复描贴边纸样（图 2b 和 2c），并标记。

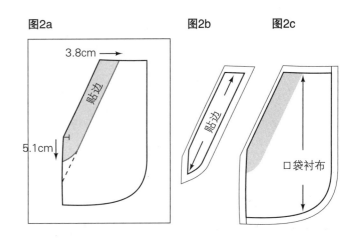

袋垫贴边

图 3a、b、c

- 画袋垫贴边（阴影区域）（图 3a）。
- 加放袋垫缝份 1.3cm。
- 从纸上剪下口袋，复描袋垫贴边（图 3b 和 3c），并标记。

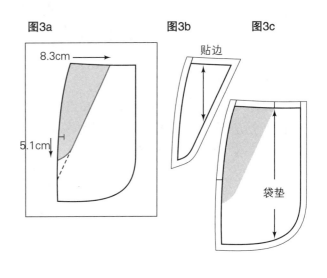

牛仔袋
设计分析

设计牛仔袋可以从腰线或低腰线开始。

图例中分析的款式仅仅是无数变化款中的一个，口袋中的小袋可供选择，改变口袋造型，同样可用此方法。

同样的口袋也可以设计为有折裥的口袋等，相关内容请参阅提高篇第 9 章。

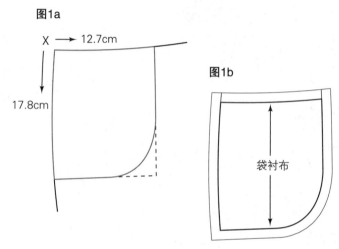

袋垫——袋衬布纸样

图 1a、b

- 侧腰处标写 X。
- 根据图示尺寸从 X 点画裤装口袋（图 1a）。
- 复描口袋，加放 1.3cm 缝份（图 1b）。

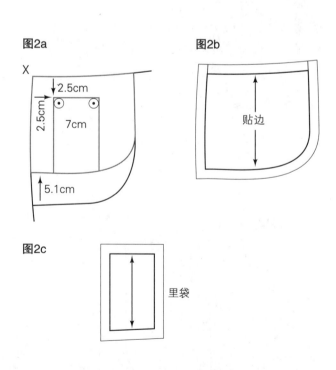

袋垫——贴边纸样

图 2a、b、c

- 从袋衬向上 5.1cm 处画贴边纸样（图 2a）。

里袋

- 用所给尺寸画出里袋（口袋结束于贴边线）。
- 在每个角向里 0.3cm 处打孔或画圈作标记。
- 复描贴边，加放 1.3cm 缝份（图 2b）。
- 复描里袋，加放 1.3cm 缝份（图 2c）。

袋插口——贴边纸样

图 3a、b

- 从 X 点用所给尺寸画出袋插口形态(图 3a)。
- 复描袋插口口袋样板,加放 1.3cm 缝份,袋插口处加放 0.6cm 缝份(图 3b)。

　　为袋插口形态修剪裤装纸样,在插口处加放 0.6cm 缝份,其余地方加放 1.3cm 缝份。

图3a

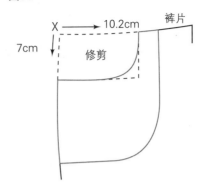

图3b

侧缝袋
设计分析

　　在任何服装上从直线侧缝或造型缝中设计口袋(图例为喇叭裙)。

图 1

- 复描纸样。
- 画出前袋,折叠纸样并复描。
- 展开并勾画复描的口袋。
- 从腰线向下 3.8cm,15.2cm(袋插口大小)和相距折叠线 0.3cm 处分别作标记。
- 将前片口袋复描至后片上。
- 加放 1.3cm 缝份,从面料上剪下。

图 2

缝制指南

- 将面料正面固定在一起。
- 缝合侧缝线和口袋。
- 从各标记点向上和向下分别缝合,形成的未缝合空间即为袋口插口。
- 折叠口袋至前片腰围并缝合。

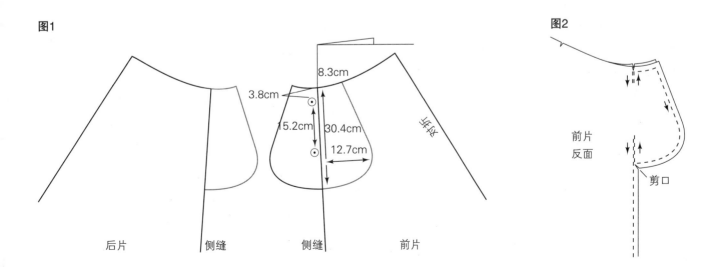

图1

图2

风琴袋

风琴袋的口袋看似手风琴风箱，是军事和工业服装中常用的实用口袋，现已作为时尚流行元素之一广泛应用于运动装中，如：裤装、夹克、大衣和定制连衣裙中。

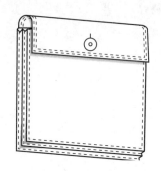

图 1

口袋的长宽比例一定要与设计的服装完全匹配协调。

- 画口袋矩形 15.2cm × 12.7cm，标记角点 A。
- 打裥要求：两个（或更多）（每个裥深为 1.9cm，加裥的下层共计 3.8cm）。

AB= 7.6cm（两个裥），从 A 点和 B 点向上作垂线，在另一边重复此操纵。

AC= AB，从 A 点向下作垂线，完成矩形框。

图1

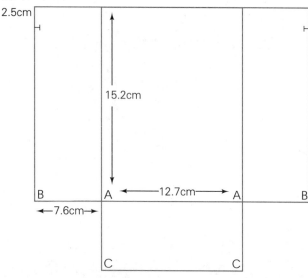

图 2

BD =1.9cm（裥深）。

CE= BD。

- 分别从 D 点向里、从 E 点向上作直角线，标记 F 点。
- 将 BF 和 CF4 等分（如虚线所示）。
- 如图标写每段数字。
- 从 1 至 2、2 至 3、3 至 4、4 至 F 连接成为线段，在口袋的另一边重复此过程。

图2

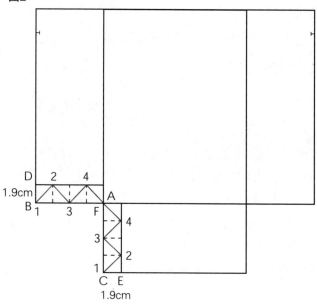

图 3

画袋盖 12.5cm × 5.1cm，加缝份，袋盖加衬。

图3

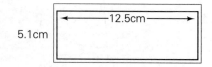

图 4

- 加缝份。
- 修剪不需要的锯齿形部分。
- 在面料上剪裁口袋和袋盖,袋盖衬。

图4

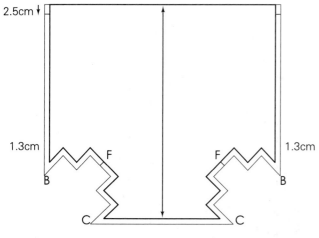

图 7a、b

- 将每个折裥绱止口缝。
- 折叠折裥并压烫在一起。
- 将口袋置于服装上,缝份向下折倒,沿口袋止口缝合于服装上(图 7a)。

  为了加固折裥,折回第一个折裥,将其余折裥缝合于服装上(图 7b)。

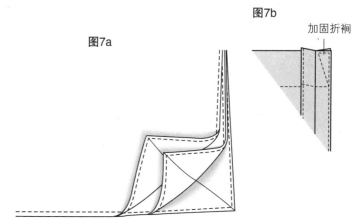

图7a   图7b
                加固折裥

缝制指南

图 5

- 翻转面料,使其反面向外。
- 折缝边 0.6cm 并缝缉。

图 6

- C 和 B 对合并缝缉,于 F 点结束。剪口并重复,缝合另一边,将面料翻转于正面。

图 8 袋盖

- 正面相对合——缝缉并翻转,正面向外。压烫并缝明线,包边毛边。
- 将袋盖缝合于口袋上方 1.3cm 处,为加固两端缝十字缝。

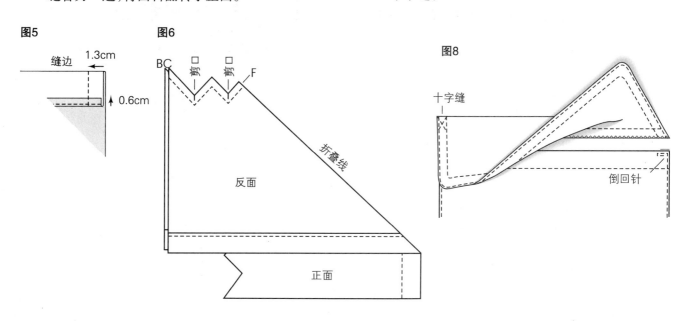

图5   图6   图8

造型外置袋

外置式口袋可以任意设计，并将其平整缝合于服装的最外层。

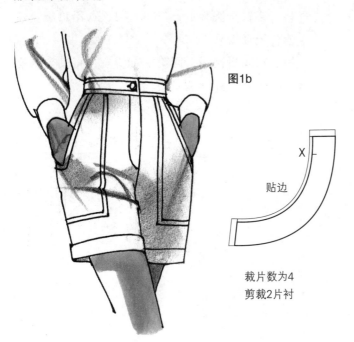

图1b

贴边

裁片数为4
剪裁2片衬

图 1a、b

- 复描服装并画出口袋。
- 复描口袋，画出贴边和衬里样板，作剪口标记 2.5cm（X）。
- 加放 1.3cm 缝份，袋插口边加放 0.6cm 缝份。
- 贴边与口袋相缝合，翻折缝份并压烫。
  将口袋缝合于服装上，缝至 X 点。

图1a

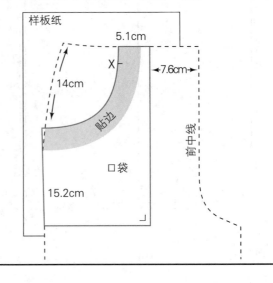

样板纸
5.1cm
X
←7.6cm→
14cm
贴边
口袋
前中线
15.2cm

立体口袋

图 1

立体布条与口袋三边相缝合（除了袋插口），带扣固定于带子上（用自身料或皮革），立体布条与服装相缝合。

图 2

根据要求画口袋的长和宽，在长度底端留 2.5cm 作缝边。

图 3a、b、c、d

布条长度：等于口袋的三边长。

布条宽：2.5cm（或更大）（图 3a）。

带扣 / 带子：带扣决定着闭合器的长和宽（图 3b）。

带扣框：用于紧固带扣（图 3c），缝在带子上（图 3d）。

缝制指南：带子上端缝合于服装。

闭合扣祥：尼龙搭扣（固定在口袋和带子上）。

图3a

1.3cm   口袋立体布条

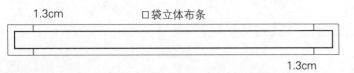

1.3cm

图1

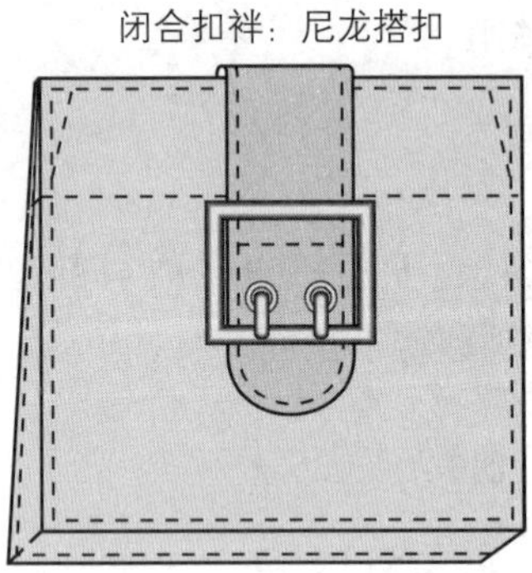

闭合扣祥：尼龙搭扣

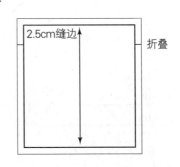

图2

2.5cm缝边   折叠

图3b

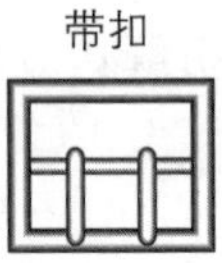

带扣

图3c

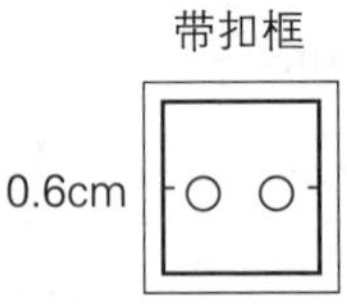

带扣框

0.6cm

图3d

扣带

1.3cm

0.6cm

侧缝隐形袋
设计分析

　　侧缝弧线顺直形成这款口袋的造型（前后片上），多余松量可以抽褶或打折裥。插袋袋口位于侧缝。

图 1

- 从前臀围最外侧弧向上至腰围线画垂线。
- 从侧腰向下 2.5cm 和 15.2cm 处分别作刀口标记，标写 X（袋口）。
- 用所给尺寸从 X 点向下 2.5cm 画口袋。
- 复描两片口袋纸样。

图1

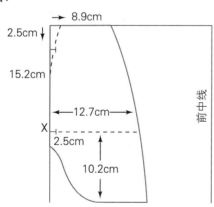

> 缝制指南：缝口袋衬布（B）于嵌条（A），缝贴边于前裤片口袋插口处。
>
> 用别针对合前后片侧缝，从侧腰向下缝 2.5cm 长（倒回针加固）。
>
> 从 X 点向下缝合（倒回针加固）。
>
> 缝合口袋。

图 2a、b、c

- 首次复制："口袋贴边"。加放 1.3cm 缝份（图 2a）。
- 第二次复制：根据口袋样板作 2.5cm 平行线嵌条并剪裁（图 2b）。
- 标写其余口袋为"口袋衬布"（图 2c）。并加放 1.3cm 缝份。

图2a　　　　图2b　　图2c

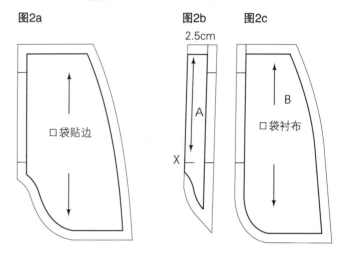

图 3

- 从后臀围最外侧弧向上至腰围线画垂线。
- 将多余量平均增加至每个省量中（虚线是原有省道）。
- 将 2.5cm 嵌条（A）并置于后片侧缝，加放 1.3cm 缝份。

图3

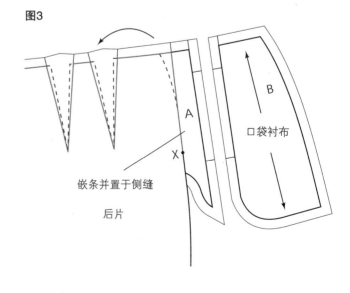